Reinhold und Cornelia Ostler

Handbuch für Schatzsucher

Reinhold und Cornelia Ostler

HANDBUCH FÜR SCHATZSUCHER

V. F. SAMMLER

Umschlaggestaltung: DSR – Digitalstudio Rypka, 8143 Dobl/Graz, rypka.at
Bildnachweis: Soweit nicht anders vermerkt, stammen alle Bilder aus dem privaten Fundus der Autoren. Spezieller Dank gilt folgenden Personen und Institutionen für die Überlassung von Bildmaterial: Fa. Böhler; Deeptech Detectors; Auktionshaus Schloss Auingen; Fa. Abenteuer Schatzsuche; Fa. Minelab; Fa. Fisher Labs USA; Fa. Benda Labortechnik; Treasure Press; Pulsetechnology; XP Metal Detectors; International Detector Center; Fa. Garmin Deutschland; Fa. Victorinox AG.

Bibliographische Information der Deutschen Nationalbibliothek
Die Deutsche Nationalbibliothek verzeichnet diese Publikation in der Deutschen Nationalbibliographie; detaillierte bibliographische Daten sind im Internet über http://dnb.d-nb.de abrufbar.

Hinweis:
Dieses Buch wurde auf chlorfrei gebleichtem Papier gedruckt.
Die zum Schutz vor Verschmutzung verwendete Einschweißfolie ist aus Polyethylen chlor- und schwefelfrei hergestellt. Diese umweltfreundliche Folie verhält sich grundwasserneutral, ist voll recyclingfähig und verbrennt in Müllverbrennungsanlagen völlig ungiftig.

Auf Wunsch senden wir Ihnen gerne kostenlos unser Verlagsverzeichnis zu:
Leopold Stocker Verlag GmbH Hofgasse 5 / Postfach 438
A-8011 Graz
Tel.: +43 (0)316 / 82 16 36
Fax.: +43 (0)316 / 83 56 12
E-Mail: stocker-verlag@stocker-verlag.com
stocker-verlag.com

ISBN 978-3-85365-299-2

Layout: DSR – Digitalstudio Rypka, 8143 Dobl/Graz, rypka.at

INHALT

VORWORTE

Liebe Leser, liebe Schatzsucher!
1993 schrieb mein Vater mir folgende Zeilen in die Erstausgabe seines Buches „Schätze in Deutschland“:

> „Merke Dir für Dein ganzes Leben, dass Geld, Schätze, Gold und Reichtum zwar bequem sind und zu einer gewissen Unabhängigkeit führen – das echte, wirkliche Glück jedoch Gesundheit und eine liebenswerte Familie sind. Einer meiner größten Schätze bist Du und Deine Schwester. Vergiss das niemals. Gib Glück, dann erhältst Du Glück. Das ist der wahre Schatz des Lebens.“

Nie im Leben hätte ich daran gedacht, dass ich eines Tages hier sitzen würde, um an seinem Lebenswerk – seinen Büchern – zu arbeiten. Während der Überarbeitung dieses Buches musste ich immer wieder an seine Worte denken und wie recht er damit hatte. Ich muss zugeben, diese Überarbeitung war nicht ohne die eine oder andere Träne möglich. Ich wünschte von Herzen, er könnte diese Zeilen selbst für Sie schreiben. Kein anderer hat die Schatzsuche mit so viel Hingabe und Leidenschaft verfolgt, ja vielleicht sogar geprägt, wie er. Egal, welche Rückschläge mein Vater hinnehmen musste, er stand immer wieder auf und verfolgte weiter seine Ziele. Bücher über die Schatzsuche zu schreiben, fiel ihm immer leicht. Wie oft erinnerte ich ihn an seine Abgabetermine, bis nur noch wenige Tage übrig waren. Ich brachte an seiner Bürotür ein Blatt mit den Worten „Ruhe, hier wird ein Buch geschrieben“ an, um ihn schließlich dazu zu bewegen, mit den ersten Zeilen anzufangen. Was ich zu jener Zeit jedoch nicht wusste: Mein Vater hatte seine Bücher gedanklich bereits niedergeschrieben. Er musste sie lediglich noch abtippen. Wie gesagt, Bücher zu schreiben, war für ihn keineswegs eine mühsame Aufgabe. Pünktlich zum Abgabetermin war er fertig – wie immer.

Nun sitze ich Jahre später hier und bewundere meinen Vater mehr denn je. Es vergeht kein Tag, an dem ich nicht an ihn denken muss. Ich bin keine Journalistin oder Buchautorin, besitze nicht seine Gabe oder Fähigkeit, mit Worten zu verzaubern und Leser in den Bann zu ziehen. Uns eint nur die wichtigste Emotion bei der Schatzsuche: die Leidenschaft.

Ich habe für Sie, liebe Leser, die bedeutendsten Abschnitte überarbeitet – das Buch mit den neusten Techniken aktualisiert. Bitte verzeihen Sie mir, die Worte meines Vaters könnte ich niemals besser schreiben, weshalb ein großer Teil des Buches bewusst in seinem Ursprung geblieben ist.

Ich möchte Ihnen das Vorwort meines Vaters nicht vorenthalten, es ist sein Buch, sein Lebenswerk. Seine Worte waren an Sie gerichtet.

Sie, liebe Leser, halten meinen Vater und sein Lebenswerk mit diesem Buch in Ehren. Ich wünsche Ihnen von Herzen viel Spaß beim Lesen und vor allem viel Erfolg bei Ihrer zukünftigen Schatzsuche!

Cornelia Ostler, im Januar 2023

Liebe Freunde verborgener Schätze, liebe Leser!

Als ich 1985 die Idee für ein „Handbuch für Schatzsucher“ hatte, ahnte ich nicht, welchen Stein ich damit ins Rollen bringen würde.

Bis zu diesem Zeitpunkt gab es kaum nennenswerte Lektüre zu diesem spannenden Thema. Sicher: Gordon Coopers „Gold der Jahrtausende“ oder Hans Rodens „Schatzsucher“, beide aus den 1950er- bzw. 1960er-Jahren waren gelegentlich noch in Büchereien zu finden, aber sonst war das Angebot eher dürftig. Eine geringfügige Änderung trat erst in den späten 1960er-Jahren mit „Da liegt Gold“ von Janusz Piekalkiewicz ein. Dies war das Buch, das in vielen Menschen die Leidenschaft zu verborgenen Schätzen weckte. Auch in mir.

Dieses Buch (das Original ist heute eines der meistgesuchten Bücher) entfachte in mir so richtig das Feuer, das in jedem glimmt, der irgendwann in seiner Jugend die Schatzinsel oder den „Graf von Montechristo“ verschlungen hat. Beide Bücher gehören zur klassischen Abenteuerliteratur, die früher zur Jugend gehörte wie die zahlreichen Abenteuer Winnetous oder Kara Ben Nemsis aus der Feder von Karl May. Wie viele andere träumte auch ich den Traum von Kisten und Truhen voller Gold und Juwelen, die im Sand verschwiegener Inseln vergraben wären, und dass ich eines Tages auf den Spuren solcher Piratenschätze wandeln würde. Dass es solche Schätze tatsächlich gibt, wusste ich damals noch nicht.

Erst mit der Lektüre von „Da liegt Gold“ wurde mir deren tatsächliche Existenz bewusst, und von diesem Moment an war es um mich geschehen. Ich wurde Schatzsucher mit Leib und Seele! Das war 1975.

Zwanzig Jahre trieb ich mich in der Weltgeschichte umher, immer auf der Suche nach Informationen über verschollene Schätze. Unzählige Spuren verfolgte ich und zahlreiche interessante Unterlagen gelangten in meine Hände. Immer mehr Menschen erfuhren davon und traten an mich heran mit der Bitte, ihnen mit Rat und mitunter mit Tat beizustehen. Daraus entstand die Idee, all mein damaliges Wissen und meine Erfahrung in einem Handbuch niederzuschreiben, um auch andere daran teilhaben zu lassen.

Als das Buch vor 25 Jahren erschien, hatte die – noch relativ kleine – Gemeinde der Schatzsucher endlich das Buch, mit dem sie etwas anfangen konnte. Ich habe mich immer wieder mit denen gefreut, die aufgrund meiner Tipps und Kniffe fündig geworden sind. Hunderte Zuschriften und viele Besuche glücklicher Finder haben mir gezeigt, dass es richtig war, dieses Buch zu schreiben, und sogar dem „Spiegel“ war es nach dem Erscheinen der ersten Ausgabe 1987 eine Rezension wert (die übrigens dazu beitrug, dass das Buch innerhalb einer Woche vergriffen war). Mittlerweile gibt es sogar eine chinesische Lizenzausgabe davon!

Das „Handbuch“ bescherte mir zahlreiche kuriose Erlebnisse und Begebenheiten, die mich meist lachen und schmunzeln ließen, mich aber gelegentlich auch verärgerten. So erhielt ich etwa zwei Wochen nach Erscheinen des Buches, Sonntagmorgen um halb sieben, den Anruf eines Mannes, der sich fürchterlich aufregte und mich im wahrsten Sinne des Wortes zur Minna machte.

„Was fällt Ihnen ein, ein solches Buch zu schreiben? Gestern hat mir meine Frau dieses Handbuch mitgebracht und ich begann, es abends zu lesen. Eine Unverschämtheit, ein Buch zu schreiben, das man nicht mehr aus der Hand legen kann. Ich habe kein Auge zugetan und die ganze Nacht gelesen." Der gute Mann war allen Ernstes richtig aufgebracht. Eine Episode, die mich richtig erfreute, obwohl der Tag noch so jung gewesen war.

Weniger erfreulich fand ich hingegen die Anrufe, die mich früh, um drei Uhr morgens, aus meinen goldenen Träumen rissen, weil irgend so ein gieriger Mensch um diese Uhrzeit dringend die Adresse eines Landesvermessungsamtes, die Telefonnummer eines bestimmten Archivs oder das Artgewicht vom edelsten aller Metalle wissen wollte.

Natürlich gab es auch welche, denen es nicht so sehr in den Kram passte, dass noch andere Leute an ihren vermeintlichen Pfründen teilhatten (wie man mir zutrug, hatte doch die Fraktion der professionellen, staatlich legitimierten Grab- und Pinslergilde allen Ernstes Gehirnakrobatik betrieben, ob und wie man es eventuell anstellen könnte, dieses Buch zu verbieten). Hat aber bekanntlich so wenig geklappt, wie auch die späteren Versuche, mir den Mund zu verbieten.

Wiederum gab es welche, die mit schnell zusammengeschusterten „Fachbüchern" auf das Trittbrett aufsprangen und sich nicht scheuten, aus meinem „Handbuch" abzuschreiben. Sie alle blieben allerdings auf der Strecke. Den Schatzsuchern hat es wenigstens eines gebracht: eine Flut von Literatur, die wieder neue Denkanstöße gab.

Seit dem Erscheinen der ersten Auflage des „Handbuchs" hat sich vieles geändert. Die schnelllebige Zeit brachte rasante Entwicklungen auf dem technischen Sektor mit sich.

8000 Silbermünzen aus dem Dreißigjährigen Krieg – gefunden mithilfe des „Handbuchs für Schatzsucher".

Was gestern noch als unmöglich schien, ist heute bereits Standard. Die Metalldetektoren der 1980er-Jahre waren zum Beispiel mehr oder weniger Spielzeuge, die vielfach lediglich eine Oberflächensuche zuließen. Heutige moderne Detektoren gestatten bereits die Ortung einzelner Münzen in bis zu einem halben Meter Tiefe. Ortungstiefen von bis zu 10 Metern bei größeren Gegenständen sind keine Seltenheit mehr und Flächenabdeckungen von bis zu 2.500 Quadratmetern moderner Standard!

Mittlerweile gibt es sogar den berühmten „Phantomdetektor", der seit Jahrzehnten durch die Köpfe der Schatzsucher spukt: jenes Gerät, das auf dem Bildschirm die Gegenstände im Boden darstellt – zumindest in vagem Umriss bzw. in Spektralfarben (und womöglich gleich noch den Wert des Fundes anzeigt und die Telefonnummer des Sammlers, der bereit ist, den Höchstpreis zu bezahlen).

Ebensolchen Veränderungen unterlagen Gesetze, die – nicht nur in Deutschland – restriktiver geworden sind, woanders aber wenigstens endlich klare Regelungen für Schatzsucher und Funde vorsehen.

Die Erfahrung aus dem erweiterten Lernprozess brachte neue Erkenntnisse und damit auch neue Tricks, Kniffe und Knowhow mit sich.

Unter Berücksichtigung all dieser Tatsachen wurde es höchste Zeit, das „Handbuch für Schatzsucher" neu zu gestalten, um all den Veränderungen gerecht zu werden und es an die veränderten Situationen anzupassen. Eines blieb allerdings gleich: Schätze gibt es nach wie vor mehr als genug!

Wie damals vergeht auch heute kaum ein Monat, in dem die Gazetten nicht über einen sensationellen Schatzfund berichten. „Zwei Tonnen Platin auf den Philippinen gefunden! Albanischer Bauer findet Gold im Wert von 1 Million Euro! Bauarbeiter findet Millionenschatz!" Beliebig erweiterbar und zitierbar ist diese Liste.

Mehr denn je gilt die Devise, dass die erfolgreiche Suche nach Schätzen heutzutage im überwiegenden Maße von einer geschickten Kombination von hartnäckiger Forschung und Recherche, einem guten Gespür und nicht zuletzt erstklassiger Technik abhängig ist. Umfangreich ist das Wissen, das dafür erforderlich ist. Botanik, Physik, Biologie, Geologie, Hydrographie – es gibt kaum einen Bereich, dessen Wissen nicht für die Schatzsuche anwendbar ist.

Schatzsuche heißt, mit dem Gespür eines versierten Kriminalisten Schlüsse zu ziehen, mit juristischer Akribie Akten zu studieren und mit dem Spürsinn eines Detektivs Spuren zu verfolgen.

Schatzsuche hat hingegen nichts damit zu tun, Grabhügel zu plündern oder archäologische Stätten umzupflügen.

Wer dies macht, ist kein Schatzsucher, sondern lediglich ein kleiner krimineller Grabräuber. Schatzsuche bedeutet weitaus mehr.

Das Durchwühlen von Grabstätten sollte denen überlassen bleiben, die unter dem Schild der Wissenschaft die Gebeine unserer Vorfahren auf den Müll werfen und die Zeugnisse unserer kulturellen Vergangenheit dem Verfall preisgeben.

Doch keine Sorge: Das Abenteuer kommt dabei nicht zu kurz. Nach wie vor liegen Millionen- und Milliardenreichtümer an den exotischsten Plätzen verborgen. Nach wie vor hütet die Schatzinsel die Piratenbeute von Kapitän Thompson und Benito Bonito; immer noch unentdeckt sind die Inka-Schätze in den schwer zugänglichen

Regionen der Llanganates und auch die Suche nach dem Bernsteinzimmer ist noch in vollem Gange. Noch immer verschollen sind tonnenweise Gold der Reichsbank aus dem Dritten Reich. Vergraben, versteckt von Verbringungseinheiten der Nationalsozialisten. Der Schatzsucher hat noch ein großes Betätigungsfeld vor sich.

Aber auch diejenigen, die kleinere Brötchen backen wollen, kommen nicht zu kurz. Hunderte von Burgruinen, Kapellen, Klöstern oder anderen schatzträchtigen Örtlichkeiten hüten Schätzchen, die sich mithilfe von Detektoren aufspüren lassen. Sicher hat die – besonders in den letzten Jahren – verstärkte Flut von Schatzsuchern eine zunehmende Fundhäufigkeit mit sich gebracht.

Die Tatsache jedoch, dass dies fast ausschließlich durch Verwendung von Hobbygeräten erfolgte, vergrößert die Fundchance bei Einsatz von professioneller Technik nur noch mehr. Wobei ich damit sicher nicht all die zweifelhaften Geräte meine, die als „Profigeräte“, „Supertiefensonde“ und so weiter auf Ebay angepriesen werden. 95 Prozent der dort angebotenen Geräte kommen mittlerweile aus China und taugen höchstens zum Umknicken von Grashalmen.

Wichtig ist vor allem eines: Lassen Sie sich nicht entmutigen!

Geduld ist die Mutter des Erfolgs. Wie bei jeder anderen Tätigkeit sind auch bei der Schatzsuche Rückschläge an der Tagesordnung. Wer glaubt, lediglich morgens mit dem Detektor losziehen zu brauchen, um abends als reicher Mann heimzukehren, der irrt gewaltig. Hartnäckigkeit und der Glaube an den Erfolg sind zwei der Charaktereigenschaften, die erfolgreiche Schatzsucher auszeichnen. Wie anders hätte Howard Carter jemals sonst das Grab Tutenchamuns finden sollen? Wie wäre Heinrich Schliemann je der Erfolg gegönnt gewesen, den Schatz des Priamos in Händen zu halten? Nur durch ihre Hartnäckigkeit und den unerschütterlichen Glauben an sich selbst und die Sache war den beiden der Erfolg sicher.

Lassen Sie sich also nicht beirren: Verfolgen Sie Ihren Weg bis ans Ziel, auch wenn man Sie mitleidig belächelt. All diejenigen, die sich über Sie lustig machen, sind arme Wichte. Ihnen fehlen zwei wichtige Dinge, die man in unserer nüchternen und realen Welt am nötigsten braucht: Fantasie und der Glaube an das Unmögliche! Ich drücke Ihnen die Daumen.

Begleiten Sie mich nun durch das Handbuch für Schatzsucher 2010. Ich wünsche Ihnen bei der Lektüre ebenso viel Spaß, wie ich beim Schreiben hatte.

Reinhold Ostler, November 2009

Wer suchet, der findet – und jeder kann ein Sucher werden!

EINFÜHRUNG

Es ist erstaunlich, welch unterschiedliche Charaktere man auf dem Schachbrett der Schatzsuche antrifft.

Da ist beispielsweise ein Chirurg, der mit Hingabe jede freie Minute seiner knappen Freizeit der Suche mit dem Detektor widmet. Oder der Baumaschinenmeister, der zehn kostbare Jahre seines Lebens der Erforschung des Nibelungenliedes und der damit verbundenen Suche nach dem sagenhaften Hort der Burgunder geopfert hat. Genau wie sein Konkurrent, der Steuerprüfer, der sich ebenfalls der Suche nach dem Verbleib des legendären Schatzes verschrieben hat. Aus fiskalischer Sichtweise.

Der Archäologe, der seiner wahren Leidenschaft heimlich nachgehen muss, weil seine Kollegen sonst über ihn herfallen würden wie einst die Löwen über die Christen im Circus Maximus.

Er teilt seine Leidenschaft mit dem jungen Handwerker, der am liebsten seine Schreinerei schließen würde, um genügend Zeit für sein Hobby zu haben.

Ein anderer wiederum betrachtet die Schatzsuche als Therapie, um seine Spielsucht in andere Kanäle zu leiten, während es der jungen Unternehmerin egal ist, ob sie etwas findet – Hauptsache, sie hat ihre Freizeit für sich interessant gestaltet.

All diese Personen verbindet eines: die Liebe und Leidenschaft zu einem Hobby, das sicher zu den schönsten und spannendsten gehört. Ein Hobby, das die Fantasie beschäftigt und die Verbundenheit zu Geschichte und Natur widerspiegelt, das aber andererseits von einer Stunde auf die andere jeden von ihnen zum Millionär machen könnte. Sicher: In den meisten Fällen wird es bei Einzelfunden bleiben. Oftmals schöne Stücke, die durchströmt sind von Geist und Aura der Vergangenheit. Aber egal, um was es sich handelt – der Fund ist immer die Krönung der Suche.

Zweitrangig ist dabei, ob man auf einem heimischen Acker, an einem südlichen Badestrand, in der Stille der Unterwasserwelt oder im Dschungel einer einsamen Pazifikinsel zum glücklichen Finder wird. Was in diesem Augenblick zählt, ist allein der Umstand, etwas gefunden zu haben. Das Glücksgefühl kennt hierbei keine Standesunterschiede. Der Adrenalinspiegel steigt beim Schreiner ebenso an wie beim Chirurgen oder Archäologen. In diesem Moment sind wirklich alle gleich.

Mit Fug und Recht darf deshalb behauptet werden: Schatzsuche verbindet!

Nun wird man mir vorwerfen, in meiner Aufzählung jene Spezies vergessen zu haben, die kontinuierlich für Ärger und negative Schlagzeilen sorgt. Jene Minderheit, die es in jeder Sparte gibt und welche besonders in diesem Metier Wasser auf die Mühlen der Schatzsuche-Gegner ist. Ein paar Wenige zwar, aber leider ein paar Wenige zu viel. Nun – diese schwarzen Schafe wird es immer geben – zu unser aller Genugtuung gibt es diese auch im gegnerischen Lager. Im Laufe dieses Buches wird es dazu mehr zu lesen geben.

Seltsamerweise werden Schatzsucher nach wie vor in die Schublade „Spinner" gesteckt, was mir unbegreiflich ist, denn all die Zweifler und wissenden Lächler wissen doch, dass Jahr für Jahr Millionenschätze entdeckt werden. Kaum aber hat sich jemand aus ihrem Verwandten-, Bekannten- oder Freundeskreis der Schatzsuche verschrieben, ist dies ein „Spinner", „Fantast" oder „Träumer". In diesem Moment lässt sich die Menschheit aufteilen in Schatzsucher und Nicht-Schatzsucher.

Nur komisch: Abends hocken diese zweifelnden Menschen vor der Glotze und sehen am liebsten Dokumentationen über Entdeckungen, Abenteuer und Schatzsuche auf den verschiedenen Fernsehsendern.

Wer niemals in seiner Jugend Gelegenheit hatte, Jack London im Geiste nach Klondyke zu folgen, mit Jim Hawkins zur Schatzinsel zu segeln oder dem Grafen von Montechristo bei seinem Ausbruch aus dem Kerker beizustehen, der wird auch im späteren Leben kaum einen Schuss Abenteuererblut in seinen Adern verspüren. Bereits Jack London empfand dies zur Zeit des Goldrausches ähnlich: „Nach uns kommt nichts mehr – die Welt ist abgesteckt. Dies ist das letzte gemeinschaftliche Abenteuer." Sein Wort gilt heute noch genau so.

Versuchen Sie nicht, diese Ignoranten zu überzeugen. Je logischer und fundierter Sie argumentieren, desto heftiger wird die Gegenwehr sein. Unter dem Motto: „Was nicht ist, kann nicht sein", wird man alles versuchen, um Sie und Ihr Hobby lächerlich zu machen. Falls dies dann auch nichts mehr fruchtet, kommen garantiert Aussagen wie „ausgerechnet du willst das finden" oder „wenn es so was gibt, warum hat man es dann noch nicht gefunden".

Verfolgen Sie unbeirrt Ihr Ziel – der Erfolg, der sich garantiert einmal einstellt, wird Ihnen Recht geben.

Wenn Sie Neuling sind, tasten Sie sich langsam vor und gewinnen Sie Ihre Erfahrung durch Lernen. Falls Sie bereits über Erfahrung verfügen, bauen Sie diese aus. Die Suche nach Schätzen ist ein nicht enden wollender Lernprozess und ständig kommen neue Erkenntnisse hinzu. Auch das ist das Schöne an der Suche nach verborgenen Schätzen. Also, dann lassen Sie uns beginnen.

DIE IDEE, EINEN SCHATZ ZU SUCHEN

Niemand wird wohl aus heiterem Himmel von einem Stuhl aufspringen und losrennen, um einen Schatz zu suchen. Etwas oder jemand ist meist der Auslöser für eine solche Entscheidung. Niemand wird als Schatzsucher geboren, sondern spätere Einflüsse beeinflussen solche Entscheidungen.

Meist steckt ein Auslöser dahinter, der oft genug das Unterbewusstsein aktiviert – gerade eben bei Menschen, die aus der Jugend „literarisch" vorbelastet sind. Eine Erzählung, eine Geschichte, ein Buch oder ein Gespräch können der Zünder sein, der den abenteuerlustigen Kern explodieren lässt.

Ich erinnere mich noch ganz genau daran, wie es bei mir war. Es war ein schöner sonniger Frühlingstag 1975, als ich in einem Münchner Kaufhaus ein Buch auf dem Wühltisch entdeckte, dessen Titel mich sofort in seinen Bann zog. „Da liegt Gold" hieß das Buch, das ich natürlich sofort kaufte. Besonders ein Kapitel über die echte Schatzinsel und ihre geheimnisvollen Schätze fesselte mich so, dass ich beschloss, dorthin zu fahren und danach zu suchen. An diesem Tag und in der darauffolgenden Nacht verlor ich meine Seele an alle Schätze dieser Erde.

Meist ist es dann nur noch ein kleiner Schritt, das Vorhaben zu realisieren. Ich habe Menschen kennengelernt, die eine sichere berufliche Existenz aufgaben, um ihren Traum zu verwirklichen, oder ihr Studium kurz vor dessen Abschluss abbrachen. Sie alle sprachen davon, so etwas wie eine Berufung gefühlt zu haben, quasi eine innere Stimme, die ihnen befohlen habe, ihre Vision auszuleben. Sie alle hatten irgendwann das Schlüsselerlebnis, das ihnen sozusagen den „verbalen Tritt in den Hintern" versetzt hat.

Ab diesem Moment waren sie alle befallen, befallen vom Virus der verborgenen Schätze, verloren an die Krankheit, die man das „Schatzsucher-Syndrom" nennt.

Was sie nun noch brauchten – und auch Sie brauchen es – sind verwertbare Informationen, die notwendig sind, um den Schätzen auf die Spur zu kommen.

Der geheime Traum eines jeden
von uns. Nur ein Traum?

INFORMATIONSBESCHAFFUNG UND RECHERCHE

Meist sind es zufällige Informationen, die einen hellhörig werden lassen. Ein belangloses Gespräch mit einem Landwirt, eine Diskussion in einer Gaststätte, die bekannten „ollen Kamellen“ älterer Mitbürger oder ganz einfach eine uralte Geschichte aus dem heimatlichen Landkreis. Zu Beginn steht immer die Basisinformation, welche die Grundmauer für das „Schatzgebäude“ bildet. Natürlich sollte man solche Grundinformationen erst einmal skeptisch betrachten. Wenn Ihnen Ihr Friseur beiläufig neben dem Ondulieren des schütteren Haupthaares eine tolle Geschichte über tonnenweise Gold an einer bestimmten Stelle ins Ohr haucht, brauchen Sie nicht mit wehendem Umhang losspurten. Wäre diese Geschichte wirklich heiß, würde der Mann längst nicht mehr in fremder Haarpracht wühlen, sondern auf Cuba die Chicas tanzen lassen.

Wenn Ihnen jedoch andererseits ein siebzigjähriger Kriegsveteran etwas über einen seltsamen Transport erzählt, den er begleitet hat, dann sollten Sie aufmerksam zuhören. Dann nämlich könnten Sie den Anfang eines goldenen Fadens in Händen halten. Vor allem dann, wenn er sich erinnert, dass die Kisten, die verladen wurden, verdammt schwer waren. In diesem Fall beginnt die vielleicht diffizilste Arbeit der Schatzsuche, nämlich die Recherche.

Genauso verhält es sich, wenn Sie in einer Chronik einen vagen Hinweis auf einen verschollenen Schatz entdecken. Vielfach sind solche kurzen Erwähnungen es durchaus wert, einige Stunden Nachforschung zu investieren.

Es ist weitaus klüger, nach ein paar Stunden festzustellen, dass sich die Sache nicht lohnt, als allzu euphorisch vielleicht tageoder monatelang einem Phantom hinterherzujagen.

Eine gesunde Portion Skepsis sollte jeder Schatzsucher mitbringen, wobei dies durchaus nichts mit Pessimismus zu tun hat.

Fragen Sie sich immer zuerst selbst, weshalb dies oder jenes so sein könnte oder sollte. Meist gibt es logische Erklärungen dafür. Die Antwort auf solche Fragen sollten Sie sich jedoch selbst geben können.

Als ich damals die Geschichte der Cocos-Insel eingehender studierte, stieß ich auf eine Episode in dem Buch „Da liegt Gold“ von Janusz Piekaljewicz, Südwest Verlag, in der die Expedition von vier französischen Studenten geschildert wurde, die angeblich Goldbarren, Münzen und zwei Skelette in einer Höhle entdeckt haben wollen. Es schien mir unglaublich, und doch sollte die Geschichte wahr sein. Ich begann diese Story zu recherchieren: Wo leben diese Leute heute und was ist aus ihnen geworden? Eine Nachfrage beim Autor brachte auch nicht viel – er schwor, dass die Geschichte wahr sei. Was mich stutzen ließ, war seine Behauptung, zwei der vier seien bereits tot, die beiden anderen hingegen seien ausgewandert. Ich legte das Bild von den Skeletten in der Höhle einem Biologen vor, der zu dem Schluss kam, dass alleine schon die Haltung der Skelette auf dem Bild absolut unmöglich sei.

Damit war diese Geschichte für mich erledigt. Später dann, im Verlaufe der Expedition, konnte ich feststellen, dass die Geschichte erstunken und erlogen war.

Gründliches Quellenstudium ist unerlässlich.

Der Autor hatte nicht die geringsten Ortskenntnisse, sodass sämtliche Angaben zu Örtlichkeiten und Beschreibungen unwahr waren.

Sobald Sie den Zipfel einer lohnenswerten Geschichte zu fassen bekommen, sollten Sie so sorgfältig als möglich recherchieren. Nutzen Sie jede Gelegenheit, mehr über Ihren Fall zu erfahren. Studieren Sie die Quellen und besuchen Sie Bibliotheken und Archive. Sicher ist es nicht immer einfach, an die Quellunterlagen heranzukommen, aber es gibt die kleinen Tricks am Rande, mit denen auch die stursten Archivare zu überzeugen sind. Schreiben Sie sich als Gasthörer bei einer Universität ein. Der Ausweis für Gaststudierende ist ein regelrechter Generalschlüssel.

Allerdings sollten Sie dabei auch gewisse Spielregeln beachten.

Wenn alte Folianten aus verständlichen Gründen nicht fotokopiert werden dürfen, sollten Sie dies akzeptieren. In diesem Fall müssen Sie sie abschreiben oder zu einem anderen Hilfsmittel greifen. Wo ich früher noch mühsam und heimlich mit einer kleinen Minox-Kamera Fotos machen musste, hat es der moderne Schatzsucher in der heutigen Zeit wesentlich einfacher, mithilfe von Digitalkameras (die es sogar getarnt als Feuerzeug oder Kugelschreiber gibt) oder mit der Handykamera das Gewünschte abzulichten.

Denken Sie daran: Jede Recherche bedarf einer fundierten Dokumentation, sodass alle Schritte auch nach längerer Zeit noch nachvollziehbar sind.

Akribie zahlt sich aus: Noch nach Jahren können Sie gezielt und schnell feststellen, wer wann was gesagt oder getan hat. Eines der beeindruckendsten Recherchenarchive sah ich bei Gerd Heidemann, der ehemaligen „Superspürnase" des „Stern". Jahrzehntelang verfolgte Heidemann die vagesten Spuren und stöberte überall auf der Welt alte Nationalsozialisten auf. Penibel archivierte er auch jede noch so kleine Information, sodass sein Archiv heute unschätzbar ist. Gerd Heidemann wurde außerdem Anfang der 1980er Jahre zum großen Bösewicht in der „Tagebuchaffäre" der Hamburger Illustrierten hochstilisiert und neben dem eigentlichen Fälscher, Konrad Kujau, zu einer Gefängnisstrafe verurteilt.

Zu Unrecht, wie ich glaube: Meiner Meinung nach war ein Bauernopfer fällig und diese Figur bei diesem Millionenschach war Heidemann. Während der Fälscher Kujau allem Anschein nach in Geld geschwommen war, lebt der ehemalige Reporter nach wie vor bescheiden in seiner kleinen Hamburger „Archiv-Wohnung". Von den neun Millionen Mark, die seinerzeit die Illustrierte für die Beschaffung der falschen Hitler-Tagebücher lockermachte, fehlt allerdings weiterhin jede Spur.

PLANSPIEL

Informationsbeschaffung, Informationsverarbeitung und Recherche lassen sich wesentlich leichter nachvollziehen, wenn man anhand eines Planspiels die einzelnen Schritte darstellt. Deshalb möchte ich Ihnen anhand des folgenden Planspiels aufzeigen, auf welche Kriterien es ankommt.

Nehmen wir als hypothetischen Fall an, Sie sind zufällig an die Grundinformation über einen angeblichen Schatz gestoßen. Diese Information sagt, dass 1632 während des Dreißigjährigen Krieges die Sachsen von Wallensteins Truppen verfolgt wurden. Auf der Flucht soll General Campbell eine Kriegskasse im Böhmerwald, in einem als „Buchet" bezeichneten Waldstück in der Nähe der Ortschaft Waldmünchen vergraben haben.

In der Nähe des Verstecks soll sich ein Findling (großer Stein) befinden, in den der General zum leichteren Wiederauffinden der Kasse ein Zeichen in Form eines Kammes eingeschlagen haben soll.

Das sind unsere Grundinformationen. Eigentlich hört sich die Geschichte durchaus schlüssig an. Der Dreißigjährige Krieg war real, ebenso bekannt ist, dass in dieser Zeit immer wieder Kriegskassen versteckt wurden. Alles in allem hat die Geschichte eine ganz ordentliche Substanz.

Nun aber müssen wir versuchen, so viel wie möglich in Erfahrung zu bringen. Als erstes werfen wir in „Google Earth" einen Blick auf die Umgebung von Waldmünchen. Der Blick von oben ist für den ersten Eindruck wesentlich hilfreicher als das Studium der Topokarte (die das früher das einzige Hilfsmittel war). Teilweise ist die Auflösung so gut, dass sich tatsächlich einzelne Details erkennen lassen. Zumindest wissen Sie jedoch bereits im Vorfeld, wie es dort aussieht und was Sie vor Ort erwartet.

Ergänzend ebenso hilfreich ist das – genau wie Google – kostenlose Programm „BayernAtlas", dessen Ansicht sich zudem in eine topografische sowie historische Ansicht umwandeln lässt (leider nur für Bayern anwendbar).

Als Nächstes besorgen wir uns eine topographische Karte der Umgebung des Zielortes im Maßstab von 1 : 25.000.

Ein Blick darauf sagt uns, dass es ohne weiterführende Informationen so gut wie aussichtslos sein wird, die richtige Stelle zu finden. Rings um Waldmünchen dehnen sich große Waldungen aus, von denen jede in Frage kommen könnte. Also versuchen wir zuerst einmal, möglichst viel über die Gegend während des Dreißigjährigen Krieges in Erfahrung zu bringen, speziell über die Flucht der Sachsen vor Wallensteins Soldaten.

Unser Weg führt im Internet auf die Suchmaschinenseite von „Google".

Unter dem Stichwort „Dreißigjähriger Krieg" suchen wir erst einmal alles, was es darüber zu finden gibt. Dies ist mit Sicherheit eine ganze Menge, aber momentan das Sinnvollste, was wir tun können. Dabei lernen wir eine ganze Menge über diesen irrsinnigen Krieg, dessen Anlass unter anderem war, dass in Prag die Statthalter Jaroslav Borsita von Martinitz und Wilhelm Slavata sowie der Schreiber Philipp Fabricius aus dem Fenster geworfen worden waren. Gleichzeitig erfahren wir aber auch, dass die Fluchtroute der Sachsen einige Kilometer an Waldmünchen vorbeigeführt hat.

Sicherheitshalber eruieren wir parallel dazu, ob sich in der Heimatgeschichte des Zielortes etwas Näheres dazu finden lässt.

Möglicherweise existieren Chroniken. Zusätzliche Quellen lassen sich oft in der Kirche finden (Sie müssen nun aber nicht jeden Sonntag in die Kirche gehen). Es ist völlig ausreichend, wenn Sie im zuständigen Kloster oder der Kirche Einblick in die Kirchenchroniken erbitten. Diese Kirchenchroniken sind so ziemlich die zuverlässigsten Quellen, da sie meist auch auf den Matrikelbüchern basieren, in denen die Geburten und Sterbefälle verzeichnet sind.

Tatsächlich werden Sie in der Chronik fündig! Schwarz auf Weiß steht hier, dass es in Waldmünchen einmal einen Baron Ludwig von Kampel gab, der als französischer Emigrant während der Revolutionskriege in österreichische Dienste trat und 1796 unter Erzherzog Karl kämpfte. Interessant! Keine Rede mehr von 1632! Kein „Campbell", sondern plötzlich ein „Kampel".

Weiterführende Recherchen ergeben, dass besagter Baron von Kampel in den österreichischen Diensten den Rang eines Zahlmeisters innehatte! Nachdem die Österreicher von den Franzosen besiegt worden waren, flüchteten sie nach Böhmen.

Alles in allem haben wir mehr gefunden, als man erwarten konnte. Zwar hatte die Überlieferung die Geschichte in die Zeit des Dreißigjährigen Krieges verlegt, aber immerhin existierte die Figur „Campbell" als Kampel. Und obendrein war er auch noch Zahlmeister, der für die Kriegs- bzw. Regimentskasse zuständig und verantwortlich war!

Damit erscheint eine weitere enthaltene Information durchaus logisch: das seltsame Zeichen im Findling – der Kamm. Im altbayerischen Sprachgebrauch bezeichnete man einen Kamm als „Kampe(l)".

Somit hat sich die Grundinformation erhärtet. Zwar könnte man sich damit zufriedengeben, aber sicher ist sicher – deshalb ist eine mehrgleisige Recherche nicht verkehrt. Diese durchzuführen, geschieht am besten vor Ort. Zumal sich die Information in Bezug auf die Örtlichkeit im „Buchet“ nicht sicher feststellen lässt, da keine der zu Rate gezogenen Karten eine solche Bezeichnung in der Umgebung Waldmünchens aufweist. Woran kann das liegen?

Nun – dafür gibt es verschiedene Erklärungen. Sicher ist: Es muss sich um einen Buchenwald gehandelt haben, daher die Bezeichnung „Buchet“ (wäre es ein Eichenwäldchen, würde die Bezeichnung wohl „Eichet“ lauten). Das Waldstück oder der Wald kann auch damals einen anderen offiziellen Namen gehabt haben – lediglich im Sprachgebrauch der Ansässigen nannte man ihn „Buchet“.

Also empfiehlt es sich, die ortsbezogenen Recherchen direkt vor Ort auf das Kommunikationszentrum zu konzentrieren, das erfahrungsgemäß die meisten Informationen bietet. Sie ahnen es bereits: das Wirtshaus!

Nirgendwo lässt sich mehr in Erfahrung bringen, als wenn man da „dem Volk aufs Maul schaut“, wo es meist am redseligsten ist. Durch Befragung von älteren Einwohnern lassen sich ebenfalls gerade in Bezug auf Umgebung und Örtlichkeit oft gute Ergebnisse erzielen. Nun nehmen wir einmal den schlimmsten Fall an, dass sich niemand an eine solche Bezeichnung erinnert. Verdammt schlechte Aussichten! Die Recherche ist an einem Punkt angelangt, an dem die Frage auftaucht: Ist es sinnvoll, noch weiterzumachen? Entweder abbrechen oder eine letzte Verzweiflungstat in die Wege leiten?

Bis hierher waren alle Gedanken unseres Planspiels rein hypothetisch. Der folgende Verlauf stammt aus der Realität.

Ein Leser der ersten Ausgabe des Handbuchs hat diese Geschichte tatsächlich verfolgt und war am Ende seiner Recherchen genau am Scheiterpunkt angelangt. Nun folgte die angekündigte Verzweiflungstat: Er suchte sich eine Heimatzeitung aus der Gegend aus, in der er eine Suchanzeige schaltete. Darin bat er um Informationen über einen Findling im Wald in der Gegend, in den ein Zeichen in Form eines Kammes eingemeißelt sein sollte. Was er im Grunde nicht für möglich gehalten hätte, traf tatsächlich ein: Es meldete sich eine alte Dame, die sich an den besagten Stein erinnern konnte.

Als Kind, so erzählte sie ihm bei seinem Besuch, begleitete sie ihren Vater häufig in eine Nachbarortschaft. Der Weg führte durch den Wald, in dem ein mächtiger Findling mit einer Vertiefung darin lag. Diese Vertiefung, so erzählte ihr der Vater, stammte von einem Tritt des Teufels, der sich darüber geärgert hatte, dass sein Weib auf einem Felsbrocken nicht weit davon entfernt saß und sich ständig das Haar kämmte. Eine schöne Sage.

Unser Schatzsucher ließ sich so gut wie möglich den Weg beschreiben und machte sich auf die Suche. Er fand den „Teufelsstein“ und etwa fünfzig Meter davon entfernt einen Findling, in den tatsächlich ein Kamm mit fünf Zinken eingemeißelt war! Kampels Felsen war gefunden.

Solange es substantielle Kernaussagen zu einer Geschichte gibt, ist eine Recherche durchaus durchführbar, auch wenn sie manchmal schwer ist.

Aber leider ist die Sachlage manchmal nicht so einfach – insbesondere dann nicht, wenn keine zeitgenössischen Berichte mehr vorliegen. Das ist zum Beispiel bei Sagen oft der Fall. Die meisten Menschen tun Sagen mit einer wegwerfenden Handbewegung ab und siedeln sie im Bereich „Märchen“ an. Dabei ist dies grundlegend falsch. Sagen haben immer einen Wahrheitsgehalt, da sie nichts anderes sind als volksmündliche Überlieferungen. Leider gibt es nichts Schlimmeres als mündliche Berichterstattung, die über Jahrhunderte hinweg weitergegeben wurde. Die Menschen des Mittelalters neigten – verständlicherweise – zur Übertreibung. Schnell wurde da aus einem Gehaue eine Schlacht und aus einer primitiven Burgbefestigung ein prächtiges Schloss. Aus einem kleinen Dorf wurde im Laufe der Jahre und Jahrhunderte eine Stadt und Eidechsen mutierten zu Drachen. Ein gutes Beispiel hierfür ist das berühmte Nibelungenlied. Im Laufe der Jahrhunderte verschieben sich Raum und Zeit. Siegfrieds Kampf mit dem Drachen wird heute als der Kampf des Arminius mit den römischen Legionen gedeutet. Der Streit der Königinnen hat tatsächlich stattgefunden, allerdings nicht zwischen Brunhild und Kriemhild, sondern zwischen zwei Gotenköniginnen. Die berühmte Quelle, an der Siegfried vom finsteren Hagen von Tronje gemeuchelt wurde, beanspruchen mittlerweile drei Gemeinden für sich als einzig echte Quelle.

Würde man nun der Sage jegliches Recht auf Information absprechen, wäre dies falsch. Es gilt, jenen Punkt, jenes Körnchen herauszufiltern, das der Realität entspricht. Gar nicht leicht!

Ein Hilfsmittel dafür ist ein Thesenplan in Form einer PC-Datei oder ein Info-Raster, in das man alle Informationen einträgt.

Damit gehen keine Informationen verloren und sie lassen sich doch immer wieder gegenüberstellen. Am idealsten wäre natürlich ein solides Brainstorming, bei dem alle Beteiligten losplappern, wobei dann meist irgendwann die guten Ideen übrigbleiben. Das setzt allerdings einige gute Freunde voraus, mit denen man sich über solche ausgefallenen Themen unterhalten kann. Egal aber, wofür Sie sich entschieden haben, einen guten Rat gebe ich Ihnen:

Bleiben Sie auf Ihrer Spur, sobald Sie begonnen haben.

Verfolgen Sie diese wie ein Jagdhund, bis sie hundertprozentig sicher sind, dass es die richtige oder aber die falsche war. Halbherzige Sachen bei der Suche nach Schätzen – und dazu gehören auch die entsprechenden Recherchen – bringen keinen Erfolg. Lassen Sie sich auch nicht von Nebenhinweisen irreführen. Registrieren Sie diese für spätere Nachforschungen, aber bleiben Sie an ihrer ursprünglichen Spur dran. Im Laufe der Zeit erhält jeder Schatzsucher mehr Hinweise, als er wahrscheinlich jemals verfolgen kann – Grundinformationen, die jederzeit die Aufnahme intensiver Recherchen gestatten. Sie sind das Kapital jedes Schatzsuchers.

HINWEISE AUF MÖGLICHE SCHÄTZE

Es gibt mehr Hinweise auf verborgene Schätze in den unterschiedlichsten Quellen, als man sich vorstellen kann. Dabei können diese Quellen von unterschiedlichster Natur sein. Bücher, Zeitungen, Zeitschriften oder sogar Gedichte können Informationen liefern. Fast jeder von uns kennt wohl aus der Schulzeit das Gedicht: „Nächtlich am Busento lispeln ..." Darin wird die Bestattung des großen Gotenkönigs Alarich geschildert, der nach der Plünderung Roms unerwartet in Süditalien verstorben war und den man mitsamt seinem Königsschatz im Flussbett des Busento in der Nähe von Cosenza bestattet hatte.

... senkten tief hinab, den Leichnam mit der Rüstung auf dem Pferde.
Deckten dann mit Erde wieder ihn und seine stolze Habe,
daß die hohen Stromgewächse wüchsen aus dem Heldengrabe ...

Der Text dieser Strophe schildert glasklar die Vergrabung eines Schatzes. Der König der Goten wurde mit all seiner Habe, also zusammen mit seinem Schatz, bestattet. Bei solchen Gedichten ist es wichtig, möglichst den Ursprung zu finden. Im Falle des „Grabes am Busento" ist es relativ leicht. Der Dichter August von Platen hat es erst im 19. Jahrhundert verfasst. Der Ursprung seines Gedichts liegt in einer zeitgenössischen Schilderung des gotischen Geschichtsschreibers Jordanes, der den Bericht zwar erst rund hundert Jahre nach der Grablegung Alarichs niederschrieb, aber sicher noch über detailliertere Berichte aus zweiter Hand verfügte.

Das heißt allerdings nun nicht, dass Sie sich sofort mit qualmenden Socken nach Italien begeben sollen; nach Alarichs Grab haben schon unzählige Schatzsucher und wissenschaftliche Expeditionen gesucht. Das bedeutet allerdings nicht, dass Schatzsucher weniger Chancen auf Erfolg haben können als Wissenschaftler. Überhaupt ist das Verhältnis zwischen Wissenschaftlern und Schatzsuchern gerade bei solch heiklen Themen ziemlich gespannt. Wissenschaftler neigen dazu, alles zu negieren, was Laien (und Schatzsucher sind in deren Augen lediglich Laien) vorbringen, und lassen oft keine anderen Thesen als ihre eigenen zu. Trotzdem kommen Schatzsucher oft nicht ganz ohne Hilfe der Wissenschaft aus.

> Aber Vorsicht! Vermeiden Sie auf jeden Fall, sich eine wissenschaftliche Abhandlung nach der anderen einbläuen zu lassen.

So etwas verwirrt und am Ende haben Sie so viele verschiedene Meinungen, als Sie „Experten" befragt haben. Ein markanter Punkt der Wissenschaft ist nämlich, dass sich die Spezialisten oft nicht einmal untereinander einig sind.

Einen weiteren Hinweis auf einen Schatz liefert eine andere berühmte Dichtung – das Nibelungenlied.

... Bevor die Könige wieder zum Rheine waren gekommen, hatte derweilen Hagen den großen Hort genommen.
Er senkte ihn da zu Lochheim allen in den Rhein.
Er dachte ihn selbst zu nützen; doch das konnte nimmer sein.

Dieser Vers in dieser frühmittelalterlichen Dichtung hat Generationen von Schatzsuchern und Forschern schier wahnsinnig gemacht. Immerhin wird darin reichlich detailliert über den sagenhaften Hort der Nibelungen berichtet. Während die Wissenschaft mittlerweile jegliche Authentizität des Nibelungenliedes vehement bestreitet, sehen es viele andere als zeitgenössische Überlieferung an. Ich persönlich halte es für eine frühe Form von „Kriegsberichterstattung" und für eine glaubhafte Überlieferung, der man auf jeden Fall nachgehen sollte. Wie weit daneben die Wissenschaft gelegentlich mit ihren Einschätzungen liegt, hat Heinrich Schliemann bewiesen. Bis zum Exzess wurden von den Gelehrten die „Ilias" und „Odyssee" als Märchen abgetan. Dann kam Schliemann und verglich in der Praxis vor Ort die Angaben. Das war die Basis für die Entdeckung von Troja und dem Schatz des Priamos (der sich nun leider als Beutekunst in den Händen des Puschkin-Museums und seiner Leiterin Marina Loschak befindet).

Also: Selbst solch alte klassische Dichtungen können Informationen liefern.

Neben diesen Fremdinformationen gibt es auch noch die Selbstinformation.

Nun werden Sie sich fragen, welche Informationen Sie sich selbst schon geben können. Aber in der Tat: Schatzsucher nennen dies „Logik-Information". Man geht dabei davon aus, dass irgendwann irgendwo irgendetwas geschehen ist. Dies ist die logische Basis-Information und leicht nachvollziehbar, da jedermann weiß, dass es beispielsweise in Deutschland soundso viele bedeutende Kriege gegeben hat.

Auf dieser Basis beginnt dann die Recherche oder die Entwicklung des Reisewesens. Als es weder Auto noch Eisenbahn noch Flugzeuge gab, waren die Länder von einem Netz an Postkutschenrouten durchzogen. Das ist die Basis-Information. Der rege Handels- und Reiseverkehr lockte zwangsläufig auch eine ganze Menge Gesindel an, das auf fette Beute harrte und den meist nicht ganz Unbetuchten ihr Geldsäckel stehlen wollte. Also taucht die Frage auf, wie und wo war dies zu bewerkstelligen. Solche exponierten Stellen, wie Schluchten, Steigungen, kurvenreiche Wegabschnitte oder Posthaltestationen, eigneten sich besonders gut für Überfälle. Genau dies waren die Punkte, an denen die Reisenden ihre Talerchen loswurden. Das ist die Logik-Information.

Weiterführend ergibt sich, dass man mittels Studium neuer und alter Topo-Karten solche Stellen bereits am grünen Tisch lokalisieren kann.

Weitere Logik-Informationen wären die Zugwege der römischen Truppen, keltische oder römische Befestigungsanlagen, Siedlungen und vieles mehr. Dies nur als Beispiel zum besseren Verständnis, da – wie Sie ja vielleicht wissen – das gezielte Suchen und Graben in archäologischen Schutzgebieten streng verboten ist. Zumindest ohne erforderliche Genehmigung. Genehmigungen solcherart müssen bei den zuständigen Landesdenkmalämtern unter Beifügung einer topographischen Karte des betreffenden Gebietes beantragt werden.

Eine weitere, nicht minder interessante Quelle für Hinweise auf verborgene Wertsachen liefern Kriegsberichte und Militärkarten aus den beiden letzten Weltkriegen. Im Ersten Weltkrieg war es die Bevölkerung, die sich schmerzlich von ihren Habseligkeiten trennen musste und diese der Erde anvertraute.

Besonders der Zweite Weltkrieg bot vielfältigen Anlass, Wertgegenstände in jeglicher Form zu verbergen. Milliardenbeträge in Form von Barren- und Münzgold, Juwelen und Kunstgegenständen wurden in sichere Verstecke verbracht.

Zum Teil, um diese vor den Besatzungsmächten zu retten, aber auch nicht immer nur aus Gründen des Gemeinwohls, sondern auch aus Habgier und eigennützigen Gründen. Zahlreiche NS-Bonzen und Funktionäre, aber auch ranghohe Offiziere nutzten ihr Wissen und ihre Stellung, um sich die Fingerchen zu vergolden und für die Zeit „danach" vorzusorgen.

Einer der eifrigsten „Retter" von Kunstwerken war Hermann Göring, der seine Villa „Karinhall" in der Schorfheide am großen Döllnsee mit Gemälden alter Meister und Antiquitäten zu einem regelrechten Museum machte. Nicht weniger prunkvoll ausgestattet war sein Haus auf dem Obersalzberg bei Berchtesgaden, wo selbst die unterirdischen Bunkeranlagen mit Schätzen und Kunstwerken geschmückt waren. Selbst ein paar Tage vor Kriegsende ließ er noch einen kompletten Eisenbahnzug voll mit Gemälden, Gold der Reichsbank und den Rothschild'schen Juwelen in Richtung Füssen in Marsch setzen, wo die wertvolle Fracht auf Lkws umgeladen wurde. Seither ist die Ladung spurlos verschwunden. Wochenlang verhörten die alliierten Truppen die umliegende Bevölkerung, aber kein Hinweis führte auf die Spur des Schatzes. So liegen heute noch, gut verborgen, tonnenweise Goldbarren aus Reichsbankbeständen in allen möglichen Gegenden, hauptsächlich aber in Bayern. Besonders interessante Gebiete sind der Bayerische Wald nahe der tschechischen Grenze, das Gebiet um Walchensee, Mittenwald, Garmisch-Partenkirchen und in Österreich die Gegend um den Hallstätter See und im Ausseerland.

Ein anderes Kleinod ist seither ebenfalls verschollen: das legendäre Bernsteinzimmer, das der Soldatenkönig Friedrich Wilhelm I. im Jahre 1717 dem Zaren Peter zum Geschenk gemacht hatte. Diese kostbare Wandvertäfelung wurde mit hoher Wahrscheinlichkeit vom damaligen Gauleiter Erich Koch zusammen mit seiner Raubsammlung aus Königsberg weggeschafft und liegt mit ebenso hoher Wahrschein-

Während am Walchensee mit enormem Aufwand und mit Hilfe von Hubschraubern ein paar „Schatzsucher" für eine TV-Dokumentation einen Goldschatz aus dem Dritten Reich suchten, fand ein einsamer Sondengänger auf dem Steinriegel einen 12,5 Kilo schweren Goldbarren der Reichsbank – ohne Hubschrauber!

lichkeit zusammen mit dieser Sammlung in einem Stollen in einem der unzähligen Bergwerke in Thüringen. Zu diesem Schluss kommt zumindest die Bernstein-Forschergruppe K.A.K.T.U.S.

Das Bernsteinzimmer hätte heute wohl keinen besonderen Wert mehr, da die Rekonstruktion des Zimmers wahrscheinlich prächtiger wäre, als das Original je war.

Von der Pracht selbst dürfte kaum mehr etwas übrig sein – die Bernsteinplättchen haben sich sicher vom Holz gelöst, sind blind und das Holz dürfte höchstwahrscheinlich faulig und modrig sein. Aber es ist letztendlich der Mythos, der der Vertäfelung anhaftet.

Dabei sind es nicht nur kistenweise Goldbarren oder Kunstwerke, die zu suchen sich lohnt. Zu den Schätzen aus der Zeit des Dritten Reiches gehören ebenso persönliche Gegenstände, die von Offizieren und Soldaten vor den heranrückenden Amerikanern und Russen vermeintlich in Sicherheit gebracht worden sind. Ganze Armeen flohen in die Wälder und „verwandelten" sich dort in harmlose Zivilisten. Im Zuge dieser wundersamen Verwandlung wurden Orden, Ehrenzeichen, Waffen, Schmuck und Soldbücher eiligst vergraben. Solche kleinen Horte sind in ländlichen Gegenden beinahe in jedem Wald zu finden. Einen großen Vorteil hat die Suche nach Relikten des letzten Krieges außerdem: Es gibt (noch) Augenzeugen, die Auskunft geben können. So kann es sich durchaus lohnen, Gefechtsbeschreibungen zu studieren oder Absetzbewegungen zu recherchieren.

Auch sollte man den Erzählungen der alten Leute Gehör schenken, da diese meist noch einiges zu berichten haben.

SO PLANEN SIE IHRE RECHERCHE

Die Kunst, richtig zu recherchieren, kommt mit der Erfahrung. Jeder Journalist kennt die zwei Möglichkeiten, die in der Recherche stecken: Entweder wird die Geschichte zu Tode recherchiert oder die Recherche wird im richtigen Moment beendet. Im ersten Fall heißt dies, dass ständig neues Material auftaucht, das man mit einbeziehen möchte, oder man so lange weiter bohrt, bis man wieder auf neues Material stößt. Dann ist es eine endlose Geschichte.

Nur sind Journalisten in der Recherche geübt und haben meist ein sicheres Gespür dafür, wann die Geschichte „rund" ist. Den richtigen Abschluss für eine Recherche zu finden, ist somit nicht immer leicht. Besonders der Laie oder Unerfahrene läuft Gefahr, aus einem Gefühl der „Übergewissenhaftigkeit" zu viel des Guten zu tun.

Eine große Hilfe stellt deshalb der Recherchenplan dar, der mit dem Schlüssel für jede Recherche, den sechs „Ws", beginnt und den auch altgediente Journalisten beherzigen.

DIE SECHS GROSSEN WS: WER, WAS, WANN, WO, WIE, WARUM?

Für unsere Interessen ist es sinnvoll, die sechs „Ws" noch um ein großes „B" zu erweitern, das für „Beweis" steht.

> Komplex verpackt, sieht der Recherchenschlüssel folgendermaßen aus: Wer hat was wann wie und warum verborgen oder vergraben? Welche Beweise gibt es dafür?

Das sind die Schlüsselwörter für unsere oberste Grundregel. Da wir aber nicht recherchieren, um eine Geschichte für eine Zeitung zu schreiben, ist es notwendig, dass wir die Reihenfolge der sechs „Ws" für unsere Belange etwas umstellen, und zwar in dieser Reihenfolge:

Wann ist etwas verborgen worden?
Wo ist es versteckt oder vergraben?
Wer war der Verberger?
Warum wurde etwas verborgen?
Was wurde verborgen?
Und: Wie geschah dies?

Das Schema für unsere Recherche sieht wie unten dargestellt aus.

Wenn Sie sich bei Ihren Nachforschungen streng an dieses Schema halten, bekommen Sie im Laufe Ihrer Recherchen die erforderlichen Fakten (allerdings vorausgesetzt, dass die Geschichte stimmt). Um nun Ihre Geschichte „hart" zu machen, benötigen Sie Beweise. Bei der Grundrecherche nach dem Schema „W" genügt unter Umständen das einmalige Auftauchen von Fakten in seriösen Quellen (mehrmals wäre trotzdem besser), beim Faktor „B" dagegen ist ein mehrfaches Auftauchen unerlässlich. Je häufiger einzelne Details und Fakten auftauchen und

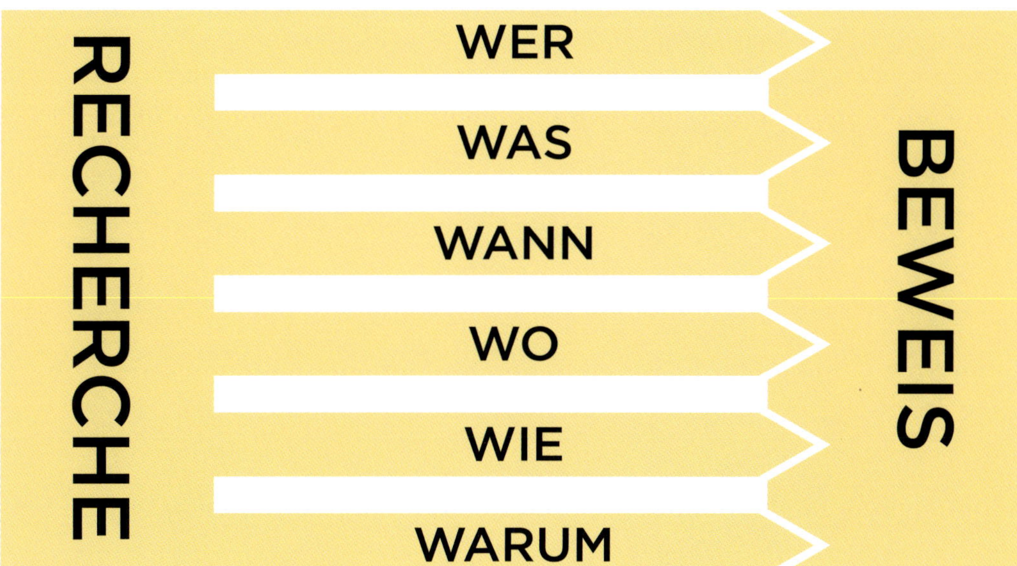

sich belegen lassen, umso größer ist die Chance auf Erfolg. Wie dies dann in der Praxis aussieht, sehen wir am nachfolgenden Beispiel der Waldmünchner Kriegskasse:

Wir nehmen ein Blatt Papier und schreiben auf die linke Seite senkrecht untereinander die bekannten „Ws". Zwischen jedem „W" bleibt etwas Raum für Detailvermerke.

Frage	Notizen	Antwort
Wer?		Baron Ludwig von Kampel
Wo?		Wald bei Waldmünchen, genannt „Buchet"
Wann?		1796
Was?		Regimentskasse
Wie?		Vermutlich in der Nähe eines Findlings vergraben
Warum?		Um das Geld vor den Verfolgern in Sicherheit zu bringen
Beweis?		Chroniken, Heimatgeschichte

Alles in allem keine schlechten Grundlagen für eine organisierte Suche vor Ort! Die Recherchen sollten beendet werden, sobald die Anforderungen an die „Ws" erfüllt sind. Begleitinformationen, soweit erforderlich, sollten Sie eingeholt haben.

Das erforderliche Kartenmaterial ist vorhanden und stimmt nach Überprüfung der Geländemerkmale mit der Geschichte überein. Nun schließen wir die Akte „Waldmünchen" und wenden uns der Planung und Organisation der Suche vor Ort zu.

DER RICHTIGE UMGANG MIT KARTEN UND PLÄNEN

DIE BEDEUTUNG VON KARTEN

Auch wenn man es nicht glauben will – das Thema „Karten“ gehört zu den wichtigsten Themen auf dem Sektor Schatzsuche und trotzdem wird es nachlässig behandelt.

„Kartenlesen, lächerlich!“ „Solche Pfadfinderspiele sind ja ein Witz.“ So und ähnlich lautete der Tenor, als ich vor einigen Jahren einen Interessenten in unseren Kreis zu einem Gewöhnungswochenende mit Durchschlageübung (Geländeübung, bei der man nur mit einem Kompass ausgestattet ist. Man muss sich von A nach B „durchschlagen“) einlud. Seine Verachtung gipfelte in der überheblichen Bemerkung: „Ich war schließlich bei der Bundeswehr.“ Naja, wer war das nicht? Aber mal ganz ehrlich: Was ist denn wirklich dabei hängengeblieben?

Bei unserem Kandidaten jedenfalls herzlich wenig. Am Abend des ersten Tages war der selbstgefällige Einzelkämpfer hoffnungslos verschollen. Als wir ihn dann am nächsten Tag endlich wieder in unserer Mitte hatten, rückte er zögerlich mit seiner Geschichte heraus. Er hatte schlicht und einfach die Zeichen für „Waldweg“ mit denen der Gemeindegrenze verwechselt und war infolgedessen diesen Zeichen auf der Karte gefolgt!

Ein Fehler, der eigentlich nicht passieren sollte, da jede Karte als Begleitung eine so genannte „Legende“ besitzt, in der sämtliche Zeichen und Kürzel erklärt sind. Dies setzt allerdings voraus, dass es sich um eine ordentlich kartographierte Karte handelt. Bei Handskizzen oder „Schatzkarten“ darf man dies freilich nicht erwarten. Kartenlegenden sind ein weltweiter Standard auf Wanderkarten, Flurkarten oder Generalstabskarten. Alle Zeichen haben Symbolcharakter und sind graphisch so einfach dargestellt, dass sie von jedermann gelesen und gedeutet werden können. In früherer Zeit war dies allerdings nicht so einfach.

Ohne gute Orientierung hat die aufwendigste Suche keinen Sinn.

Eine der ältesten Kartenskizzen stammt von Christoph Columbus. Sie zeigt die Insel Hispaniola – das heutige Haiti.

EIN KLEIN WENIG KARTENGESCHICHTE

Die Kartographie war im Altertum eine Kunst, die einige Anforderungen an jene stellte, die mit der Erstellung von kartographischen Werken betraut wurden. Der Beginn der Kartographie reicht zurück in die graue Vorzeit, wo unsere prähistorischen Vorfahren bereits primitive Skizzen in Felsen ritzten. Aber so weit wollen wir gar nicht zurückgreifen, da man diese Kritzeleien eigentlich nicht als Karten im Sinne des Wortes bezeichnen kann. Richtige, anwendbare Karten existieren erst seit dem frühen Mittelalter.

Ganz anders die Entwicklung der Seekarten. Diese Variante der Kartographie entwickelte sich erst mit den Entdeckungsfahrten der Portugiesen und Spanier und begleitend dazu die – wenn auch primitive – Darstellung von Küstenlinien.

Nachdem der Genuese Christobal Colon (Columbus) 1492 eine Kartenskizze der Insel Hispaniola (Haiti) gezeichnet hatte, erkannte man die Bedeutung dieser „Pilotenkarten". Von da an waren die Kartographen und Lotsen die wichtigsten Männer neben den Steuerleuten.

Die Entwicklung brauchbarer topographischer Karten begann erst in der zweiten Hälfte des 18. Jahrhunderts im Auftrag des Kronprinzen Friedrich Wilhelm II. Die Kartographierung Preußens wurde nach exakten Vermessungsarbeiten vorgenommen, mit deren Leitung General Friedrich von Schmettau (1743–1806) betraut wurde. Das Ergebnis nach zwanzigjähriger Arbeit konnte sich sehen lassen: 272 Blätter, die fast alle im Maßstab 1 : 50.000 angelegt waren!

Seither wurde die topographische Vermessung laufend weiterentwickelt und verbessert. Damit sind topographische Karten besonders für uns Schatzsucher von erheblicher Bedeutung, da sie es uns ermöglichen, Geländebeschreibungen schnell auf ihren Wahrheitsgehalt zu überprüfen.

Im Gegensatz zu den frühen Karten, die lediglich flache Darstellungen boten, zeigt die topographische Karte detailgetreu jede noch so kleine Bodenerhebung an. Schluchten, Berge, Täler, Bäche, Quellen, einzelne Bäume, Wegkreuze und Findlinge – alles ist in diesen Karten festgehalten. Kein Gedanke muss mehr verschwendet werden an Schattierungen, wie sie die Karten des frühen zwanzigsten Jahrhunderts noch aufwiesen. Heute erfolgt die kartographische Fotografie via Satellit und das unbestechliche Auge der hochentwickelten Kameras liefert Bilder aus immer ein und demselben Winkel.

KARTEN FÜR DEN SCHATZSUCHER – TOPOGRAFISCHE KARTEN

Drei verschiedene Ausführungen von Karten sind für die Schatzsuche von Bedeutung. Die am häufigsten gebrauchten Karten sind natürlich topographische Karten. Diese sind erhältlich in den Maßstäben von 1 : 50.000 und in der für uns am interessantesten Ausführung von 1 : 25.000. Der Maßstab besagt, dass ein Zentimeter auf der Karte bei einem angegebenen Maßstab von 1 : 50.000 in der Natur einer Länge von 500 Metern entspricht. Weitaus genauer ist deshalb der Maßstab von 1 : 25.000, da dies in der Realität lediglich 250 Metern entspricht.

Merke:
Je kleiner der Maßstab, umso genauer die Karte!

MESSTISCHBLÄTTER

Je kleiner der Maßstab, desto besser. Dies trifft auch auf die so genannten „Messtischblätter" zu, die mit einem Maßstab von fast 1 : 5.000 zu den genauesten Karten überhaupt gehören. Ein Zentimeter dieser Karte entspricht lediglich fünfzig Metern in der Natur! Damit lassen sich Areale bis fünf mal fünf Meter ausmessen!

Leider sind Messtischblätter nicht leicht zu erhalten, da sie hauptsächlich für das Vermessungswesen bestimmt sind und nicht in solchen Mengen aufgelegt werden, wie dies bei normalen topographischen Karten der Fall ist. Dies erklärt denn auch den relativ hohen Preis: Für ein Messtischblatt muss man immerhin zwischen zwanzig und fünfundzwanzig Euro auf den Tisch blättern, während die herkömmlichen Topos schon für rund fünf bis sechs Euro zu haben sind.

Der Maßstab bei Messtischblättern ist absolut unorthodox: Er beträgt nämlich genau 1 : 5.000! Somit entspricht ein Kartenzentimeter 50 Metern in der Natur.

Zeichenerklärung (Auszug)

Siedlung

AUE Name einer Stadt
Lohmen Name einer Gemeinde
BURG Name eines Stadtteils
Stürza Name eines Gemeindeteils
Strand Wohnplatzname

Die Schriftgröße der Ortsnamen richtet sich nach der Einwohnerzahl.

- Siedlungsfläche
- Industrie- und Gewerbefläche
- Gebäude mit besonderer Funktion / Gebäude
- Kirche / Gotteshaus
- Kapelle
- Krankenhaus / Sanatorium
- Polizei / Feuerwehr
- Parkhaus
- Hallenbad
- Schutzhütte
- Gewächshaus
- Schloss, Burg / Ruine
- AT Turm / Aussichtsturm
- Kontroll-, Feuerwachturm
- Torturm, Stadtturm mit Mauer
- Zaun / Spundwand
- Steingrab / Grabhügel / Ringwall
- Denkmal / Bildstock, Gipfelkreuz
- Friedhof
- *Park* Grünanlage, Park
- Sportanlage mit Spielfeldern
- *Bad* Campingplatz / Schwimmbad
- Schießanlage / Sprungschanze

Ver- und Entsorgung

- Bergbau, in Betrieb / außer Betrieb
- Stollenmundloch / Schachtöffnung / Höhleneingang
- Erdöl- / Erdgasförderanlage
- *Kies* Steinbruch, Tagebau, Grube
- Torfstich
- Förderband / Rohrleitung
- Vorratsbehälter / Kran
- Umspannstation / Hochspannungsleitung mit Mast
- *HW* Kraftwerk / Heizwerk
- Schornstein / Kühlturm
- Windmühle / Windkraftanlage
- Sendeturm / Radioteleskop
- Sendemast / Antenne
- Wasserbehälter / Brunnen / Wasserturm
- *PW WW* Schöpfwerk/ Wasserwerk / Pumpstation
- *Klär* Kläranlage / mit Absetzbecken

Verkehr

- Autobahn / im Bau
- Bundesstraße mit / ohne Fahrbahntrennung
- Staatsstraße mit / ohne Fahrbahntrennung
- Kreis-, Gemeindestraße mit / ohne Fahrbahntrennung
- Hauptwirtschaftsweg / Wirtschaftsweg
- Fußweg, Radweg / Klettersteig
- Fußgängerzone / Treppe
- Ein- / mehrgleisige elektrifizierte Eisenbahn
- Ein- / mehrgleisige nicht elektrifizierte Eisenbahn
- Bahnhof / Haltepunkt
- Hubschrauberlandeplatz / Segelfluggelände
- Straßenbrücke >100 m / Steg
- Tunnel
- 13 6 Autobahnnummer / Autobahnanschlussstelle
- E55 1 Europa- / Bundesstraßennummer
- S181 K6903 Staats- / Kreisstraßennummer
- P R Parkplatz / Rastplatz
- Eisenbahnbrücke
- Straßenbahn, Stadtbahn mit Haltestelle
- S-Bahn mit Station
- Schmalspurbahn / Standseilbahn
- Seil-, Schwebebahn / Materialseilbahn
- Skilift, Sessellift

Vegetation

- Laubwald / Nadelwald
- Schneise
- Mischwald
- Laubholz / Nadelholz
- Grünland
- Streuobst
- Gartenland
- Hervorragender einzelstehender Laubbaum / Nadelbaum
- Baumreihe
- Hecke mit / ohne Wall
- Ackerland
- Baumschule
- Obstplantage
- Hopfen / Rebfläche
- Brachland
- Heide
- Moor, Moos
- Sumpf, Ried, nasser Boden
- Schilf, Röhricht
- Sand / Steine, Schotter, Geröll

Gewässer

- *ELBE* Name eines schiffbaren Gewässers
- Fluss mit Fließrichtungspfeil und Buhnen
- Fluss mit Wehr und Stromschnellen
- Wasserlauf verrohrt, unterirdisch
- Quelle / Bach, Graben / nicht ständig wasserführend
- Wasserfall
- 123,4 See mit Staumauer
- 123,4 Wasserspiegelhöhe
- *Flöha* Name eines nicht schiffbaren Gewässers
- Ufermauer
- Mole
- Anlegestelle
- Auto- / Personenfähre
- Leuchtturm / Leuchtfeuer / Bake
- Schleusenkammer / Siel, Sperrwerk / Schiffshebewerk
- Sicherheitstor / Düker

Relief

Höhenlinie im Gelände

- Zähllinie 50 m
- Hauptlinie 10 m
- 1. Hilfslinie 5 m
- 2. Hilfslinie 2,5 m
- Böschung
- Damm, Wall, Deich befahrbar / nicht befahrbar
- · 139,5 Höhenpunkt mit Höhenangabe
- Felsnadel / Fels / Felsmassiv

Grenzen

- Staatsgrenze
- Landesgrenze
- Landkreisgrenze, Grenze einer kreisfreien Stadt
- Gemeindegrenze
- Nationalparkgrenze, Biosphärenreservatsgrenze
- Naturschutzgebietsgrenze, Grenze einer Schutzzone im Nationalpark oder Biosphärenreservat
- Truppenübungsplatz-, Standortübungsplatzgrenze

Kartenfeld und Regelblattschnitt

- Begrenzungslinie des Kartenfelds (6,3 x 6,1 km der Natur)
- Blattgrenze des Regelblattschnitts (nach dem Bessel-Ellipsoid)

In den Legenden von topografischen Karten finden sich alle Geländemerkmale als Symbole wieder.

FLURKARTEN

Dabei handelt es sich um Karten, in denen einzelne Grundstücke je nach Umriss und Lage eingezeichnet sind. Sämtliche Veränderungen werden darin festgehalten und die einzelnen Fluren sind nummeriert, sodass sich im Grundbuchamt jederzeit der jeweilige Grundstückseigentümer ermitteln lässt.

Für die von mir 1984 organisierte Suche nach dem Tafelsilber des Kurfürsten in Mühldorf musste ich zum Beispiel in zwei verschiedenen Grundbuchämtern nicht weniger als 280 Grundstücke anhand der Flurnummern auf ihre Eigentümer prüfen, um von diesen die erforderlichen Genehmigungen einholen zu können!

Sicher: So etwas wäre heute aufgrund des Datenschutzgesetzes überhaupt nicht mehr möglich. Vor fast dreißig Jahren jedoch war es noch kein Problem.

VERGLEICHEN SIE!

Die Entscheidung, welche Karte man wählt, hängt im Einzelfall dann auch damit zusammen, welche sich für eine Überprüfung und Lokalisierung am besten eignet. Da gerade Schatzsuche ein derart unkonventionelles Thema ist und sie auch oftmals die unterschiedlichsten Probleme aufwerfen kann, lässt sich die Wahl der richtigen Karte in den meisten Fällen nur anhand der jeweiligen Geschichte und der allgemeinen Umstände treffen.

Besonders wenn sich Angaben und Überlieferungen auf die Zeit zwischen 1900 und 1950 beziehen, ist es ratsam, den Weg des Kartenvergleichs zu beschreiten. Wie bereits zu Beginn erwähnt, war das Kartographierwesen zu Beginn dieses Jahrhunderts noch nicht so weit entwickelt, sodass dieses Kartenmaterial gegenüber dem heutigen kaum einem Vergleich standhält. Das erfordert nun eine gewisse Mehrarbeit und unter Umständen auch einen etwas größeren finanziellen Aufwand. In der Praxis heißt dies: Sie haben eine Information, die auf einer Militärkarte aus dem Jahre 1920 mit einem Kreuz eingezeichnet ist. Ihr Informant ist hundertprozentig sicher, dass dies exakt die Stelle ist, an dem das Objekt vergraben wurde. Damals war dies 10 Meter neben einem Fahrweg, von der Straße etwa fünfzig Meter entfernt im Wald.

Vor Ort werden Sie überrascht sein, dass die Realität in keiner Weise mit der alten Karte übereinstimmen wird. Weit und breit ist kein Fahrweg zu sehen und die Straße verläuft gut zwanzig Meter neben dem Waldrand. Was ist zu tun?

Nachdem laut Ihrem Informanten das Objekt 1920 vergraben wurde, besorgen Sie sich topographische Karten in Abständen von zehn bis fünfzehn Jahren. Karte für Karte vergleichen Sie mit Ihrer neuesten Ausgabe. Achten Sie darauf, dass Sie so gut wie möglich den gleichen Maßstab verwenden. Nun können Sie sich an mögliche Veränderungen herantasten.

Was Veränderungen im Gelände betrifft, bietet der Vergleich zwischen alten und neuen Karten gute Kontrollmöglichkeiten.

Sie werden wahrscheinlich schnell feststellen, dass im Laufe der Jahre Eingriffe in die Landschaft vorgenommen worden waren, die dazu führten, dass sich die Umgebung veränderte. Dies kann durch das Fällen von Bäumen, durch Aufforstungsarbeiten oder einfach durch Straßenneubauten geschehen sein. Nun sind Sie in der Lage, den ursprünglichen Punkt auf Ihre Karte zu übertragen.

Sobald nur der geringste Verdacht besteht, dass Beschreibung, Gelände und Karte nicht übereinstimmen, empfehle ich den Kartenvergleich.

Bedauerlicherweise hilft hier Google Earth nur bedingt. Sie können sich zwar das Gelände von oben ansehen – große Veränderungen dürfte es seit der Verbergung kaum gegeben haben –, aber die Aussage hinsichtlich der Örtlichkeit lässt sich damit nicht nach prüfen, weil keine Details erkennbar sind. Der BayernAtlas bietet hier jedoch den Vorteil der historischen Ansicht. Das heißt, Sie können je nach Verfügbarkeit historische Karten der Gebiete einsehen und diese vergleichen.

Seit Ende 2022 bietet Google Earth die neue Funktion, historisches Kartenmaterial bis zu 400 Jahre in die Vergangenheit abzurufen. Google Earth greift hierbei auf die „David Rumsey Historical Map Collection" zurück. Unter dem Reiter „Ebenen" finden Sie nun die alten historischen Karten.

KARTEN SIND GUTE FREUNDE

Ein alter Freund von mir pflegte immer zu sagen: „Karten leben."

Recht hatte er! Jemand, der selten mit Karten zu tun hat, kann sich sicherlich nicht vorstellen, dass jede Karte eine Geschichte erzählen kann oder im Gesamten ein Bild darstellt. Aber es ist tatsächlich so.

Höhenlinien, Grenzlinien, Bäume, Wälder, Sümpfe, Wiesen, Bäche, Teiche und Hügel ergeben ein Bild wie ein Gemälde – eine Geschichte von Landschaft und Gelände.

Wer halbwegs Karten zu lesen vermag, versteht die Geschichte, die eine Karte erzählt. Tatsächlich kann man sich in eine Karte vertiefen und hineindenken – ähnlich wie in ein Buch – und plötzlich hat man das Gefühl, als stünde man inmitten dieser Landschaft. Gelangt man dann eines Tages wirklich dorthin, findet man sich sofort zurecht.

Im Verlauf der Recherchen zu meiner ersten Cocos-Expedition habe ich sechs Jahre lang alle möglichen Karten der Insel – derer ich überhaupt habhaft werden konnte – studiert und mich immer und immer wieder hineinvertieft. Ich bin den Flüssen und Bächen im Geiste gefolgt, habe Hügel erstiegen und bin über steile Abhänge geklettert, um Schluchten zu durchwandern. Als wir dann tatsächlich in der Bahia Wafer an Land gingen, fühlte es sich an, als hätte ich schon lange Jahre hier gelebt.

Um in einer Karte so lesen zu können, dass sie ihre Geschichte erzählt und man diese auch versteht, ist es erforderlich, dass man sie hegt und pflegt, so wie man eine gute Freundschaft und Freunde pflegt.

So wenig wie ein kranker Mensch keine guten Geschichten erzählen kann, so wenig kann dies eine schlecht behandelte Karte. Das Schlimmste, was mit einer Karte passieren kann, ist, dass man sie immer und immer wieder knickt. Die Knickstellen werden mit der Zeit immer breiter, der Druck verblasst an der Knickstelle und ist eines Tages nicht mehr zu erkennen. Es entstehen Löcher und irgendwann ist die Karte nicht mehr zu gebrauchen.

Behandeln Sie jede Karte, als hinge Ihr Leben davon ab!

Wenn Sie unbedingt auf Karten Eintragungen vornehmen müssen, überziehen Sie sie vorher mit Klarsichtfolie. Darauf kann man mit Spezialstiften schreiben und das Geschriebene später wieder abwischen. Gleichzeitig besteht keine Gefahr mehr, dass die Karte aufweicht, falls sie einmal im Regen nass geworden ist. Ein Tipp: Hervorragend bewährt haben sich bei mir Katasterblatthüllen. Solche Hüllen neu zu kaufen, wäre wohl etwas teuer. Am besten fragen Sie bei Landratsämtern, Bauämtern, Stadtverwaltungen oder Grundbuchämtern nach. Diese Behörden mustern von Zeit zu Zeit ältere Hüllen aus und es besteht die Möglichkeit, diese für ein paar Euro zu erstehen, wenn nicht gar geschenkt zu bekommen. Schneidet man den unteren Rand der Topokarten ab und faltet den Legendenstreifen nach hinten, dann passen die Karten genau hinein.

Besonders ordentlich aufbewahrt sind die Karten, wenn man von hinten zwei etwas längere Nägel etwa 12 bis 15 Zentimeter durch ein Brettchen schlägt und die Spitzen nach oben biegt. Nun lassen sich die Hüllen mit den Karten wunderbar aufhängen. Achten Sie aber darauf, dass der Abstand der Nägel dem Abstand der Klammern eines Büro- Ordners entspricht, da die Hüllen so gelocht worden sind.

Wenn Sie nun noch auf jede Hülle in der oberen rechten oder linken Ecke einen kleinen Adressaufkleber anbringen, auf den Sie Maßstab und Kartenbezeichnung schreiben, dann finden Sie beim Durchblättern der Ecken jede gewünschte Karte.

SUCHE MIT DER KARTE VOR ORT

Sämtliche Informationen – und seien sie noch so heiß – taugen nur so viel, wie sich Übereinstimmungen mit dem Kartenmaterial ergeben. Ihr ganzes Wissen um eisenbeschlagene Truhen voller Kirchengerätschaften nützt Ihnen nichts, wenn sich die ortsbezogenen Informationen nicht mit der Kartentopographie decken. Dies ist häufig der Fall, wenn zusätzlich zu den internen Informationen auch noch Richtungsangaben vorhanden sind.

Zweifellos waren die Menschen seit jeher in der Lage, die Himmelsrichtungen zu bestimmen. Je länger aber die Verbergung her ist, desto ungenauer werden zwangsläufig die Angaben. Die Hauptrichtungen Süd, Nord, West und Ost helfen zwar die ungefähre Hauptrichtung zu bestimmen, dies ist aber auch schon alles. „Im kleinen Wald von X nach der Weggabelung in Richtung Süden, nach zwanzig Schritten“ ist beispielsweise solch eine ungenaue Angabe.

„In Richtung Süden“ kann einen Winkelbogen von 170 Grad bedeuten, solange derjenige nicht unbedingt nach Westen oder Osten geht, sondern sich nur ungefähr in südlicher Richtung hält. Hinzu kommt die Bezeichnung „Schritte“, die eine Differenz von bis zu zwei Metern Unterschied bedeuten kann, je nach Schrittlänge! Solange die Angaben nicht präziser sind, etwa: „im kleinen Wald, von der Spitze der Weggabelung zwanzig Schritte nach Süd-Südwest, dreißig Ellen von der Quelle des Baches entfernt“, wird die Suche ein Lotteriespiel.

Aus diesem Grund ist es unerlässlich, einen Kompass mitzuführen. Lieber ein billiger Kaufhauskompass als überhaupt keiner. Natürlich ist ein solider Qualitätskompass, wenn möglich flüssigkeitsgelagert, immer noch das Idealste, oder ein Kartenkompass. Marschkompanten, auch Marschbussolen (Spezialbezeichnung für

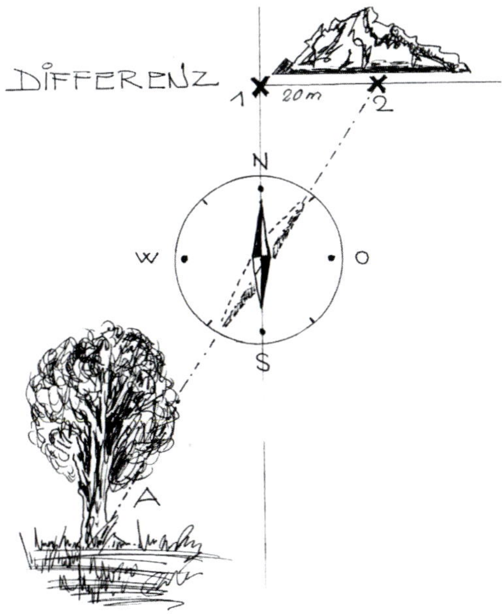

Beispiel einer berücksichtigten Missweisung – die Abweichung auf die Entfernung beträgt ca. 20 Meter.

extrem präzise Kompasse) genannt, erhält man entweder im Sportfachhandel oder bei Expeditionsausrüstern. Hier ist die Auswahl größer und der Verkäufer in der Lage, ein möglicherweise aufwendigeres Modell auch vorzuführen und zu erklären. Auch hier hilft die modernste Technik nicht weiter, wenn die Grundlagen fehlen. Wie sollte Sie ein GPS an die gesuchte Stelle führen, wenn die entsprechenden Koordinaten fehlen?

Der Umgang mit Karte und Kompass selbst ist für Ungeübte gewöhnungsbedürftig. Zwar ist das Ausnorden einer Karte nicht besonders schwierig, trotzdem sollte man es am Anfang ein paar Mal üben und auch zwischendrin gelegentlich wiederholen.

Zum Norden die Karte auf den Boden und den Kompass darauf legen. Nun dreht man die Karte, bis die senkrecht verlaufenden Linien der Topokarte mit dem Kompass in Richtung Norden übereinstimmen (merken Sie sich: Der obere Rand einer Karte ist immer Kartennord).

Wenn Sie aber nun glauben, dass die Kompassnadel genau in Richtung Nordpol zeigt, dann irren Sie sich gewaltig. Sicher zeigt die Nadel nach Norden, dabei weicht sie aber immer um einige Grade nach links oder rechts ab. Dieses Phänomen nennt man „Missweisung“ oder auch „Deviation“. Die Ursache für die Abweichung ist der Unterschied zwischen dem tatsächlichen magnetischen Nordpol und dem geographisch verlagerten Pol. Der Winkel zwischen diesen beiden Polen ist die Kompassabweichung – die Missweisung. Einem Wanderer kann es in der Regel egal sein, wenn die Missweisung 14 Grad beträgt. Den Jäger der verlorenen Schätze hingegen führt sie ganz schön in die Irre. Zwangsweise vergrößert sich der Abweichungswinkel mit zunehmender Strecke.

Dazu kommt, dass die Missweisung sich immer wieder ändert, sodass man keine berechenbare Konstante hat.

Selbst wenn Ihnen also die Missweisung aus dem Jahr 1760 beispielsweise bekannt wäre, könnten Sie 1996 nichts darauf geben. Allerdings haben Sie den Vorteil, dass Sie Ihren Kompass auf die bekannte Zahl aus dem Jahre 1760 einstellen und diese als Ausgangsbasis nehmen können. Weitaus schlimmer ist es jedoch, wenn die damalige Missweisung nicht bekannt ist; in diesem Fall bleibt nur die Möglichkeit, sie über ein geographisches Institut zu ermitteln.

Im günstigsten Fall verfügen Sie über eine Versteckbeschreibung, die mehrere Peilpunkte aufweist. Dann sind Sie fein raus, denn die Schatzsucherregel sagt: „Je mehr, desto besser!"

Dann haben Sie Gelegenheit genug, das Versteck über Kreuzpeilungen mit genauem Schnittpunkt der Lagestelle einzumessen. Falls es nicht auf Anhieb klappt – nicht verzagen: Ermitteln Sie in diesem Fall die eventuelle Missweisung und nehmen Sie eine erneute Peilung vor. Diesmal aber mit berücksichtigter Missweisung.

Manchmal – wenn Sie Glück haben – existiert sogar eine Skizze, entweder irgendwann einmal von einem ebenso Interessierten gezeichnet oder aber von einem Erzähler oder Informanten verfasst. Solche Skizzen überträgt man auf transparentes Papier (durchpausen oder abzeichnen) und legt die Skizze auf die Topokarte. Meist ist die Zeichnung allerdings entweder zu groß oder zu klein und selten zufällig in einem Maßstab gehalten, der Geländemerkmale sicher erkennen lässt. In diesem Fall vergrößert man die Topokarte so lange, bis Skizze und Karte übereinstimmen (der umgekehrte Weg, die Skizze zu verkleinern, ist ebenso möglich). Nun legt man die Skizze auf die vergrößerte Karte und dreht und sucht so lange, bis Wege, Konturen oder Merkmale in etwa zusammenpassen.

Dieser Trick stammt aus dem Motorsport – sozusagen eine Spezialität besonders hundsgemeiner Rallye-Veranstalter. „Spinne" heißt diese Sonderaufgabe im Rallyesport. Sie sehen, es gibt kaum einen Bereich, aus dem man nicht auch für die Schatzsuche seinen Vorteil ziehen könnte!

Nachfolgende „Spinne" sollten Sie als kleine Übungsaufgabe zu lösen versuchen. Besorgen Sie sich die Topokarte Nr. 8230 Lechbruck (Bayern) und versuchen Sie, den mit dem Kreuz markierten Punkt zu finden. Um die Sache nicht unnötig zu erschweren, ist die hier abgebildete Spinne maßstabsgetreu.

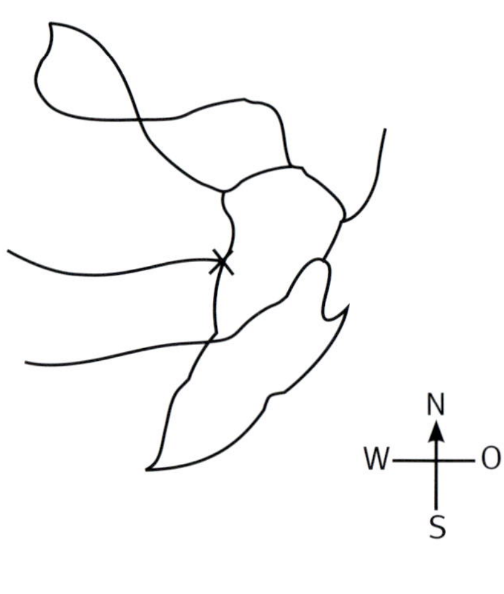

Pausen Sie die „Spinne" auf Transparentpapier durch und ermitteln Sie den Kreuzpunkt.

SCHATZKARTEN UND SCHATZPLÄNE: WAS IST DRAN?

Wie Sie inzwischen wissen, sind topographische Karten reine Gebrauchskarten. Man darf also nicht erwarten, dass in Topokarten Schätze eingezeichnet sind. Ganz anders verhält es sich da bei den unzähligen Schatzkarten- und Plänen, die besonders im Fall von klassischen Schätzen immer wieder auftauchen. Wer glaubt, das Phänomen der Schatzkarten sei ein Relikt aus vergangenen Windjammerzeiten (Zeit, in der es noch keine Dampfschiffe, sondern nur Segelschiffe gab), dem sei gesagt, er ist auf dem Holzweg. Natürlich war die Blütezeit der „echten Schatzpläne“ das späte 18. und 19. Jahrhundert. Die Zeit, als in jeder Hafenspelunke von Bristol bis Port au Prince alle möglichen Teerjacken (Seemänner) ihren nächsten Becher Rum damit finanzierten. Unbestritten ist auch, dass tatsächlich mitunter eine echte Karte dabei war, aber diese Wahrscheinlichkeit ist mit einem Lotto-Sechser vergleichbar.

Noch um einiges unwahrscheinlicher ist demnach auch die Chance, heutzutage an ein unberührtes Original zu gelangen, obwohl die Spezies der Kartenverkäufer immer noch existiert.

Ein Bekannter, der in Costa Rica lebte und sich ebenfalls der Cocos-Insel widmete, erstand in den 1970er-Jahren eine „Original-Schatzkarte“ der Insel für lächerliche achthundert Dollar! Natürlich mit den eingezeichneten Schatzverstecken. Andererseits wiederum erstand ein Antiquitätenhändler vor etwa neunzig Jahren eine alte Seemannstruhe, in deren doppeltem Boden sich ein auf Pergament gezeichneter Plan eines vergrabenen Schatzes befand. Wie der Händler feststellte, stammte die Kiste aus dem Besitz von Kapitän William Kidd, einem schottischen Piraten! Ich selbst habe im Laufe meiner jahrelangen Recherchen und Nachforschungen die verschiedensten Pläne und Karten gesammelt, allerdings ohne horrende Preise dafür bezahlt zu haben.

Eine der schönsten Geschichten, wie eine echte Schatzkarte den Besitzer gewechselt (und diesen obendrein noch reich gemacht) hat, ist diese:

An einem Abend des Jahres 1874 betrat der Eigner eines Schoners eine Hafenkneipe auf der Insel Bora Bora. Ein englischer Seemann, total heruntergekommen und den Rumpegel beinahe auf der Oberkante der Unterlippe, torkelte an seinen Tisch. Nachdem ihm der Schiffseigner einen Becher Rum ausgegeben hatte, fing der Alte zu erzählen an. Er redete vom Meer, dem Ächzen der Masten und dem Wind, der sich in die Segel presst. Als er dann von den guten alten Zeiten zu erzählen begann, mit ihren wilden raubeinigen Gesellen, deren Flagge der Jolly Roger (die schwarze Piratenflagge) war, lächelte der Schiffsbesitzer. „Ist doch immer wieder erstaunlich, dass es keinen Hafen gibt ohne diese Garnstricker", dachte er bei sich und ließ der alten Teerjacke noch einen einschenken. „Schau, Sohn, ich bin alt und kaputt, total versoffen und meine Tage sind gezählt. Du bist jung und hast das Leben noch vor dir, deshalb will ich dir eine Geschichte erzählen, die dich zu einem reichen Mann machen wird. Dafür will ich nicht mehr als zwanzig Dollar, damit ich mich in meinem geliebten Stoff ersäufen kann."

Der Eigner, der an diesem Tag gute Geschäfte gemacht hatte, dachte weniger an den zu erwartenden Reichtum, an den er sowieso nicht recht glaubte, sondern an den alten Seemann. Nachdem er ihm die zwanzig Dollar gegeben hatte, erzählte der Alte ihm folgende Geschichte: „Vor etwa achtzig Jahren geriet die Mannschaft eines großen Schoners in Streit mit dem Kapitän. Es kam zur Meuterei und die rebellierenden Seeleute ermordeten den Kapitän. Als sie Land sahen, liefen sie darauf zu. Es war eine Insel, eine Art Korallenriff. Vier Eisenkisten mit Golddollars wurden auf verschiedene kleine Inseln gebracht und dort vergraben. Anschließend setzten sie ihren Weg fort."

Der Alte begann eine Skizze zu zeichnen. Obwohl schon große Mengen Rum durch seine Kehle gelaufen waren, zeichnete er erstaunlich ruhig und genau die Umrisse eines hufeisenförmigen Riffs mit mehreren kleinen Inseln darauf. Zwei Inseln bezeichnete er mit einem Kreuz und schrieb nähere Angaben dazu. Obwohl der Skipper immer noch nichts davon hielt, schob er die Skizze in seine Tasche. Als er bei seiner nächsten Reise in die Nähe des Atolls kam, fiel ihm die Zeichnung und die Geschichte des alten Seemanns wieder ein. Kurzum – auf der angegebenen kleinen Insel, unter dem genannten Aoa-Baum stieß er auf eine große Eisenkiste, randvoll gefüllt mit goldenen Dollarmünzen.

Eine schöne Geschichte – nicht? Sie hat den Vorteil, dass sie wahr ist. Allerdings ist dies schlechthin nicht die Regel bei Schatzkartengeschichten. Die Regel sind eher Fälschungen, Kopien oder Massenprodukte. Warum – frage ich Sie – sollte in drei Teufels Namen jemand so blöd sein und eine Karte für ein vergleichsweise lächerliches Almosen verkaufen? Noch dazu, wo er angeblich weiß, dass die Karte ihn zu einem reichen Mann machen kann? „Aber halt", werden Sie nun antworten, „was ist, wenn die Karte vielleicht echt ist? Dann ist der Erfolg ja garantiert." Schön wär's! Denn genau dagegen hat der Verberger und Zeichner der Karte einige Sicherungen eingebaut. Was wäre, wenn ihm die Karte gestohlen worden wäre? Wenn er sie verloren hätte? Dann wäre es für jeden ein Leichtes gewesen, den Schatz zu finden und zu heben!

Merke: Wer einen Schatz versteckt, baut in seine Karte meist eine oder gleich mehrere Sicherungen ein, von deren Existenz nur er selbst weiß!

Solche Sicherungen sind einfach – vorausgesetzt man kennt den Schlüssel zu dem Geheimnis. Vergleichbar mit einem Code, dessen Schlüssel zur Entzifferung nur der Eingeweihte kennt.

So gibt es beispielsweise in den Vereinigten Staaten einen Vierzig-Millionen-Dollar-Schatz, der absolut sicher verborgen wurde. Der Verberger – ein gewisser Thomas Jefferson Beale – schrieb alle Details verschlüsselt nieder. In drei codierten Texten, die nur aus Zahlenreihen bestanden, beschrieb er das Versteck, den Inhalt und die Namen und Anschriften der berechtigten Personen. Nur Beale allein kannte den Inhalt und den Schlüssel, um den Code zu enträtseln. Seit mehr als 170 Jahren versuchen immer wieder alle möglichen Leute, hinter das Geheimnis zu gelangen. Lediglich einem ist es bisher gelungen, den Wortlaut des Textes Nummer zwei zu entziffern. Für diesen Text hatte Beale die Unabhängigkeitserklärung als Schlüssel verwendet. Welche Schlüssel für die beiden anderen Texte gelten, vermochte bisher niemand zu enträtseln.

Eine andere Versteckbeschreibung, die zu einer Karte gehörte, ist wohl die berühmteste: Dieser Text ist ebenfalls mit Sicherheit verschlüsselt und betrifft das Versteck des sagenhaften Kirchenschatzes von Lima auf der Cocos-Insel.

Folge der Küstenlinie der Bucht, die sich im Nordosten befindet, bis du an einen Bach kommst, der ins Innere strömt. Folge dem Lauf des Flusses 70 Schritte ins Inselinnere. Wenn du dich nun nach Norden wendest, erkennst du eine Klippe. In der Schulterhöhe eines Mannes findest du einen Spalt. In diesen musst du ein Brecheisen stecken. Dann öffnet sich eine Felsentüre, hinter der der Schatz verborgen liegt.

Mehr als fünfhundert Expeditionen sind dieser Beschreibung schon gefolgt. Kaum etwas könnte einfacher sein, als diesen Felsen und damit auch diese Felsentüre zu finden. Aber alle suchten an der Stelle anhand dieser Beschreibung vergeblich. Warum? Weil in diesem Text mit sehr wahrscheinlicher Sicherheit Abwandlungen zur Gegebenheit enthalten sind, die nur der Verfasser kannte. Nur er war in der Lage, den entscheidenden Schlüssel mitzuteilen.

Wie wäre dies möglich, worin könnte das Geheimnis liegen? Hier gibt es zigfache Möglichkeiten. Himmelsrichtungen könnten vertauscht oder falsch bezeichnet sein, Zahlen und Details können abgewandelt sein oder sind anders anzuwenden. Warum statt siebzig Schritten nicht die doppelte Zahl? Warum kann es statt der Bucht im Nordosten nicht die Bucht im Süden sein? Es wäre doch logisch, einen zufälligen Mitwisser auf eine falsche Fährte zu schicken.

Die Beschreibung des Schatzversteckes des Lima-Schatzes ist absolut glaubwürdig. Jedenfalls für jeden, der die gesamte Geschichte kennt. Trotzdem erwies sich die angegebene Örtlichkeit immer wieder als Flop. Ich hatte selbst Gelegenheit, dies festzustellen. Um ganz ehrlich zu sein, ich gebe zu, an derselben Stelle gescheitert zu sein wie schon viele vor mir. Trotzdem bin ich nach wie vor überzeugt, dass der Text in Ordnung ist und lediglich der Schlüssel dazu fehlt.

Ähnlich verhält es sich in vielen Fällen; aber die Informanten stehen uns nun halt einmal leider nicht mehr zur Verfügung.

Was uns bleibt, ist das, was sich in unserem Kopf befindet:

- Grips,
- logische Schlussfolgerungen ziehen,
- kombinieren,
- analysieren
- und aus dem (hoffentlich) richtigen Schluss das entsprechende Ergebnis erzielen.

Wer in den Wahn verfällt, die Erleuchtung aus dem Jenseits zu erlangen, wie dies immer wieder behauptet wird, der wird lange auf die Eingebung warten können. Es empfiehlt sich, so genannte „todsichere“ Tipps und „authentische“ Schatzkarten mit äußerster Vorsicht zu behandeln.

Letzte Worte von Sterbenden, die auf dem Totenbett dem einzigen verbliebenen Freund oder Retter ihr „Geheimnis“ anvertraut haben – hört sich alles gut an. Das ist der Stoff, aus dem „Bild“ eine Zeitung und RTL „Nachrichten“ machen. Doch die Realität sieht bei Weitem anders aus. Allein mit den angeblich „echten“ Schatzkarten, die von der Cocos-Insel existieren, könnte man diese bedecken. Und sie misst immerhin 24 Quadratkilometer!

Falls man Ihnen eine „echte“ Schatzkarte anbietet – halten Sie sich bedeckt. Seien Sie ruhig generös, solange der Verkäufer bereit ist, Ihnen die Karte gegen Erfolgsbeteiligung zu überlassen. Besteht er dagegen unbedingt auf Bargeld, dann verzichten Sie auf jeden Fall darauf.

Nun besteht aber immerhin die Möglichkeit, dass jemand an eine alte Karte gelangt, die gewisse Wahrscheinlichkeiten bietet, zum Erfolg zu gelangen. Bleiben Sie nüchtern und verfolgen Sie den bereits aufgezeigten Weg. Gelegentlich kann es nämlich durchaus sein, dass Ihnen das Schicksal eine echte Skizze in die Hände spielt.

Wenn Sie Glück haben, werden Sie ein reicher Mann. Haben Sie dagegen Pech, dann stehen Sie wie ich einhundertfünfzig Meter von einer Tonne Gold entfernt und kommen nicht daran.

Gibt es nicht, meinen Sie? Dann lesen Sie weiter, und ich überzeuge Sie vom Gegenteil.

Ein Informant erzählte mir Mitte der 1980er-Jahre die Geschichte seines Vaters, der während des Zweiten Weltkrieges als Beauftragter auf Kreta war. Zusammen mit einigen anderen Offizieren sollte er eine Tonne Gold vor den Partisanen in Sicherheit bringen. Als ihnen die Partisanen auf den Fersen waren, warfen Sie das Münzgold in einen trockenen Brunnen in der Suda-Bucht. Obenauf warfen sie Felsbrocken und Steine.

Die kleine Gruppe fiel den Partisanen in die Hände und wurde grausam gefoltert. Der Vater des Informanten konnte entkommen. Später fertigte er eine Skizze an, die so viele topographische Details enthielt, dass der Brunnen auffindbar war. Anhand einer alten Karte von 1942 verglich ich die Skizze und tatsächlich stimmte alles überein. Vor Ort gab es dann jedoch eine große Überraschung: Mittlerweile befindet sich der Brunnen innerhalb eines NATO-Stützpunktes, keine hundertfünfzig Meter vom Zaun entfernt ...

Vergleichen Sie möglichst viele verschiedene Karten miteinander. Lieber ein Jahr länger recherchieren, als auf eine Fälschung hereinzufallen. Oft ist dies mühsam; besonders wenn Sie die meisten Recherchen schriftlich erledigen müssen. Aber immer noch billiger als die Gewissheit, zigtausende Euro in den Sand gesetzt zu haben! Was sich in heimischen Gefilden recht gut überschauen lässt, artet nämlich fern der Heimat schnell ins Bodenlose aus. Es geht um Ihr Geld und um Ihre Arbeit!

KOPFNÜSSE: GEHEIMSCHRIFTEN AUF SCHATZPLÄNEN

Eines der großen Phänomene sind die bereits erwähnten verklausulierten Beschreibungen von Schatzverstecken. Viele Galgenvögel, die gezwungenermaßen ihre Beute an geheimen Orten verbunkerten, hatten oftmals weit mehr Humor als so mancher, der heute danach sucht. Berühmt wurde die Geschichte des französischen Freibeuters und Piraten Oliver Le Vasseur, der unter dem Namen „La Buse" – der Bussard – in die Geschichte der Piraterie einging.

Als man „La Buse" gefangen genommen hatte und er die Stufen zum Galgen hochstieg, drehte er sich um und warf ein Bündel Pergamente unter das johlende Volk. Mit den Worten „Finde meinen Schatz, wer kann" gab er Generationen ein schier unlösbares Rätsel auf. Die Pergamente, zweifellos echt, werden heute in der Bibliotèque Nationale in Paris aufbewahrt.

Herbert Wilkins, ein Brite, suchte jahrelang nach dem Schatz des Bussards. Nach und nach gelang es ihm, den größten Teil des Rätsels zu lösen: „La Buse" hatte die Lösung in die klassischen zwölf Aufgaben des Herkules verpackt und dementsprechend überall auf der Seychelleninsel Mahé Spuren hinterlassen, die immer wieder zu einem neuen Schlüsselpunkt führten. Bis auf die letzte und damit entscheidende Aufgabe kam Wilkins an die Lösung des Geheimnisses heran. Der Schatz ist bis heute nicht gefunden und inzwischen führt Wilkins' Sohn die Arbeit seines Vaters fort.

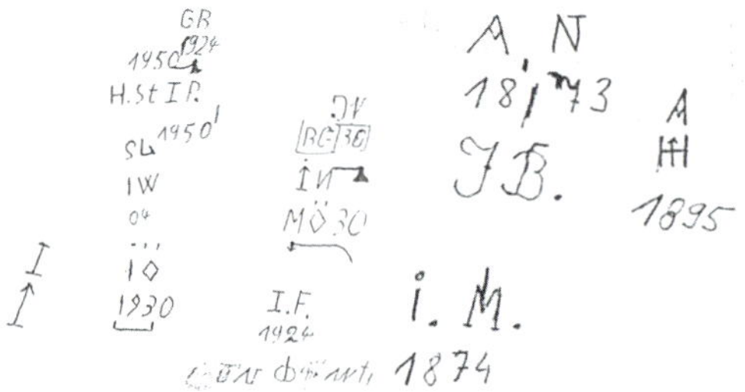

Geheimnisvolle Inschriften in einer Felswand.

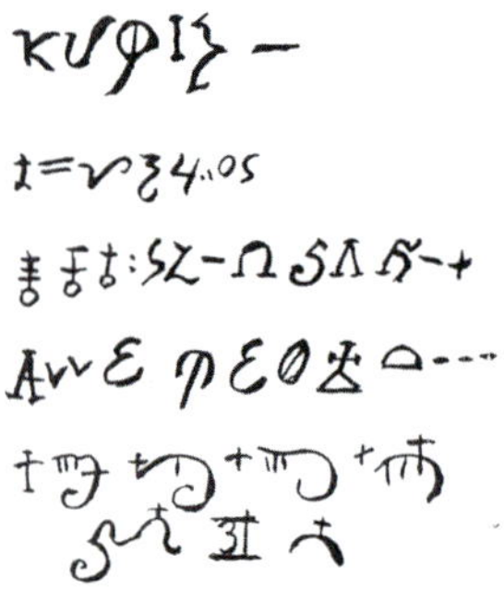

Noch mystischer: Inschrift in einer Höhle „Cave Picara" „Tesoro oro" – „Goldschatz in der Vogelhöhle" Die verschlüsselten Ortsbezeichnungen in der Inschrift konnten bisher noch nicht enträtselt werden.

Reinhold Ostler vor der mysteriösen Felswand.

Für alle, die sich gerne einmal mit der Enträtselung verschlüsselter Schatzbeschreibungen herumschlagen möchten, sind hier zwei solche „Kopfnüsse":

Die erste sind eingemeißelte Inschriften in einer Felswand am Walchensee, wo große Teile des Reichsgoldes verschwunden sind. Diese Zeichen entstammen zum Teil aus dem germanischen Runenalphabet und dürften Hinweise auf das Gold enthalten.

Die andere harte Nuss beschreibt einen Goldschatz in einer Höhle; sie ist bis heute ebenfalls nicht geknackt.

Diese Zeichen unten sind die Geheimschrift eines Seeräubers. Aufbewahrt wird die Schrift in der Staatsbibliothek von Rio. Bisher ist es erst gelungen, die erste und vierte Zeile zu entziffern. Sie lauten im Klartext: „Cave Picara" und „Tesoro oro".

2012 stieß der holländische Journalist Karl Hammer auf ein mysteriöses Notenblatt. Laut der Legende beauftrage Adolf Hitler seinen Privatsekretär Martin Bormann damit, sicherzustellen, dass zahlreiche Nazi-Schätze nicht in falsche Hände gelangen. Bormann führte diesen Auftrag aus und legte eine geheime Schatzkarte in der Partitur „Marsch Impromptu" an. Ein Pfarrer sollte dieses Notenblatt daraufhin nach München bringen, wo es jedoch nie ankam. Bisher konnten die rätselhaften Zeichen, Runen und der geheimnisvolle Code nicht enträtselt werden. Versuchen Sie es selbst:

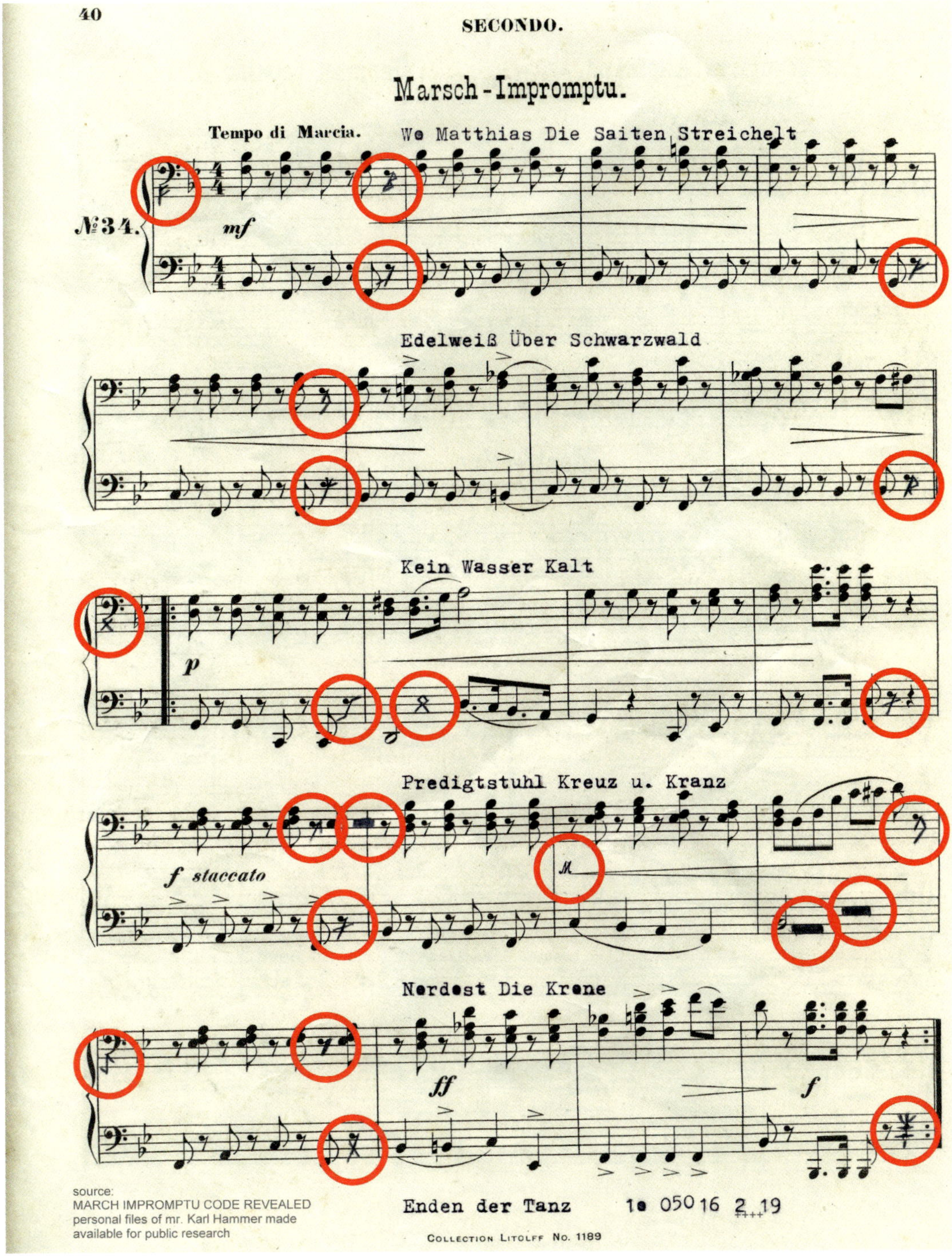
40
SECONDO.
Marsch-Impromptu.
Tempo di Marcia.
Wo Matthias Die Saiten Streichelt
№34.
mf
Edelweiß Über Schwarzwald
Kein Wasser Kalt
p
Predigtstuhl Kreuz u. Kranz
f staccato
Nordost Die Krone
ff
f
Enden der Tanz
1o 050 16 2 19
Collection Litolff No. 1189
source:
MARCH IMPROMPTU CODE REVEALED
personal files of mr. Karl Hammer made
available for public research

Ohne gute Planung fällt die Suche schnell ins Wasser – Vorbereitung ist der halbe Erfolg!

PLANUNG DER SUCHE

ALLEIN ODER ZU MEHREREN?

Das ist eine Frage, die Sie sich selbst beantworten müssen.

Bedenken Sie: Wen Sie auch immer auf die Schatzsuche mitnehmen, er oder sie hat nicht das Hintergrundwissen wie Sie, der von Beginn an mit der Sache vertraut war. Außerdem bedeutet das, eventuell einen „Mitesser“ zu bekommen, der auf billige Weise von Ihrem Erfolg mitprofitiert. Wenn Sie schon die Vorarbeit allein geleistet haben, dann ist es vielleicht besser, auch die Suche vor Ort solo durchzuführen.

Nur wenn Sie sich die Suche und eventuelle Bergung alleine nicht zutrauen, sollten Sie eine Vertrauensperson einweihen.

Bedenken Sie aber: Freunde und Bekannte – eigentlich alle Außenstehenden – sind meist ein Unsicherheitsfaktor, vor allem wenn es um Geld geht.

Stellen Sie sich die Frage, wem Sie ohne Bedenken und ohne zu zögern hunderttausend Euro ohne Quittung und Beleg anvertrauen würden. Falls Sie Zweifel haben, machen Sie die „Adenauerprobe“. Der „Alte aus Rhöndorf“ schrieb in Zweifelsfällen nebeneinander auf ein Blatt Papier „Dafür“ und „Dagegen“. Unter jedem Stichpunkt notierte er peinlich genau, was dafür und was dagegen sprach. Je nachdem, was zahlenmäßig überwog, fällte er seine Entscheidung. Eine einfache Art, die Entscheidung der Logik zu überlassen.

Auf jeden Fall sollten sicherheitsrelevante Fragen unbedingt vor jeglichen Aktionen geklärt sein. Fehlentscheidungen können fatale Folgen haben und lassen sich nicht so leicht wieder rückgängig machen. Planung und Organisation sollten deshalb mindestens genauso sorgfältig und akribisch behandelt werden wie die Vorarbeiten und Recherchen. Jede Planung beginnt mit einer persönlichen Checkliste, die alle Fragen – auch die unvorhersehbaren Zwischenfälle – enthalten soll. Erst wenn wirklich jede offene Frage klar beantwortet ist, sollten Sie die praktische Suche vor Ort beginnen.

Checkliste Umstände

- Ist eine Suche vor Ort möglich?
- Kann ich die Suche allein durchführen? Wenn nein, mit wem?
- Wer ist der Grundeigentümer?
- Befinde ich mich im Grabungsschutzgebiet?
- Benötige ich eine (mehrere) Genehmigung(en)?
- Wann ist die beste Zeit für die Suche?
- Welche Kosten entstehen mir? Kann ich mir die Suche überhaupt leisten?
- Was ist im Falle eines Fundes zu tun? Sofort oder später bergen?
- Wie schaffe ich den Fund weg?
- Wer oder was kann mich an der Suche und Bergung hindern?
- Wie kann ich dem begegnen?

Prüfen Sie jeden einzelnen Punkt genau und gewissenhaft. Erst wenn Sie alle Punkte abgehakt haben, können Sie sich an die Ausrüstungs- und Organisationscheckliste machen.

Seien Sie sich darüber im Klaren, dass Sie als Einzelgänger mit mehr Problemen und Schwierigkeiten rechnen müssen, als dies zum Beispiel bei einer Gruppe der Fall ist. Allein die Arbeitsverteilung bei einer Gruppe sorgt für rationelles Arbeiten und schnellere Erledigung, von der Recherche über die Vorbereitung bis zur Suche und Bergung. Je größer das in Frage kommende Areal, desto schneller ist es in Gruppenarbeit abgesucht. Mir ist eine Gruppe Sucher bekannt, die über einen Zeitraum von mehr als zwei Jahren in einem Bergwerk in den neuen deutschen Bundesländern einen zugesprengten Stollen öffnete. Von Freitag bis Sonntag gruben sie sich abwechselnd durch das Geröll. Gemeinsam stützten sie ab, transportierten den Abraum weg und arbeiteten sich so Meter für Meter an ihr Ziel – das mit hoher Wahrscheinlichkeit aus einer Einlagerung aus dem Dritten Reich bestand. Dies ist mit Sicherheit einer der Fälle, bei dem das Unternehmen nur mit Gruppenarbeit funktioniert hat.

Gleiches gilt für die Bergung. Jeder, der schon einmal ein Loch von zwei Metern Tiefe gegraben hat, wird sich schnellstens nach mindestens einem Partner umsehen. Aber übereilen Sie nichts.

Wichtigster Punkt in einer Gruppe ist das Vertrauen.

Wenn Sie bereits gestiefelt und geschnürt mit grobem Grabungsbesteck eine Gruppe zusammentrommeln, ist dies ein bisschen spät. Zumindest einige Male vorher sollten Sie mit Ihren Partnern unterwegs gewesen sein, damit Sie gegenseitig die Eigenheiten voneinander kennen. Gewöhnungswochenenden bringen Aufschluss, ob man überhaupt zueinanderpasst und ob ausreichend Teamgeist und Anpassungsfähigkeit bei den einzelnen Teilnehmern vorhanden sind. Achten Sie auf die Reaktionen, wenn Sie ein solches Gewöhnungswochenende planen. Mir antwortete einmal ein Freund, den ich zu einem solchen Wochenende einladen wollte: „Ich halte nichts von Pfadfinderspielen, da weiß ich mir was Besseres." Ich habe ihn niemals bei einer wichtigen Sache mitgenommen.

Nur wer in jeder Situation bereit ist, sein Bestes zu geben, auf den ist im Ernstfall auch Verlass!

Eine Gruppe Schatzsucher war auf der Suche nach Teilen des verschhollenen Reichsgoldes an einem oberbayerischen See. Sie hatten sich auf einem Campingplatz einquartiert, der sich nur einige Kilometer vom Zielgebiet entfernt befand. Einer aus ihrer Gruppe – nennen wir ihn einfach „Fred“ –, der dem bayerischen Gerstensaft mehr als zugetan war, saß abends in der Platzkneipe und goss sich ein paar Bierchen hinter die Binde. Im Laufe des fortgeschrittenen Abends begann er unter dem Einfluss des edlen Gesöffs lauthals zu schwadronieren, was er für ein Top-Schatzsucher wäre. Hinter dem Reichsgold seien sie her – und spätestens morgen würde er mit ein paar Tonnen Goldbarren nach Hause fahren.

Am nächsten Morgen gab es kaum jemanden auf dem Campingplatz, der nicht wusste, dass dieser bunte Haufen Schatzsucher waren.

Auf solche Schwätzer und Schluckspechte verzichten Sie besser. Solche Typen bringen jede Gruppe und jedes Unternehmen in Teufels Küche. Wer in diesem Metier den Mund spazieren gehen lässt, anstatt diesen zu halten, kann sich als Einzelgänger selbst gefährden und in einer Gruppe haben solche Leute sowieso nichts verloren.

Die beste Situation ist, wenn man allein und ohne auf andere angewiesen zu sein die Suche durchführen kann. Keiner ist dann der, auf den man Rücksicht nehmen muss, und alles, was Sie finden, gehört Ihnen. Leider ist es oftmals so nicht realisierbar.

Auch was die Such- und Bergungsumstände betrifft, heißt es, sich kritische Gedanken zu machen.

Die Gretchenfrage lautet: legal, illegal oder völlig egal?

Wenn ich Ihnen zur illegalen Suche rate, mache ich mich selbst strafbar. Ich werde mich also hüten, Sie in dieser Richtung in irgendeiner Form zu beeinflussen. Allerdings ist es meine ureigenste persönliche Angelegenheit, wie ich mich subjektiv dazu äußere. Wir leben in einem Staat, der uns von der Geburt bis hin zum Tod sehr vieles vorschreibt (demnächst wahrscheinlich auch, wann wir den Löffel wegzuwerfen haben) und uns ausplündert, wie dies bisher nur von früheren Räuberbanden bekannt war.

Gesetze müssen in einer Rechtsordnung sein – und diese haben wir ja nicht zu knapp. Allerdings enthalten fast alle Gesetze einen so genannten „Ermessensspielraum“, dies sind die „toten Winkel“, in denen „Amigos“ (span. Freunde) und ihre Gönner Geschäfte zu machen pflegen. Oft wird der Ermessensspielraum zum Nachteil der Betroffenen missbraucht (zumindest was „Nicht-Amigos“ betrifft). Für jedes Gesetz – und sei es noch so engmaschig – findet sich meistens ein Abgeordneter, der sich mit einem Komma im Gesetz ein Denkmal setzen möchte. Sich nun von einem Komma am Auffinden eines Schatzes hindern zu lassen, ist eine Sache. Sich strafbar zu machen, wiederum eine ganz andere.

Ich für meinen Teil tendiere dazu, zuerst einmal selbst die Sachlage genau zu prüfen, ohne gleich den Amtsschimmel aus seinem Tiefschlaf zu reißen.

Jeder Fund lässt sich prinzipiell im Nachhinein auch noch melden. Es ist nicht zwingend notwendig, einen möglichen Fund schon im Vorfeld zu melden. Regeln für eine legale oder illegale Suche und so man etwas gefunden hat, gibt es kaum. Wenn es dann soweit ist, bleibt immer noch der Gang nach Canossa bzw. zum Amt. Aber machen Sie niemals den Fehler, einem Beamten gegenüber mit dem Spruch zu argumentieren: „Nehmen Sie doch Vernunft an!“ Das geht garantiert schief. Ein Beamter darf nichts annehmen – und Vernunft schon gleich gar nicht! Fast immer hängt die Entscheidung, was zu tun ist, von Ihnen und den Umständen ab. Allerdings sollten Sie eines niemals vergessen: Es wird immer Neider geben, die Ihnen Ihren wohlverdienten Fund streitig machen wollen!

DIE AUSRÜSTUNGSCHECKLISTE

Beim Abhaken dieser Checkliste geraten Sie bitte nicht in moralische Selbstkonflikte und auch auf die Gewissenserforschung können Sie verzichten. Andererseits sind hier Kombinationsgabe und Organisationstalent gefragt. Sie müssen sich nun nämlich Gedanken darüber machen, welche Gerätschaften Sie benötigen und zum Einsatz bringen.

Es gilt der Grundsatz: Alles aufschreiben, was Sie zu benötigen glauben. Eher zu viel als zu wenig.

Dann aber werden Sie sich wundern, was alles doch gestrichen wird! Dreißig Prozent der Ausrüstung, auf die man glaubt, nicht verzichten zu können, ist in der Regel überflüssig.

Checkliste Ausrüstung

- Karten (Übersichts- und Topo-Karte)
- Kompass/GPS Gerät
- Spaten
- Hacke
- Plane
- Messer
- Kleinteiledetektor/Pin Pointer
- Detektor
- Reservebatterien
- Plastiktüte
- Taschenlampe
- Schnur
- Hammer
- Seil, 8 mm Kernmantel
- Rucksack
- Regenponcho (olivgrün)
- Schlafsack
- Notizbuch
- Bleistift
- 3 Umlenkrollen
- Fernglas
- Arbeitshandschuhe
- Kleidung (dunkel)
- Feldflasche mit Wasser (1 Liter)
- Taschensäge
- Mückenspray
- Pflaster/Verband

Karten: Eine Übersichtskarte zur allgemeinen Orientierung ist erforderlich, da topographische Karten aufgrund ihres Maßstabes räumlich begrenzt sind.

Kompass/GPS: Unbedingt erforderlich zur Orientierung im Gelände.

Spaten: Zur Suche nicht unbedingt erforderlich, aber als Klappspaten vertretbar.

Hacke: Darauf kann man verzichten – zum Auflockern des Erdreichs reicht ein Messer ebenso.

Plane: Diese ist unbedingt notwendig, wenn Sie ein größeres Loch graben wollen. Auf die Plane kommt der Aushub, der sich anschließend, ohne Erdspuren zu hinterlassen, wieder ins Loch schütten lässt. Als Ersatz geht auch ein Poncho.

Messer: Überlebensnotwendig. Damit können Sie das Erdreich lockern oder etwas schneiden.

Kleinteiledetektor: Unentbehrlich für die Ortung von Kleinstgegenständen. Bei größeren Objekten entbehrlich.

Detektor: Ohne ihn können Sie genauso gut zu Hause bleiben. Unbedingt erforderlich! Achten Sie auf geladene Akkus und Ersatzbatterien! Mittlerweile müssen bei manchen Detektoren selbst die Spulen aufgeladen werden.

Reservebatterien: Wichtig für Detektor und Lampe.

Plastiktüte: Gut für wasserempfindliches Gut. Findet ohne größere Umstände zusammengefaltet in jeder Tasche Platz.

Taschenlampe: Unentbehrlich, falls sich die Suche in die Dämmerung hineinzieht oder Sie in ein Loch oder in einen Stollen kriechen müssen. Wählen Sie entweder eine Stirnlampe oder eine Schwanenhalslampe (Flexilampe).

Fackel: Bedingt notwendig. Gedacht als Ersatz für die Taschen- oder Stirnlampe. Besser noch ist eine Kerze, die Sie auf jeden Fall anzünden sollten, ehe Sie in Stollen oder Gänge kriechen. Solange die Flamme brennt, ist ausreichend Sauerstoff vorhanden. Verlöscht die Lampe ohne Luftzug, ist dies auch oft ein Zeichen für gefährliche Grubengase.

Schnur: Ein Stück Schnur von etwa zwei Metern Länge sollten Sie immer mitführen. Damit können Sie verschiedene Reparaturen ausführen und im Notfall sogar einen gebrochenen Knochen schienen. Auch lässt sich damit ein Biwak basteln oder verschiedene Abstände messen.

Hammer: Ist nicht notwendig. Als Ersatz dient ebenso gut ein Stein oder der Messerknauf.

Seil: Ein Seil bedeutet gerade in zweifelhaftem Gelände und bei der Suche allein Sicherheit. Die Länge sollte etwa 10–20 m betragen.

Rucksack: Dieser darf natürlich nicht fehlen – er ist das Transport- und Aufbewahrungsmittel. Wer mit einem Rucksack durch die Prärie stromert, fällt so gut wie nicht auf und erweckt kaum den Eindruck eines Schatzsuchers.

Regenponcho: Ein Regenumhang gehört in jedes Geländegepäck. Nicht selten wird man vom Regen überrascht, und mit klatschnassen Kleidern zu suchen, macht wirklich keinen Spaß. Zudem eignet sich der Poncho als Planenersatz genauso gut wie als Dach für ein Nachtlager. Olivfarben sollte er aus verständlichen Gründen sein – wer einen weißen wählt, hat selbst Schuld. Alternativ empfiehlt sich ein Einwegponcho für den Notfall. Der Vorteil dabei: kleinstes Packmaß und kaum Gewicht.

Schlafsack: Schlafsack und Rucksack haben eines gemeinsam: Beide sind erstklassige Behältnisse für Fundstücke und Kisteninhalte. Stellen Sie sich vor, ein Rucksack oder Schlafsack voller wertvoller Funde. Alles, was im Rucksack war, wickeln Sie in den Schlafsack, diesen in den Poncho und dann vergraben Sie das Bündel, um es nach dem Abtransport des Fundes wieder abzuholen. Auch ist ein Schlafsack vorteilhaft, falls Sie ein Nachtlager beziehen müssen.

Notizbuch und Bleistift: Sehr wichtig, da Sie darin Ihre Eintragungen und auch Skizzen für die weitere Suche machen können.

Umlenkrollen: Diese erhalten Sie im Baumarkt. Die Rollen nehmen nicht viel Platz weg und Sie sind damit jederzeit in der Lage, einen Flaschenzug zu konstruieren, um eine Last heben oder bewegen zu können.

Fernglas: Ein Fernglas ist auch kein Luxus, zumal Sie damit immer wieder die weitläufigere Umgebung beobachten können und somit vor Überraschungen sicher sind. Das Nonplusultra wäre ein Glas mit einem eingespiegelten Kompass.

Arbeitshandschuhe: Viele Schatzsucher sind der Meinung, wer dem Reichtum auf der Spur ist, sollte im Erfolgsfalle zarte Hände wie eine Hebamme haben. Alles Blödsinn! Auf Handschuhe können Sie getrost verzichten.

Feldflasche mit Wasser: Wird benötigt, falls man längere Zeit gräbt und schwitzt. Nichts ist schlimmer als Durst. Außerdem können Sie damit Verletzungen abwaschen, Gegenstände säubern oder sich nach der Arbeit die Hände waschen (Fuchsbandwurmgefahr!).

Taschensäge: In Form einer zusammenrollbaren Drahtsäge. Die beiden Ringe dienen als Halterung für einen Ast oder zum Ziehen mit den Händen.

Mückenspray: Sollten Sie unbedingt dabeihaben. Mückenspray verhindert nicht nur, dass Sie von den kleinen Vampiren ausgesaugt werden, sondern es verringert ebenso die Gefahr, von einer Zecke befallen zu werden, was weitaus schlimmer wäre (Siehe: Gesundheitstipps, S. 54).

Pflaster/Verband: Sollten Sie immer bei sich haben, da kleinere Verletzungen immer wieder trotz aller Vorsicht vorkommen können.

DIE ORGANISATIONS-CHECKLISTE

So blöd Ihnen die gesamte „Listerei“ vorkommen mag, versichere ich Ihnen, dass diese zumindest am Anfang für Neulinge unerlässlich ist. Mit zunehmender Routine werden Sie sowieso darauf verzichten, da Sie dann die Entscheidung aus dem Gefühl heraus treffen. Selbstverständlich erheben diese Listen keinen Anspruch auf Vollständigkeit, denn was jeder Einzelne noch als unbedingt notwendig erachtet, ist individuell ergänzbar.

Jede Person hat andere Bedürfnisse in puncto Selbstverständlichkeit und Luxus. Auch mag der eine ein Organisationstalent sein, andere haben ihre Stärken wiederum auf anderen Gebieten. Zur Vermeidung von Fehlern sollten Sie deshalb ganz einfach die Listen durchgehen und abhaken. Von der Organisationscheckliste beispielsweise hängt es ab, ob Ihr Unternehmen reibungslos funktioniert oder nicht. Wenn die Organisation im Kleinen nicht klappt, können Sie sich vorstellen, welche Schwierigkeiten es erst bei der Durchführung einer größeren Aktion oder gar einer Expedition gibt!

Checkliste Organisation

- Checkliste Umstände – alles o. k.?
- Checkliste Ausrüstung – alles o. k.?
- Anreise – Abreise – wie kommen Sie hin/weg (Auto, Bus, Bahn und anderes)?
- Wo lassen Sie Ihr Auto stehen (vorher bereits auf der Topo-Karte einen geeigneten Platz aussuchen)?
- Wie weit müssen Sie zu Fuß gehen (wichtig für mögliche Bergung)?
- Wie weit ist die nächste Polizeistation entfernt (wichtig für mögliche Notfälle)?

Wenn Sie sich an diese Fragen und deren mögliche Antworten halten, kann Sie so leicht nichts mehr überraschen. Behandeln Sie grundsätzlich jeden Punkt, als würde allein von ihm das Gelingen oder Scheitern Ihres Unternehmens abhängen. Die Umstände sollten alle klar sein, ebenso die Ausrüstung. An- und Abreise hängen von den Möglichkeiten ab, die Ihnen zur Verfügung stehen. Wer weder Führerschein noch Auto hat, ist zwingend auf öffentliche Verkehrsmittel angewiesen oder auf Freunde, die ihn herumkutschieren. Das Verhalten ist in diesem Fall anders, als wenn man selbst mobil ist. Im eigenen Auto können Sie ohne Weiteres mit schlammverkrustetem Gewand nach Hause fahren, den Kofferraum vollgepackt mit Zeug. Aber versuchen Sie das einmal mit der Bundesbahn oder anderen öffentlichen Verkehrsmitteln. Selbst wenn Sie hundertprozentig der Meinung sind, ein gültiger Fahrschein reiche aus, damit man Sie in Ruhe lässt, werden Beamte der Bahn wahrscheinlich gegenteiliger Meinung sein!

Da haben es Autofahrer einfacher. Außerdem können Sie bis vor die eigene Türe fahren. Die Probleme, die sich vor ihnen auftun, sind anderweitiger Natur. Es ist nämlich nicht ratsam, mit dem Wagen buchstäblich vor die Grabungsstelle zu fahren, nur weil man zu faul ist, ein paar Meter zu gehen. In unseren Landen streifen zu viele dienstbeflissene Pseudo-Aufpasser herum, die nichts anderes im Sinn haben, als sich wichtig zu machen. Bedauerlicherweise ist des Bürgers liebstes Hobby, andere zu belehren, zu bespitzeln und, wenn irgendwie möglich, zu verpfeifen. Jeder der glaubt, eine – und sei es noch so kleine – Funktion zu haben, sieht sich sofort in der Rolle des

Retters des Landes, sobald andere Dinge tun, die er nicht versteht oder toleriert oder einfach nur neidisch darauf ist. Im Volksmund heißt dieses Gehabe „Pförtnersyndrom“.

Selbst wenn Sie nichts Verbotenes machen, kosten solche Zwischenfälle Zeit. Ich kenne Schatzsucher, die sich eigens eine Gewerbeerlaubnis besorgt haben, um in Ruhe gelassen zu werden. Wer will schon einen Menschen an der Ausübung seines Berufes hindern, wenn dieser seinen Gewerbeschein vorzeigt?

Die Frage, wie weit die nächste Polizeistation entfernt ist, hat lediglich Relevanz im Falle, dass Sie Hilfe benötigen. Gelegentlich aber trifft man sogar im Wald auf unsere Freunde und Helfer, die Polizisten. Zwar kann man im ersten Moment ganz schön erschrecken, wenn hinter Bäumen plötzlich bewaffnete Polizisten auftauchen, aber meist genügt eine vernünftige Erklärung, um die Situation zu beruhigen.

Hierzu ein Schwank aus meinem Leben: Wir knieten beide am Boden und gruben nach dem angezeigten Objekt. Es dämmerte bereits und die Stimmung hier im Wald um uns herum war düster. Urplötzlich – als käme er direkt aus dem Nichts – fuhr ein VW-Bus in den Waldweg und hielt mit knirschenden Reifen. Heraus sprangen zwei Polizisten, bewaffnet mit Maschinenpistolen, mit denen sie uns gefährlich nervös vor der Nase herumfuchtelten. Wir waren beide zutiefst erschrocken. So etwas hatte ich vorher noch nicht einmal in den verschiedenen Staaten Südamerikas erlebt. Lediglich in Jordanien ließ mich einmal ein übereifriger Polizist in den Lauf seiner MP blicken.

Miami Vice, hier, zwischen Garmisch und Grießen, war etwas grotesk. Der eine der beiden – ein blutjunger Polizisten-Azubi – schien selbst mehr Angst zu haben als wir. Er bibberte und fuchtelte furchterregend mit seinem Schießeisen herum. Der Ältere, ein sichtlich erfahrener und in Ehren ergrauter Polizist, hatte die Situation schnell im Griff: Nach der obligatorischen Personalienüberprüfung, Erklärung, Demonstration der Geräte und ein bisschen Geschichte löste sich die Situation in Wohlgefallen auf.

Bei Konfrontationen mit Ordnungshütern rate ich Ihnen, absolut ruhig und besonnen zu bleiben, auch wenn's schwerfällt.

Laufen Sie auf keinen Fall weg und halten Sie die Hände weg von jeglichen Taschen. Dies sind nämlich ansonsten die Situationen, die dann in den Tageszeitungen traurige Schlagzeilen machen. Sprechen Sie ruhig und freundlich mit dem Beamten, der Ihrer Meinung nach der Streifenführer ist. Falls Sie Zweifel haben, reden Sie mit dem erkennbar Älteren. Auf jeden Fall sollten Sie immer Ihren Personalausweis mit sich führen.

Ein altes Sprichwort besagt: „Eine gute Ausrede ist einen Batzen wert.“

In den meisten Fällen trifft dies tatsächlich zu. Sie sollten deshalb grundsätzlich schon vor dem Ausrücken ins Gelände einige glaubhafte Erklärungen vorbereitet haben. Besonders neugierige Spaziergänger können einen nämlich gelegentlich mit ihren bohrenden Fragen fürchterlich nerven.

Aber auch Bauern und Jäger gehören zu der gerne fragenden Zunft. Ich weiß, es ist überaus lästig, alle paar Minuten angequatscht zu werden, aber manchmal lässt es sich leider nicht vermeiden (je häufiger

Sie an Sonn und Feiertagen unterwegs auf der Walz sind, desto mehr Spaziergänger werden Sie antreffen und von diesen gelöchert werden). Die kurioseste Ausrede, die ich jemals hörte, fiel einem Freund aus Niederbayern ein. Schon eine ganze Weile beobachtete er, wie ein Ehepaar hinter ihm im Wald herlief. Irgendwann hielten sie es nicht mehr aus, sie rückten ihm auf den Pelz und fragten ihn freundlich, was er denn da mache. „Das ist ein Pilzsuchgerät", erklärte er den verdutzten Leutchen. „Pilze enthalten Schwermetalle, wie Blei und Kadmium, deshalb werden sie von dem Gerät angezeigt." Die beiden wollten daraufhin unbedingt wissen, wie sie an so ein Gerät kommen könnten! Sie sehen, mit Witz und Humor kann man sich auch aus der Affäre ziehen.

Ebenso gute Ausreden sind: „Ich suche nach alten Pfeilspitzen und Armbrustbolzen" (bei Burghügeln und Ruinen). „Ich suche alte Hufeisen, weil ich die sammle (im Wald)." „Ich suche verlorenes Kleingeld und Münzen von Spaziergängern (auf Wald- und Feldwegen)." Den abgelutschten Spruch vom verlorenen Kettchen der Freundin können Sie allerdings vergessen. Der Spruch ist schon so oft gebraucht worden, dass er schon in jeder Zeitung veröffentlicht war.

Besonders gut bewährt hat sich bei mir folgende Methode: Ich habe immer einige Musketenkugeln in der Tasche, die ich zum Beispiel Jägern und Förstern zeige und auch an diese verschenke. Außerdem habe ich mir angewöhnt, in einem Netz grundsätzlich Fundschrott (Dosen, Silberpapier, Eisenteile und so weiter) zu sammeln. Wenn ich diesen Dreck vorzeige und darauf hinweise, dass ich nebenbei den Wald säubere, ernte ich so gut wie immer zustimmende Kommentare.

Vergessen Sie nicht: Schatzsucher sollten mit gutem Beispiel vorangehen und auch in der Praxis Umweltbewusstsein zeigen (das hat den angenehmen Nebeneffekt, dass Sie beim nächsten Mal in der Gegend nicht wieder auf denselben Mist treffen).

Im Zweifelsfalle sagen Sie der Wahrheit entsprechend, dass Sie einen riesigen Goldschatz suchen, der hier irgendwo rumliegen soll. Man wird sich köstlich über Sie amüsieren und in Gelächter ausbrechen, wie der Förster, dem ich diesen Vers mal aufsagte. Mit Sicherheit wird man Sie für einen Spinner halten, aber fortan in Ruhe lassen. So rundum gewappnet, steht nun Ihrem Trip ins schatzverseuchte Gelände nichts mehr im Wege.

Heute „nur“ ein Waldstück – und früher?
Welche Schätze mögen unter der Erde liegen?

GUT GEPLANT IST HALB GEFUNDEN

SCHATZTRÄCHTIGE ÖRTLICHKEITEN – ODER: VOM KIRMESPLATZ ZUR „SCHÄFERLICHTUNG“

Schatzsuche bedeutet nicht nur, ständig hinter einem bestimmten Schatz, einer bestimmten Geschichte und der großen Kiste hinterherzuspüren. Es lohnt sich durchaus, sich hinzusetzen und zu überlegen, wo sich die Fundchancen durch geschickte Auswahl des Terrains überdurchschnittlich erhöhen lassen. Eine große Hilfe vorab zu Hause am grünen Tisch bieten hier bereits einige Blicke in die topographischen Karten oder mittels „Google Earth“ ins Gelände des Zielgebietes. Auffällige und besondere Geländemerkmale sind darin enthalten, die bereits gewisse Hinweise geben können (siehe Kapitel „Karten, Pläne“, S. 31).

Immerhin wollte ja jeder Verberger eines Schatzes sein Hab und Gut wiederfinden. Um dies zu erleichtern, wählte man Stellen in der Umgebung unveränderbarer und untrüglicher Geländemerkmale.

Die Aussichten wachsen weiter, je mehr man sich mit Örtlichkeiten auseinandersetzt, die auf Grund ihrer Besonderheiten und Eigenschaften auf vermehrte Funde hoffen lassen.

> Achten Sie bei Ihren Streifzügen auf Besonderheiten und ebenfalls bei Fahrten mit dem Auto auf auffällige Merkmale. Sie werden sehr schnell sehen, wie Ihre Fundausbeute steigt.

Quellen

Quellen galten seit jeher als beliebte Plätze zum Rasten und als Anlaufpunkte für Treffen. In früheren Zeiten, als man noch zu Pferd oder per Kutsche zu reisen pflegte, hielten sich in der Nähe von Quellen auch sehr oft Strauchdiebe und Wegelagerer auf, die von diesem „Basiscamp“ aus ihre Raubzüge unternahmen.

Außerdem waren Quellen in frühgeschichtlicher Zeit beliebte Opferstellen, um Wassergeister milde zu stimmen. Meist werden in der Nähe von Quellen Siedlungen errichtet und heute noch kann man uralte Wege zu Wasserstellen erkennen. Die Suche in und um Quellen herum verspricht eine gute Fundquote.

Die Umgebung von Quellen war seit jeher beliebt zum Verbergen.

In der Umgebung von Wegkreuzen wurde schon manch lukrativer Hortfund gemacht.

Wegkreuze, Bildstöcke, Kapellen

Die auffälligsten und häufigsten Merkmale in weiter Flur dürften mit Sicherheit Bildstöcke, Kapellen und Wegkreuze sein.

Sie weichen zwar von Region zu Region gelegentlich etwas voneinander ab, der Zweck war jedoch meist der gleiche. Urplötzlich, mitten in der Landschaft, auf dem Acker, in einer Weggabelung oder mitten im Wald trifft man diese Merkmale an. An diesen Stellen, wo solche Kennzeichen stehen, ist immer irgendetwas Bedeutendes geschehen. Dies kann ein Unglück genauso gewesen sein wie beispielsweise die Rettung aus einer Notlage oder aber auch ein Verbrechen.

Errichtet wurden Kreuze und Bildstöcke wie auch Kapellen immer von unmittelbar Betroffenen. Immer war Trauer oder Dankbarkeit der Anlass, ein solches Mal aufzustellen. Oft liegen die Ereignisse hunderte Jahre zurück und trotzdem wird immer wieder an derselben Stelle das Mal neu aufgestellt, falls es zerstört wird.

In schweren Zeiten erinnert man sich dann dieser Stelle und nutzt sie als Merkmal, um Verborgenes leicht wiederfinden zu können.

Selbiges gilt für Bildstöcke. Kapellen hingegen haben ihren Ursprung mehr aus alten Bräuchen, oft entstanden in frühen Zeiten, als die Ernten noch mager und kümmerlich waren. Haus- und Waldkapellen dagegen haben ihren Ursprung oftmals in wundersamen Ereignissen und Wundern, die man diesen Orten zuschreibt.

Für die Suche um solche Merkmale sollte man sich Zeit nehmen und die Umgebung gründlichst unter die Lupe nehmen, da es nicht selten vorkommt, dass bis zu einem Umkreis von hundert Metern sogar Dauer-Depots existieren können.

... ein großes Wegkreuz machte schon von Weitem auf sich aufmerksam. Von den Bauern in der Gegend hieß es, sie seien seit jeher „wohlhabend“ und hätten es auch verstanden, ihren Wohlstand nicht nur zu halten, sondern sogar zu vergrößern. Ein paar Meter vom Kreuz entfernt signalisierte der Detektor ein größeres Objekt. Ich begann zu graben. In geringer Tiefe legte ich einen emaillierten Deckel mit einem verrosteten Handgriff frei. Mein Herz hüpfte bis zum Hals, als ich den Deckel anhob. Ich erlebte eine bittere Enttäuschung. Der Brotkasten war leer! Lediglich ein Stück Ölpapier befand sich noch darin.

Insgesamt drei solcher Brotkästen habe ich entdeckt. Allesamt leer. Mit Sicherheit waren dies Depots, die von Bauern hier angelegt worden waren, um in Notzeiten Wertsachen sicher zu verbergen.

Selbstverständlich verschloss ich die Löcher wieder sorgfältig, ohne die Behältnisse mitzunehmen. Von Zeit zu Zeit kontrolliere ich diese Erdsafes aber immer noch.

Bäume

Den Bäumen schrieb man seit jeher eine besondere Bedeutung zu, vor allem Buchen, Eichen und Linden als den Bäumen, die sehr alt werden können. Allerdings musste ein solcher Baum an besonders exponierter Stelle stehen, einzeln, mit mächtigen Kronen, oder mehrere Bäume bildeten eine auffällige Gruppe. Einfach nur im Wald nach dicken Stämmen zu suchen, dürfte nicht viel Sinn haben.

Lieblingsbaum der Germanen und Kelten war die Eiche. Sicher stehen diese Eichen heute längst nicht mehr, es könnte aber erfolgreich sein, an besonders auffälligen Stellen auf Hügeln oder in Eichenwäldern zu suchen. Die Eiche war ein mythischer Baum. Meist wurde sie Donar – dem Gott des Donners – oder Wotan geweiht. Die Umgebung solcher Bäume entwickelte sich dann nach und nach auch zu einer Kultstätte, die den Mittelpunkt des germanischen Lebens bildete (Thingplatz).

Die Priester der Kelten, die Druiden, bevorzugten die so genannten „heiligen Haine“ – lichtdurchflutete Eichenwälder, in denen sie ihren Göttern nahe sein konnten.

Wer „Asterix“ kennt, kennt auch den Druiden „Miraculix“, der mit seiner „goldenen“ Sichel Mistelzweige schneidet. Nun, die Sicheln der keltischen Druiden waren zwar nicht aus Gold (viel zu weich), aber Bronze hat in etwa die Farbe von Gold und mit bronzenen Sicheln konnte man durchaus schneiden. Meist jedoch waren die Sicheln aus Eisen. Von solchen Eisensicheln habe ich im Laufe der Jahre Dutzende in den Wäldern gefunden.

Der Linde wiederum schreibt man eher Geselligkeit und Kommunikation zu – und traf sich früher in ihrem Schatten zum geselligen Treffen. Heute noch gibt es in manchen Dörfern die „Dorflinde“ – oft mit einer rohen Sitzbank um ihren Stamm gezimmert.

Was also lag näher, solche Bäume als Bezugspunkt bei der Verbergung von Schätzen zu wählen?

Natürlich existieren die alten mächtigen Baumriesen – bis auf wenige Ausnahmen – heute nicht mehr. Aber ihre Früchte fielen zu Boden, daraus erwuchsen wieder Bäume und auch deren Früchte brachten wieder neue Bäume, bis irgendwann ein Wald entstanden war. Heute noch existieren Ortsbezeichnungen, die auf solche Haine und Wälder zurückzuführen sind. „Lindenthal", „Eichenau", „Buchberg" heißen viele Ortschaften und Ortsteile in Deutschland, Österreich und der Schweiz.

Hügel

Anhöhen und Hügel waren seit jeher strategisch wichtig. Auf diesen gab es schon in der Frühzeit Kultstätten und Opferplätze, später dann Befestigungen, Burgen und Schlösser. Bereits von Weitem konnte man heranrückende Truppen und gegnerische Stämme sehen. Die Römer bevorzugten ebenfalls Hügel und erhöhte Positionen, um ihre Wachtürme darauf zu errichten. Diese befanden sich immer in etwa dem gleichen Abstand von etwa 800 bis 1.000 Metern Sichtweite, sodass im Fall einer Gefahr diese schnell weitergemeldet werden konnte.

Höhlen

Mit zu den interessantesten schatzträchtigen Örtlichkeiten gehören Höhlen. In grauer Vorzeit bereits hausten unsere Vorfahren darin, in Felle gehüllt und knurrend die Reste von Höhlenbären verschlingend. Höhlen boten Schutz und waren relativ leicht zu verteidigen. Funde aus dem Neolithikum beweisen immer wieder, dass der *Homo erectus* in Höhlen lebte, seine Familie dort aufwuchs und sich das Leben dort konzentrierte. In Höhlenböden wurden schon alle Kulturschichten vorgefunden und neben Knochenresten können sie auch Gegenstände von Notverbergungen beherbergen.

Nicht minder interessant ist die Umgebung vor Höhleneingängen sowie Spalten, Schrunden und Löcher in den Höhlen.

Finderglück auf einem Hügel: ein römischer Bronzemünzenhort.

Oftmals wurden an Höhleneingängen Schätze vergraben, da der Eingang einen hohen Wiedererkennungswert hat.

Wegkreuzungen und Gabelungen

Betrachtet man einmal genauer eine Luftbildaufnahme, wird man ein Gewirr von Streifen und Linien entdecken. Nicht anders sieht es auf einer Karte aus. Kreuz und quer ziehen sich Pfade, Wege, Straßen und Pisten durch unsere Landschaften. Das Straßen- und Wegesystem ist jahrhundertelang gewachsen und aus uralten Handelswegen und Straßen entstanden, die zunehmend mehr oder weniger stark frequentiert wurden. Es ist nur eine logische Konsequenz, dass man diese Wege weiterentwickelt hat. Bereits die Menschen in der Steinzeit trampelten immer wieder auf denselben Pfaden hinter dem Mastodon (Urelefant aus der Eiszeit vor 25–30 Milionen Jahren) her und später begannen die Römer, gut befestigte Heerstraßen anzulegen, die teilweise heute noch existieren und mehr Stabilität aufweisen als manche moderne Autobahn.

Besonders Haupthandelswege, die das Land durchzogen, waren überaus stark frequentiert und deshalb auch bei denen überaus beliebt, die ohne Arbeit die Früchte anderer ernten wollten – die Diebe. Kaufleute galten als feige und gewinnsüchtig, sodass in den seltensten Fällen Gegenwehr zu erwarten war. Das einzige Problem bestand darin, die Kuh zu schlachten, die gute Milch gab. Also verlegte man sich alsbald mehr auf das Abpressen von Wegegeld als auf die komplette Ausplünderung. Der Wegzoll war bald in den Kalkulationen enthalten und eine aufwendige Jagd nach den Herren Räubern von Seiten der Kaufmannschaft lohnte meist nicht. Nur wenn es einer gar zu wild trieb, stellte man ein kleines Heer zusammen, um dem Übel Herr zu werden. Solche Schutztruppen aber kosteten Geld und waren nicht gerade billig, sodass die Kaufmannschaft oft den Weg des geringsten Widerstandes ging, ähnlich den Reedereien, die heutzutage lieber Lösegeld an Schiffsentführer und Piraten zahlen, als ihre Schiffe schlagkräftig (aber teuer) schützen zu lassen.

Solange lediglich die Säckel der Kaufleute erleichtert wurden, brauchten die Räuber nicht viel zu fürchten. Nur wenn die Pfründen der Obrigkeit in Gefahr gerieten, war es für sie ratsam, das Terrain zu wechseln. Wie schnell so etwas gehen konnte, zeigt die Geschichte der berüchtigten Räuberbande des „Schneepergers“ im oberbayerischen Murnau bzw. Ohlstadt.

In den Gemäuern der oberhalb Ohlstadts gelegenen „Schauen- oder Skorzenburg“ hauste im fünfzehnten Jahrhundert die siebenköpfige Bande und hielt von dieser exponierten Stelle aus Ausschau nach lukrativer Beute. Schon von Weitem waren von hier aus die Handelszüge zu sehen, die, von München kommend, über Garmisch weiter in den Süden und umgekehrt zogen. Die ausgemachte Frechheit der Schneeperger-Bande gipfelte darin, dass sie einen Wagenzug des Herzogs und des nahen Klosters ausraubten.

Da Klerus und Obrigkeit damals darauf äußerst ungehalten reagierten, nahte schnell das Ende: Den herzoglichen Soldaten gelang es, die Banditen auf ihrer Burg festzunehmen und nach Murnau zu schaffen, wo man ihnen dann einen mehr oder weniger kurzen Prozess machte. Nachdem trotz „hochnotpeinlicher Befragung“ keiner der sieben ein Sterbenswörtchen über das Beuteversteck verraten hatte, zog man ihnen kurzerhand die Hälse lang. Deshalb spricht die Chronik auch eher respektvoll davon, dass der „Schneeperger ein gar raublustern Gesell ist, der sein gestolen Guth gar sicher verpracht hat“.

Das hat er sicher, denn bis heute ist die Beute der Räuber nicht aufgetaucht!

Nun kann man nicht erwarten, dass im Bereich alter Handelsstraßen ganze Wagenladungen von Schätzen vergraben wurden. Dafür reichte die Zeit niemals. Aber dafür waren Weggabelungen und Kreuzungen äußerst markante Punkte, die sich hervorragend als Verstecke für schnell zu vergrabende Gegenstände und Geldsäckchen eigneten, da sie sich relativ leicht wiederfinden ließen.

So mancher Kaufmann hat in diesem Bereich seine Talerchen oder seinen Schmuck vergraben. Dass solche Plätze über Jahrzehnte, ja, sogar über Jahrhunderte hinweg bevorzugt worden sind, beweisen Funde, die zum Beispiel innerhalb von zwei Jahren in einem bewaldeten Areal – einer Gabelung in Hessen – gemacht worden sind. Im Umkreis von nur zehn Metern entdeckte man drei verschiedene Münzschätze aus drei verschiedenen Epochen!

Diese seltenen Silberbrakteaten (alte Münzen) aus dem Mittelalter fand ein Sucher in der Nähe von Klosterlechfeld.

Große Fundhäufigkeit: Im Hangauslauf von Burghängen finden sich sehr oft Gebrauchsgegenstände aus dem Mittelalter.

Burgruinen

Die Umgebung von Burgen, Ruinen und Burgställen gilt als besonders interessantes Suchgebiet, da Burgen andauernd Anlass für Fehden und Raufhändel boten. Für unsereinen ist da sogar die ritterliche Müllhalde von erheblicher Bedeutung.

Die alten Rittersleut' waren – mit Verlaub – nämlich richtige Saubären! Vergleichbar mit der heutigen Sorte Mensch, die ihre Müllsäcke einfach im Wald entsorgt und Coladosen aus dem Auto wirft (wobei diese Entsorgung im Mittelalter noch verständlich ist). Die Überreste ausgedehnter Orgien und Fressgelage wanderten ohne große Umstände entweder in den Burggraben oder noch einfacher über die Burgmauern hinweg. Von defekten Waffen über Hausrat bis hin zu Gebrauchsgegenständen lässt sich alles dort finden. Suchen Sie immer im Bereich der Burggräben, die als Senken heute noch erkennbar sind.

Ebenfalls hochträchtige Fundstellen sind die steilen Abschnitte eines Burgfelsens oder Berges und die Senke rings um den gesamten Burghügel. Alles, was im Laufe der Jahre und Jahrhunderte auf dem Abhang des Burghügels gelandet ist, wurde nach und nach von Regen und Schnee hinabbefördert und ruht nun im Auslauf der Erhebung. Burganlagen, die einer Katastrophe zum Opfer fielen (Blitzschlag, Explosion, Brand oder Ähnliches), wurden meist in aller Eile verlassen. Unterirdische Räume und Anlagen wurden dabei verschüttet und im

Laufe der Zeit gerieten sie in Vergessenheit. Die Chance, hier fündig zu werden, ist groß.

Von den meisten Burgen und Burganlagen existieren Pläne oder Grundrisse. Vereine für Burgenkunde und Festungsforschung haben vielfach solche Unterlagen – mittlerweile findet man auch jede Menge Informationen im Internet. Diese sind eine unschätzbare Hilfe, unterirdischen Verliesen und Gewölben auf die Spur zu kommen. Keller und Gewölbeböden, Wände und Decken sollten dann nicht nur allein mit dem Detektor, sondern auch mit UV-Lampen abgesucht werden. Problemlos sind damit nachträgliche Vermauerungen zu erkennen.

Das Studium der einschlägigen Heimatgeschichte hilft oft, schon im Ansatz zu erkennen, wo der Schwerpunkt der Suche liegt. Meist hat die Suche um Burgruinen und Burghügel auch noch einen nützlichen und angenehmen Nebeneffekt: Die meisten dieser sagenumwobenen Gemäuer und Örtlichkeiten sind in Ferien- und Urlaubszeiten stark von Wanderern und Ausflüglern frequentiert – besonders am Punkt der schönsten Aussicht lassen sich immer wieder verlorene Dinge finden. Gleiches trifft auch für die Wandersteige und Wege zu den Burgen zu. Ringe, Ketten, Münzen, Autoschlüssel und Taschenmesser gehören zu den häufigst gefundenen Gegenständen.

Badestrände

Badestrände sind das Eldorado für Schatzsucher. Die Ausbeute an gut besuchten Badestränden oder Liegewiesen sprengt jede Vorstellung! Es gibt, glaube ich, niemanden, der nicht schon einmal etwas beim Baden verloren hätte. Nur zu leicht kann es passieren, dass kleine Gegenstände im Gras oder Sand verlorengehen. Besonders Ringe gleiten leicht von eingeölten Fingern und auch Uhren und Armreife gehen schnell verloren, wenn man sich nach dem Bad abtrocknet. Ballspiele und ähnliche Herumtollerei tun ihr Übriges dazu.

Die Suche an Badestränden ist besonders in den USA und Großbritannien eine beliebte Beschäftigung. Dort heißt die Suche an Stränden „Beachcombing“ (Strandkämmen) und trifft den Nagel auf den Kopf. Gruppenweise kämmen die Sucher die weitläufigen Strände ab und die Ausbeute ist wahrhaft reichlich. Ein Berliner „Beachcomber“ hat sich in den 1970er-Jahren nach achtjähriger ertragreicher Tätigkeit am Wannsee von den Früchten seiner Suche ein Haus auf den Bahamas gekauft! Besonders die Eitelkeit der holden Weiblichkeit trägt dazu bei, die Fundsummen klettern zu lassen. Solche verlorenen Schmuckstücke sind zwar keine Schätze im Sinne des Wortes, aber hier kann sich auch der Finderlohn sehen lassen.

Übrigens: Funde im Flachwasser von Badestränden oder überhaupt Strandfunde sollten Sie beim Fundbüro abliefern. Garantiert bekommen Sie diese nach Ablauf der Abholfrist zurück. Kein vernünftig denkender Mensch käme auf die Idee, den Verlust beim Fundbüro zu melden. Was einmal im oder am Wasser verloren wurde, hat man meist abgeschrieben.

In den schraffierten und mit Pfeilen gekennzeichneten Bereichen lohnt die Suche – im Laufe der Zeit rutschten viele Gegenstände in die Senke.

Lifttrassen und Skipisten

Lifttrassen und Skipisten sind der absolute Geheimtipp für eine erfolgreiche Suche. Feuerzeuge, Uhren, Ketten, Ringe, Broschen, ja sogar Diademe wurden schon gefunden. 1984 wurden allein im Nobelort Kitzbühel in Österreich Pistenfunde im Wert von rund 25.000 Euro gemacht! Man stelle sich vor, was da beispielsweise in St. Moritz, Lech am Arlberg oder in Zürs auf Schatzsucher wartet. Die Eigentümer ausfindig zu machen, dürfte meist schwerfallen, da dies ja hauptsächlich Urlauber sind, die nach ein paar Tagen oder Wochen wieder nach Hause fahren.

Auch an Skipisten und Liften gilt die Devise: Was hier einmal verloren wurde, ist weg. Der beste Zeitpunkt für die Suche auf Pisten ist das Frühjahr, kurz nachdem der Schnee weggetaut ist. Aber Achtung: Arrangieren Sie sich mit dem Liftbetreiber – da diese meist mittlerweile selbst die Trassen absuchen bzw. absuchen lassen.

Keller

Jahr für Jahr wiederholen sich mehrmals die Zeitungsmeldungen von Schatzfunden, die in Kellern bei Renovierungsarbeiten gemacht werden. In der Tat kann es sich durchaus lohnen, in Kellern besonders alter Häuser die Sonde zu schwingen, da der Kellerboden vielfach nur aus festgestampftem Lehm besteht. Auch die Keller von Patrizierhäusern waren früher oft beliebte Versteckplätze. Auch hier gilt, dass der Detektor alleine nicht glücklich macht, sondern die optimale Verbindung die mit der UV-Lampe ist.

Achten Sie darauf, ob sich in den Wänden Hohlräume befinden. Das stellen Sie am leichtesten durch Klopfen fest. Hohle Stellen klingen dumpf und heben sich unter UV-Licht deutlich vom umgebenden Mauerwerk ab. Das gleiche gilt auch für Dachböden und Alkoven.

Kirchenruinen

Kirchen galten schon immer als Tabuzonen und Zufluchtsorte. In Notzeiten gaben sie Hilfe und bei Verfolgung boten sie Schutz vor den Schergen der Obrigkeit. Das Innere von Kirchenruinen ist mehr als interessant. Vielfach wurde bereits beim Bau des Gotteshauses an notwendige Tresore und Geheimverstecke gedacht.

Ein klassisches Beispiel dafür ist die Kirche von Rennes le Chateau in Südfrankreich. In den Altarsäulen der Kirche wurden Pergamente gefunden, die den Pfarrer des Ortes, Bérenger Saunière, zu einem riesigen Goldschatz führten. Ein Großteil des Schatzes der heiligen Bianca, ehemalige Königin von Kastilien, liegt noch immer irgendwo in einer Höhle in der Umgebung der Kirche von Rennes. Pfarrer Saunière hat sein Geheimnis mit ins Grab genommen.

Um Kirchenruinen stehen die Fundchancen sehr gut.

Kirmesplätze

Neben Badestränden sind Kirmesplätze eine der Örtlichkeiten mit den höchsten Fundchancen. Dabei ist es egal, ob noch in periodischen Abständen Rummel herrscht oder ob diese Plätze seit Jahren nicht mehr genutzt werden. Jede Menge Kleingeld aus vergangenen Jahren findet sich immer, genauso wie Schmuckstücke und Biermarken. Besonders interessant sind Rummelplätze kleinerer Ortschaften, da diese auf oft jahrhundertelange Benutzung zurückgehen.

Untergegangene und verlassene Dörfer und Ortschaften

Manche Ortschaften, die noch während des Mittelalters prächtig heranwuchsen und eine lebhafte Entwicklung versprachen, verschwanden urplötzlich von einem Tag auf den anderen. Vor allem während des Dreißigjährigen Krieges, als die Schweden raubend, plündernd und mordend durch die deutschen Lande zogen, setzte das Sterben der Ortschaften ein. Die Menschen packten ihr Hab und Gut, verließen ihre Häuser und flüchteten in entferntere Regionen, wo sie sich dann wieder niederließen. Ortschaften wurden von der „Soldateska" niedergebrannt und zerstört und schon nach ein paar Jahren war nichts mehr davon zu sehen.

Nicht nur Kriege sorgten für die Verödung, sondern oft auch Seuchen und Hungersnöte. Hauptsächlich Pest und Cholera waren die Geißeln, die die Menschen dahinrafften und ganze Ortschaften entvölkerten. An diesen Plätzen wurde niemals mehr gesiedelt, da man oft abergläubisch dem Ort selbst die Schuld an solchen Katastrophen zuwies. Auf alten Karten sind manchmal noch solche nicht mehr existenten Dörfer und Ortschaften verzeichnet – in anderen Fällen weisen lediglich noch Flurbezeichnungen darauf hin.

Schlachtfelder und Kampforte

Orte, an denen Schlachten getobt haben, lassen sich aus topographischen Karten herauslesen, vorausgesetzt, die Schlacht war bedeutend genug.

Einige Schlachten:

- Hunnenschlacht bei Lager Lechfeld (die eigentlich im Zusamtal stattfand)
- Schlacht bei Nördlingen
- Völkerschlacht bei Leipzig
- Schlacht bei Gammelsdorf
- Schlacht bei Wimpfen
- Schlacht bei Hohenlinden
- Schlacht bei Zusmarshausen
- Schlacht bei Ummendorf
- Schlacht bei Mühldorf

Feldlager von Landsknechten bzw. Schlachtenlager bieten reichhaltige Funde.

Viele weitere Schlachtfelder lassen sich ohne Mühe mittels der Suchmaschine im Internet aufspüren.

Schlachtfelder werden in Karten immer mit zwei gekreuzten Säbeln dargestellt. Dabei handelt es sich meist um lange zurückliegende Kämpfe, hauptsächlich aus dem Mittelalter oder dem Dreißigjährigen Krieg. Gefechtsplätze der jüngeren Vergangenheit, also aus dem Ersten oder Zweiten Weltkrieg, werden nicht mehr gekennzeichnet. Die Suche auf solch alten Kampfstätten kann sich lohnen: Nicht selten findet man Münzen, Uniformknöpfe oder alte Waffen in Form von Säbeln, Dolchen, Bajonetten oder gar alte Vorderladerwaffen. Dummerweise hält die Kriegswissenschaft allerdings seit den klassischen Schlachten der berühmten Feldherren auch heute noch an alten Taktiken fest, sodass die Kampfhandlungen verschiedener Kriege oft auf ein und demselben Kampfplatz stattfanden. Es kann deshalb leicht möglich sein, dass sich neben alten Relikten auch weitaus gefährlichere Gegenstände aus jüngerer Zeit befinden. Die Suche auf Schlachtfeldern muss deshalb äußerst umsichtig geschehen.

Leider sind diese Plätze häufig mit kleinen Metallteilen und Granatsplittern übersät, was die Suche gelegentlich erschwert. Wer an solchen Stellen sucht, braucht sicher keine Metallunterscheidung, da in den seltensten Fällen Edelmetalle vorhanden sind, abgesehen von vereinzelten Münzen. Die hier weitaus interessanteren Teile bestehen überwiegend aus Eisen bzw. Messing.

Seien Sie aber nicht enttäuscht, wenn sich in der Karte als Schlachtfelder dargestellte Bereiche als bebaut erweisen. Auch bitte ich Sie, in den Sommermonaten auf die Suche an solchen Örtlichkeiten zu verzichten, da dann meist die Felder in voller Blüte stehen. Es lohnt nicht, wegen eines Säbels ein Mais- oder Kornfeld niederzumähen.

Militärische Lagerplätze

Die Erfolgsaussichten entsprechen jenen von Schlachtfeldern. Wo immer ein Heer durchzog, musste auch irgendwann gelagert werden.

Elsterwälder

Wenn ich Ihnen nun sage, die Natur hilft dem Schatzsucher, lukrative Fundplätze aufzustöbern, werden mich manche von Ihnen für verrückt halten. Und doch ist es so. Vor vielen Jahren war ich mit dem Detektor unterwegs in einem Laubjungwald. Viele Eichen und Buchen standen dort und in beinahe jedem Baum befand sich ein Vogelnest. Ich achtete erst gar nicht darauf, bis mir plötzlich eine verchromte Kugelschreiberkappe vor die Füße fiel. Der Vogel, der das Ding fallengelassen hatte, war eine Elster, die in dem Baum über mir ihr Nest hatte. Dann blickte ich mich um und sah Elsternester ringsum in allen Bäumen! Nun suchte ich unter jedem Baum und tatsächlich hatte ich Finderglück: Zwei Ohrringe, einen Ehering (dessen Besitzer ich ausfindig machen konnte und ihm den Ring zurückgab), ein silbernes Halskettchen und einen Anhänger!

Weitere „Bingo-Stellen“

Mit etwas Beobachtungsgabe werden Sie sicher selbst noch einige solcher Plätze mit erhöhter Fundhäufigkeit entdecken. So sind beispielsweise Brunnen höchst interessant, da in Notzeiten solche Wasserstellen schnell als Verstecke dienten (seien Sie aber vorsichtig – und klettern Sie niemals allein hinein). Verwenden Sie stattdessen lieber einen Supermagneten, mit dessen Hilfe Sie Eisengegenstände bis zu 60 Kilo heben können. Maulwurfshügel sind – man glaubt es kaum – ebenfalls interessant. Die kleinen Schwarzpelze befördern nämlich alles, was sich in ihrem Schürfrevier im Weg befindet, nach oben. Schon mancher hat in einem dieser Erdhaufen eine Münze oder eine Fibel entdeckt.

Noch eine chancenreiche Stelle darf nicht vergessen werden: Zwar etwas pikant, aber der Vollständigkeit halber gehört sie dazu. In vielen Wäldern gibt es schöne, lichtdurchflutete verschwiegene Lichtungen. Besonders in der Nähe von Parkplätzen sollte man danach Ausschau halten. Dies sind die lauschigen Plätzchen, die sich Liebespärchen gerne für ihre zwischenmenschlichen Turnübungen aussuchen, die „Schäferlichtungen“, auf denen die Schäferstündchen abgehalten werden. Erkennbar an untrüglichen Kennzeichen: Kleingeld liegt verstreut, gelegentlich ein Ohrring oder Kettchen und sogar hin und wieder eine Geldbörse (die man dann zurückgibt). Und natürlich leicht erkennbar an den „Lümmeltütchen“, die in der Pampa verstreut herumliegen. Eine Bitte: Falls Sie zufällig auf eine „Schäferlichtung“ (oder ein „Schnaxelplätzchen“, wie man in Bayern und Österreich sagt) stoßen, wo die Artisten gerade bei der Kür sind – bitte nicht stören!

Insgesamt ist das Spektrum schatzträchtiger Örtlichkeiten nicht gerade klein; trotz allem aber bitte ich um Verständnis, dass ich keinerlei Fundgarantien geben kann. In der Tat jedoch sind die Fundchancen an solchen Stellen überdurchschnittlich hoch und es lässt sich leicht eine Wahrscheinlichkeitsrechnung aufstellen, die folgendermaßen aussieht:

Fünfzig Prozent höhere Fundchance, multipliziert mit der Anzahl der Suchtage, ergibt die wahrscheinliche Erfolgserwartung.

Auch wenn es auf Anhieb nicht gleich klappen will, geben Sie nicht gleich auf, sondern geben Sie sich und dem Glück eine weitere Chance. Die Erfahrungswerte sprechen dafür und die Bilanz versierter Sucher sowie Beobachtungen ergeben folgendes Bild:

Örtlichkeit	erhöhte Fundchance in ca. %
Quellen	20
Wegkreuze, Bildstöcke, Kapellen	40
Bäume	10
Hügel	15
Höhlen	20
Wegkreuzungen und Gabelungen	30
Burgruinen, Burghügel, Burgställe	90
Badestrände	100
Lifttrassen, Skipisten	60
Keller	15
Kirchenruinen	30
Kirmesplätze	90
untergegangene Dörfer und Ortschaften	90
Schlachtfelder, Lagerplätze	90
Elsterwälder	20
Schäferlichtungen	20

Diese Zahlen basieren auf eigenen Erfahrungen und denen von befragten Schatzsuchern und Sondengängern. Damit ist die These einer tatsächlichen Steigerung der Effektivität durch Auswahl des Suchgeländes belegbar.

Recherche erledigt, Planung abgeschlossen – Zeit, rauszugehen und loszulegen!

AB IN DIE PRAXIS – DIE SUCHE VOR ORT

Vorbei sind nun die Theorie, die Planung und die Vorbereitung. Sie werden bald merken, dass dies eigentlich die schönste Phase bei der Suche nach verborgenen Schätzen ist. Was nun folgt, ist lediglich die logische Konsequenz aus Ihren Vorarbeiten.

Alle recherchierten Details und Informationen müssen im Gelände zu jenem Punkt führen, an dem schließlich das Objekt der Begierde seiner Entdeckung harren sollte.

Keine Suche ist gleich – bereits die unterschiedlichen Geländevarianten bestimmen das Vorgehen und das eigentliche Suchkonzept. Deshalb sollte man das Gelände bereits in der Planungsphase ausreichend in Augenschein genommen haben, um keine unliebsamen Überraschungen zu erleben. Kaum etwas Schlimmeres kann einem Schatzsucher passieren, als dass sich die Örtlichkeit als Urwald herausstellt. Dichte Vegetation, womöglich eng bewachsen mit Flechten und Dickicht, stellt den Schatzsucher vor ernsthafte Probleme. Hier ist es schwer, eine systematische und gründliche Suche durchzuführen. Hoher Bewuchs verleitet das Gerät zu Fehlsignalen, mancher Ton wird als Objekt gedeutet, dabei ist in Wirklichkeit nur die Spule hängen geblieben. Es hilft nichts: Hier sind Geduld und sorgfältiges Vorgehen angesagt, solange Sie lediglich mit einem normalen Gerät ausgerüstet sind.

Falls sie den Vorteil einer Boden-Sendeschleife oder einer Rahmenspule genießen, sind Sie fein raus (falls das Objekt groß genug ist). Dann können Sie die Spule hoch genug über dem Bewuchs führen. Im anderen Fall muss doppelt und dreifach sorgfältig zu Werke gegangen werden, da die Geländebeschaffenheit nur allzu leicht dazu verleitet, einfach einmal eine besonders unangenehme Stelle auszulassen. Genau dort aber kann das gesuchte Objekt liegen. Tage-, wochen-, ja sogar monatelang kann es dauern, bis ein solches extremes Gelände ausgeklammert werden kann.

Wer in diesem Dschungel allein unterwegs ist, der ist zu bedauern! Den Spulenkopf einmal zu hoch über dem Boden bewegt, und schon fehlen die notwendigen letzten zehn Zentimeter. Lieber ist mir da ein Wald mit dichtem Baumbestand, obwohl das Wurzelwerk das Graben enorm erschweren kann.

Weitaus schlimmer ist die Gefahr, dass Ihr gesuchtes Objekt zum Zeitpunkt der Verbergung in einer Umgebung vergraben wurde, die völlig frei von Bäumen war. Inzwischen ist daraus aber der schönste Wald geworden. Leicht möglich, dass sich die Kiste längst unter dem Zentrum eines Baumes befindet. Dann ist guter Rat teuer! Selbst wenn Sie den Baum umsägen könnten (was natürlich nicht geht), gelangen Sie noch lange nicht unter das Wurzelwerk. Am ehesten ist es noch möglich, sich unter den Wurzeln durchzugraben. Allzu dicke Wurzeln, die im Weg sind, lassen sich durchsägen. Natürlich gilt dies nur, wenn Sie entweder mit dem Waldbesitzer gesprochen haben und jener nichts dagegen hat oder – im günstigsten Fall – der Waldbesitzer ein guter Freund oder Verwandter ist. Nicht jeder befindet sich in der glücklichen Lage der Archäologen, die – nur um Aufschluss über eine Bodenschicht zu bekommen – die Wurzeln jahrhundertealter Bäume kurzerhand mit der Motorsäge amputieren.

Man erspart sich viel Arbeit und unnötigen Ärger, wenn man zuerst einmal ein Sondierungsloch gräbt, das sich mit einer Zylinderspule oder einem Leitungssuchgerät absuchen lässt.

Je nach gesuchtem Objekt gibt es noch eine weitere erstklassige Hilfsmethode – die „Erdbohrmaschine"!

Ich persönlich verwende einen Hochleistungsakkuschrauber, mit dem ich bis zu 2 Meter tief sondieren kann (siehe „Hilfsmittel", S. 201).

Die größte Tücke bei der Suche nach Schätzen ist in Umwandlungsgebieten zu erwarten. Das sind Areale, die früher anders aussahen und von Menschenhand verändert wurden. So wurde aus einem See oder Teich im Laufe der Jahrhunderte ein Gebiet mit feuchten, sumpfigen Wiesen oder gar festem Boden, der nun mit schilfartigen Gewächsen bewachsen ist.

Falls tatsächlich in dem früheren See oder Teich etwas versenkt wurde, ist dies inzwischen nur noch mit modernster Ortungstechnik, zum Beispiel Bodenradar, aufzuspüren. Bedenken Sie: Der Seegrund lag zum Zeitpunkt der Versenkung vielleicht zehn Meter tief, und ein Schlammsediment von etwa zwei Metern war wahrscheinlich damals schon vorhanden. Im Verlauf der Austrocknung kamen nochmals ein bis zwei Meter hinzu, sodass die nun vorhandene Schicht für herkömmliche Hobbysuchgeräte zu dick ist.

Nicht nur die Suche selbst bereitet in solchem Gelände Schwierigkeiten, auch der Versuch, ein Loch zu graben, kann zu Schwierigkeiten führen. Ab einer gewissen Tiefe füllt sich das Loch infolge von Grundwasser immer wieder, so oft Sie es auch ausschöpfen. Hier hilft nur noch das Anlegen eines Pumpensumpfes, um arbeiten zu können.

Wenn Sie nicht hundertprozentig sicher sind, dass das infrage kommende Areal nicht zu umfangreich ist, dann benötigen Sie einen Suchplan. Grenzen Sie auf Ihrer Arbeitskopie der Topokarte das Gebiet ein und teilen Sie es in gleich große Planquadrate auf. Zu diesem Zweck ist es sinnvoll, die Topokopie so weit wie möglich hochzukopieren. Nun bleibt Ihnen nichts anderes übrig, als Planquadrat für Planquadrat abzusuchen.

Versuchen Sie, sich in die Gedanken der Verberger hineinzuversetzen. Stellen Sie sich vor, in welcher Situation sich diese befanden. Dabei sollten Sie versuchen, nicht unbedingt Ihre eigene Logik anzuwenden. Scheinbar nebensächliche Aspekte, denen Sie sonst kaum Beachtung schenken würden, gewinnen so nämlich plötzlich an Bedeutung.

Rahmenspule: ideal für große Flächen und tief liegende Gegenstände.

LUFTAUFKLÄRUNG

Hilfreich ist in jedem Fall ein Blick aus der Vogelperspektive. Markante Geländemerkmale lassen sich von oben nämlich oft wesentlich leichter ausmachen als auf der Topokarte. Noch vor zehn Jahren war dies nicht jedem möglich, da nicht in jeder Garage ein Flugzeug oder Helikopter stand. Mittlerweile hat uns Google mit „Google Earth" die Möglichkeit der Luftaufklärung geschenkt.

Immer beliebter wird auch der Einsatz von Drohnen mit integrierten Kamerasystemen. Einer der führenden Hersteller ist DJI, gebraucht sind diese Geräte bereits für einige hundert Euro zu haben. Achten Sie jedoch unbedingt auf die gesetzlichen Vorschriften. Für die Führung von Drohnen ab 2 kg wird ein sogenannter Flugkundenachweis benötigt. Außerdem ist eine Haftpflichtversicherung vorgeschrieben; ab 250 g Gewicht gilt zudem Kennzeichnungspflicht (Angaben zum Eigentümer sowie Adresse). Lassen Sie sich hierfür von einer zugelassenen Prüfstelle beraten.

> Informieren Sie sich vor der Verwendung von Drohnen unbedingt über die jeweilige Rechtslage am Zielort.

Eine andere, wenn auch im Vergleich wesentlich kostspieligere Art der Luftaufklärung sei der Vollständigkeit halber noch genannt, nämlich die Infrarot-, also thermografische Fotografie. Der Vorteil der Thermografie liegt in den spektralen Verfärbungen, die aufgrund unterschiedlicher Temperaturen des Bodens und seiner Umgebung zustande kommen. Durchgehend gleicher Untergrund hat auf dem Bild logischerweise dieselbe Farbe, weil er sich auf eine einheitliche Temperatur aufgeheizt hat. Befindet sich innerhalb dieses Areals ein unterirdischer Hohlraum, so zeigt das Bild an dieser Stelle einen dunklen Fleck, weil die Temperatur dort etwa um ein halbes bis ganzes Grad niedriger ist. Mittlerweile ist die Thermografie so weit, dass Fachleute in der Lage sind, im Boden befindliche Flugzeuge klar als solche zu interpretieren. Leider ist gerade die Infrarot bzw. Thermofotografie ein teures Unterfangen, und ein Bild in Spektralfarben kann – von einem Satelliten aufgenommen – durchaus um die 500 bis 1.000 Euro kosten!

Für unsere Belange können aber durchaus auch Schwarz-Weiß-Bilder verwertbare Ergebnisse liefern. Schwarz-weiß deshalb, weil hier die Schatten wesentlich besser erkennbar sind als bei Farbbildern. Die meisten Digitalkameras lassen sich auch im Schwarz-Weiß-Modus betreiben. Fotografiert man während der Nachmittagsstunden zwischen 15 Uhr und 17 Uhr, dann lassen sich infolge des Lichteinfalls durchaus Schatten von möglichen unterirdischen Mauerresten erkennen. Ebenso sind solche Spuren im Frühjahr deutlich erkennbar, wenn der Schnee schmilzt, da diese Stellen eher vom Schnee frei sind als die Umgebung.

Inwieweit sich ein solcher Aufwand lohnt, muss wiederum jeder für sich selbst entscheiden. Trotz alledem kann die oftmals – zu Unrecht – verdammte und verwünschte Technik für unseren Bedarf durchaus von Nutzen sein.

Die Suche selbst bereitet im Gelände kaum große Schwierigkeiten – vorausgesetzt, das Gelände ist halbwegs zugänglich. Am besten gewöhnen Sie sich an, mit der Suche im südlichen Kartenbereich zu beginnen und sich nach Norden vorzuarbeiten. Das erleichtert die Suche vor allem dann, wenn Sie sich zwischendurch immer wieder anhand der Topokarte orientieren müssen. Sie bewegen sich nämlich dann in Leserichtung der Karte.

Diese Methode hat einen unschätzbaren Vorteil, wenn der Lageort nicht genau bekannt ist. Machen Sie die einzelnen Planquadrate nur so groß, dass Sie pro Tag eines bearbeiten können. Damit verhindern Sie, dass Sie die Suche mittendrin abbrechen müssen und am nächsten Tag den genauen Aufgabepunkt nicht mehr wissen.

Hier lohnt die Anschaffung eines GPS-Handys – also eines speziellen Satellitennavigationssystems. Diese Geräte sind bereits unter 200 Euro erhältlich. Markieren Sie unbedingt die vier Eckpunkte des Planquadrates – am besten, indem sie diese optisch abgrenzen. Dies lässt sich leicht mithilfe eines rot-weißen Baustellenbandes bewerkstelligen. Diese Trassierbänder erhalten Sie in Baumärkten und Baustoffhandlungen in Rollen zu 500 Metern für ein paar Euro. Entweder binden Sie den Anfang an einem Baum fest oder gehen mit der Rolle das Terrain bis zum Ausgangspunkt ab, oder Sie legen – falls keine Bäume vorhanden sind – das Band auf dem Boden aus und beschweren es an den Eckpunkten mit Steinen.

Falls das Suchareal zu groß ist, empfiehlt es sich, dieses auch zusätzlich in Nord-Süd-Bahnen einzuteilen, die die Breite des Schwenkbereichs Ihres Detektors haben sollten. Auch diese Bahnen markieren Sie mit Trassierband. Das Band kann immer wieder benutzt werden, vorausgesetzt man behandelt es halbwegs pfleglich und wickelt es nach dem Gebrauch wieder ordentlich auf. Wem kein Trassierband zur Verfügung steht (oder wer dafür kein Geld ausgeben will), der kann das Areal auch mit Kleidungsstücken und Ähnlichem andeutungsweise markieren.

Als Ersatz für ein Trassierband geht auch eine ganz gewöhnliche Schnur. Nun gehen Sie Bahn für Bahn ab, immer von Süden nach Norden – die exakte Arbeitsweise ist im Kapitel „Suchsysteme bei der Detektorarbeit“, S. 145, genau beschrieben. Erzielen Sie in diesem Planquadrat keinen Erfolg, dann verfahren Sie im nächsten genauso weiter. Abweichungen von der Suchmethode hängen jeweils vom Objekt und der Örtlichkeit ab. Die Suche nach unserem fiktiven Objekt – der „Kriegskasse von Waldmünchen“ – ist weniger eine Flächensuche als eine Örtlichkeitssuche. Der eigentliche „Shooting Point“ ist eng begrenzt, sobald der Stein mit dem Kamm lokalisiert ist. Deshalb werden Sie auch ohne Umschweife in unmittelbarer Umgebung suchen. Aber auch wenn diese bekannt ist, muss man noch lange nicht mit Scheuklappen durch die Gegend laufen – sehen Sie sich deshalb auf Ihrem Weg in die Örtlichkeit ruhig um und prägen Sie sich die Umgebung und Örtlichkeit ein.

Sie stellen fest, dass der Stein mit dem Kamm hier an diesem Weg vorhanden ist. Ihr Kribbeln in der Magengegend verstärkt sich, und hastig legen Sie Ihren Rucksack ab. Es passt alles zusammen: Das müsste die Stelle sein. Bewahren Sie Ruhe und einen kühlen Kopf, Hast und Hektik tun in solchen Situationen nicht gut. Sehen Sie sich als Erstes um, ob Sie allein sind. Dann erkunden Sie die Umgebung. Wichtig sind vor allem die alten Bäume. Wie alt könnten sie sein, welche Art von Bäumen ist es? Schauen Sie sich den Findling genau an. Sind irgendwelche Markierungen oder Zeichen eingeritzt? Notieren Sie alles, was Ihnen vielleicht ungewöhnlich erscheint.

Besonders die Erde und der Boden um den Felsen herum sind wichtig. An Stellen, an denen schon einmal gegraben wurde, ist der Boden meist etwas dunkler als in der Umgebung. Auch ein etwaiger Bewuchs hebt sich in der Schattierung von der Umgebung ab. Deshalb sollten Sie Ihr Augenmerk besonders auf solche Zeichen richten.

Nach dem Inspizieren des Ortes beginnt die eigentliche Suche mit technischen Geräten. Die Einstellung des Detektors – egal ob VLF oder PI – erfolgt in der Grundeinstellung. Kriegskassen waren in der Regel schwere eiserne Kisten, zusätzlich mit Eisenbändern beschlagen und mit komplizierten Verriegelungen im Deckel versehen.

Die Abmessungen lagen etwa zwischen 80 Zentimetern und einem Meter Länge und ca. 40 bis 50 Zentimetern Breite. Aber auch Kisten von bis zu 1,2 Metern waren damals durchaus gebräuchlich. Ein Objekt solcher Größenordnung wird selbst von einem Durchschnittsgerät mit unglaublicher Intensität angezeigt. Selbst wenn sich die Kiste in zwei Metern Tiefe befinden sollte, erzeugen halbwegs gute Standardgeräte noch eine deutlich wahrnehmbare Ortung.

In schweren eisernen Kassen wurde der Sold aufbewahrt.

Komplizierte Verriegelungen sichern den Deckel.

Jegliche Art von Metallunterscheidung wäre deshalb absolut unsinnig, weil das Objekt nicht angezeigt und die Leistung verringert werden würde. Außerdem bestünde die Gefahr, dass das Spulenfeld die Kiste nicht mehr erreichen würde.

Konzentrieren Sie sich als Erstes auf das Gebiet um den Findling herum. Bewegen Sie die Spule mit gleichmäßigen Schwenkbewegungen über den Boden. Verwenden Sie grundsätzlich immer einen Kopfhörer. Ich rate zu einteiligen Kopfhörern, so haben Sie immer ein Ohr für die Umweltgeräusche frei. Das garantiert bei einer Gruppensuche, dass Sie auch Zurufe von Mitsuchern hören können. Nachteilig ist, dass einteilige Kopfhörer relativ schwer zu bekommen sind. Mit ein bisschen Bastelgeschick können Sie jedoch aus einem einfachen Kopfhörer einen einteiligen Kopfhörer machen. Die Verwendung eines solchen Hilfsmittels garantiert Ihnen, dass Sie auch noch so kleine Schwankungen im Ton wahrnehmen können. Zudem sind die Anzeigetöne der meisten Detektoren so durchdringend, dass sie oft sehr weit zu hören sind. Sie könnten ohne Kopfhörer die Leute ebenso gut mit einem Lautsprecher herbeibrüllen!

Sämtliche Signale des Detektors werden in die Arbeitskopie der Topokarte eingetragen.

Kleinere Objekte sollten Sie sofort ausgraben. Das hat den Vorteil, dass sich aus den Fundstücken mancherlei Schlüsse ziehen lassen.

So wäre es durchaus denkbar, dass in der Umgebung des Felsens eine Fundhäufung auftritt – vorausgesetzt, Sie haben tatsächlich den richtigen Findling gefunden. Münzen aus der betreffenden Zeit, Gürtelschließen, Waffenteile, Uniformknöpfe oder andere Gebrauchsgegenstände des täglichen Bedarfs können zutage treten.

Auf der Suche nach einer Kriegskasse aus napoleonischer Zeit stieß ich im Verlauf meiner Suche auf Sporen aus damaliger Zeit, einen Säbel, Musketen- und Kanonenkugeln und seltsamerweise auf eine regelrechte Schneise, gesäumt mit Dutzenden von schweren Hufeisen. Eine Zwischenrecherche ergab, dass der fliehende Tross mit Wagen und Pferden diesen Weg genommen hatte. Im morastigen Boden hatten sich die Hufeisen gelockert, und später verloren die Pferde auf der Flucht die Eisen.

Solche Funde lassen das betreffende Gebiet natürlich leichter abgrenzen, und oft entsteht eine regelrechte Spur, der man folgen kann. Solche Fundstücke sind zwar in der Regel nicht viel wert – es sei denn zur persönlichen Erinnerung oder für die Vitrine –, aber sie bestätigen eben auch Theorien. Falls nun der Detektor ein entsprechend großes Objekt anzeigt, das auch noch von Größe und Tiefe auf einen möglichen Volltreffer schließen lässt, dann müssen Sie sich entscheiden, ob Sie sofort an die Bergung gehen oder noch weitersuchen wollen.

Gegen eine sofortige Bergung spricht die Tatsache, dass das Objekt nun schon so lange verborgen war, dass es auf ein paar Tage mehr oder weniger auch nicht mehr ankommt. Für eine sofortige Bergung spricht: „Was man hat, das hat man!" Nachteilig ist dabei, dass man sich vielleicht zu weit vom Transportmittel entfernt befindet und der Fund unter Umständen zu schwer ist, um ihn allein oder ohne geeignete Hilfsmittel wegbringen zu können. Überlegen Sie: Wenn man erst einmal begonnen hat, ein entsprechend großes Loch auszuheben, kann man nur schlecht wieder damit aufhören. Jedem Spaziergänger und Unbeteiligten würde die Grabungsstelle auffallen, und nur allzu leicht könnte jemand auf die Idee kommen, selbst einmal nachzusehen.

Am besten ist die Methode: Kleine Anzeigen werden sofort überprüft und die Funde geborgen – größere oder gar große Anzeigen werden mit einer Nummer in die Arbeitskopie eingetragen und die etwaige Größe des Objekts aufgeschrieben. Das ist nicht besonders schwer, denn mit der Suchspule lassen sich die Größe sowie der Umriss jederzeit feststellen. Falls sich die Örtlichkeit als „taub" erweist, Sie also keinerlei Anzeigen bekommen, dann müssen Sie Ihren Suchradius entweder ausdehnen oder die sonst noch infrage kommenden Örtlichkeiten unter die Lupe nehmen. Wundern Sie sich nicht, wenn Sie dabei auf Begleitfunde, wie verlorene neuzeitliche Münzen oder Gegenstände aus dem Zweiten Weltkrieg, stoßen, die mit Ihrem Objekt erkennbar wenig zu tun haben. Auf der Suche nach einer Glocke, die während des Dreißigjährigen Krieges aus einer kleinen Ortschaft in Niederbayern verschwunden war, suchte ich zwei Tage die betreffende Gegend ab. Trotz noch so gründlicher Suche fand sich keine Spur von dem Läutwerk. Ich befand mich bereits auf dem Rückweg, als ich spontan beschloss, nochmals einen Acker abzusuchen, der frisch gepflügt worden war. Nach etwa zehn Minuten erhielt ich ein starkes positives Signal. In nur 20 Zentimetern Tiefe stieß ich auf eine alte Vorderlader-Damastflinte; zwar von Rost befallen, aber komplett mit Schaft erhalten. Lediglich der Ladestock zerfiel.

Nach einer gründlichen Restaurierung entpuppte sich das alte Stück als wahres Prachtexemplar. Das Schloss war reich mit Ziselierungen versehen und die Metallteile mit Silber eingelegt. An diesem Tag interessierte mich die Glocke „verwunderlicherweise" nicht mehr sonderlich.

Seien Sie also nicht überrascht, wenn plötzlich etwas ganz anderes zutage tritt. Weshalb der Bauer beim Umpflügen des Ackers nicht auf die Flinte gestoßen war, weiß ich nicht. Datiert wurde sie auf die Zeit 1870/71. Meine Recherche ergab, dass auf diesen Feldern während des Deutsch-Französischen Krieges ein mehrstündiges Scharmützel stattgefunden hatte. Seit dieser Zeit lag das Gewehr vermutlich im Boden.

Bemerkenswert ist, dass ich den Fund im Frühjahr machte. Das Frühjahr ist nämlich die Zeit, die Metall an die Oberfläche bringt. Im Sommer und Herbst sinken Metallgegenstände wieder tiefer in die Erde.

In den seltensten Fällen gelingt es, das begehrte Objekt schon am ersten Tag zu finden. Meist liegt dies daran, dass die Angaben doch nicht so exakt sind oder dass das Phänomen der „Duplizität der Örtlichkeiten" auftritt. Dieses Phänomen dürfte mit ziemlicher Wahrscheinlichkeit die Ursache dafür sein, dass wohl viele existierende Schätze bisher noch nicht gefunden worden sind.

Von manchen Schätzen existieren hundertprozentig exakte Beschreibungen in Bezug auf Örtlichkeit, Weg und Lage. Das Dumme daran ist nur, dass in vielen Fällen in mittelbarer oder unmittelbarer Nachbarschaft eine oder gar mehrere Örtlichkeiten existieren, die den Beschreibungen ebenfalls entsprechen. Formulierungsfehler oder Überlieferungsfehler in den Beschreibungen führen dann dazu, dass sich die Suche auf die falsche Gegend konzentriert.

So weiß man beispielsweise von einem riesigen Goldschatz, den Inka vor plündernden spanischen Konquistadoren in Sicherheit gebracht hatten und der sich in einem Gebiet zwischen drei dominierenden Berggipfeln des Llanganti-Gebirges in Ecuador befindet. Dummerweise existieren aber in dieser Region gleich drei derartige Formationen. Entdeckt wurde die Höhle voller Gold und Juwelen von einem einfachen spanischen Soldaten, der von seinem Schwiegervater, einem Indiohäuptling, dort hingeführt worden war, um sich die Mitgift für seine Tochter zu holen. Die Wegbeschreibung, die dieser Soldat – sein Name war Juan de Valverde – anschließend anfertigte, zählt zu den berühmtesten Beschreibungen verlorener und verborgener Schätze. Unter dem Stichwort „Wegweiser des Juan Valverde“ sind dieser Beschreibung schon Hunderte von Expeditionen gefolgt. Einige zweideutige Bezeichnungen aber haben in den meisten Fällen dazu geführt, dass die Schatzsucher fehlgeleitet wurden. Dass dieser Schatz tatsächlich existiert, hat in den 1920er-Jahren ein junger Österreicher bewiesen, dem es wirklich gelungen war, die Grotte zu finden und einige Stücke mit nach Europa zu bringen. Die geplante Bergungsexpedition konnte jedoch nicht mehr durchgeführt werden, da er vor der Abreise an einer Lungenentzündung erkrankte und starb.

Beispiele solcher Art gibt es in der Geschichte der verlorenen und verborgenen Schätze dutzendweise! Deshalb ist es ein wichtiger Schritt, auch festzustellen, ob es Verwechslungsmöglichkeiten in der Örtlichkeitsangabe gibt. Falls Sie an dem Findling nicht fündig wurden, ist möglicherweise eine Zwischenrecherche notwendig. Diese sollte sich vorrangig und ausschließlich auf die Umgebung konzentrieren. Vielfach bringt es Erfolg, wenn man ältere Leute aus der Umgebung befragt. Selbst wenn heute ein Findling nicht mehr in Topokarten verzeichnet ist, erinnern sich alte Leute oftmals an solche Dinge (bester Beweis ist die alte Dame, die mit ihrem Vater als Kind oft an dem Felsen vorbeigegangen ist). Auch Flurbezeichnungen helfen oft weiter.

Das Gespür für mögliche geographische Auffälligkeiten lässt sich auch durchaus trainieren. Allein beim Lesen von Topokarten gibt das Schatzsuchergehirn Alarm: Bezeichnungen wie Schlossberg, Burgstall, Schatzberg, Schatzloch, Goldberg, Schlachtfeld, Bergwerk, Silberquell und so ähnlich deuten auf eine lohnende Suche hin. Deshalb ist es keine schlechte Übung, wenn Sie Orte mit solchen Bezeichnungen gelegentlich mit dem Detektor abklappern. Dafür benötigen Sie kein „grobes Besteck“; als Grundausrüstung genügen Detektor, Klappspaten und Leitungssuchgerät. Für solche Exkursionen benötigt man auch keine Trassierbänder. Nach Herzenslust und Laune können Sie kreuz und quer durch die Pampa stromern. Gesucht wird im „Allmetallmodus“, da ja jede Ortung interessant sein könnte.

Aber auch in diesem Fall gilt das Motto: Vor Inbetriebnahme des Detektors bitte Ihr Gehirn einschalten! Schauen Sie sich die Gegend genau an, Geländemerkmale und besonders auffällige Geländepunkte. Gräben zum Beispiel sind immer interessant. Wer schnell etwas weggeworfen hat, warf dies oft in einen Graben. Selbst wenn Sie eigentlich kein festes Ziel haben, macht das nichts! Suchen Sie einfach drauflos. Viele Schatzsucher sind von Zufallsfunden überrascht worden, die eine erkleckliche Summe eingebracht haben. Ein mir flüchtig bekannter Schatzsucher befand sich eines Tages auf „Verlegenheitssuche". Er hatte kein bestimmtes Ziel und suchte nichts Besonderes. Nachdem er schon den ganzen Tag einen kleinen Wald abgesucht hatte, machte er sich wieder auf den Weg zu seinem Auto, das etwa zwei Kilometer entfernt geparkt war. Aus alter Gewohnheit schwenkte er auf seinem Rückzug den Detektor über den Boden. Eine durchdringende Anzeige mit gleichzeitigem Nadelausschlag nach rechts ließ ihn wie elektrisiert stehenbleiben. Nur wenige Zentimeter unter der Moosdecke förderte er eine kleine Zigarettenschachtel aus Blech und einen kleinen Lederbeutel zutage. Der Inhalt hatte es in sich! Zwölf goldene Ringe, 15 Goldmünzen, zwei goldene Armbanduhren, eine Taschenuhr und sieben große goldene Zahnbrücken befanden sich darin. Aber die Krönung des Fundes bestand aus zwei Ohrgehängen mit zwei großen und zwei etwas kleineren Brillanten, in Platin gefasst! Der Tag hatte sich gelohnt. Unter Brüdern hatte dieser Fund einen Wert von rund 20.000 Euro!

Zugegeben: Dies ist nicht der Alltag eines Schatzsuchers, aber es beweist doch immerhin wieder die Existenz vieler kleiner Schatzdepots, die auf einen Finder warten.

Münzschatz aus dem Dreißigjährigen Krieg – gefunden im Bereich einer ehemaligen Wegezollstation.

Unter diesem Felsen lagen die Silbermünzen.

unsplash.com / NICO BHLR

Reich werden, wo andere Urlaub machen? Mit Detektor im Gepäck ist das möglich!

SCHATZSUCHERS HANDWERKSZEUG – DER METALLDETEKTOR

EINFÜHRUNG IN DIE DETEKTORENKUNDE

Technische Errungenschaften werden oftmals an dem Zeitraum gemessen, der seit ihrer Erfindung und der Gegenwart vergangen ist. Wendet man dies auf Metalldetektoren an, dann bekommt man den Eindruck, dass diese im Vergleich zu anderen technischen Geräten über die Erfinderjahre kaum hinausgekommen sind.

Gute Beispiele hierfür sind das Telefon und das Auto. In einer relativ kurzen Zeitspanne wurden die Telefontechnik und das Kraftfahrzeug zu Hightechartikeln, die kaum noch Wünsche offen lassen.

Metallsuchgeräte hingegen haben sich scheinbar weder im Aussehen noch in der Funktionsweise großartig verändert. Der Eindruck entsteht zumindest bei äußerlicher Betrachtung. Aber er täuscht gewaltig.

Als sich der deutschstämmige Erfinder Dr. Gerhard Fisher Ende der 1920er-Jahre das erste serienreife Metallsuchgerät patentieren ließ und das Gerät der Öffentlichkeit vorstellte, prophezeite Albert Einstein dem Gerät eine große Zukunft. Zwar war der erste Detektor noch ein äußerst umständliches Gerät, aber immerhin der erste Schritt in Richtung moderner Ortungstechnik. Schnell folgten Nachahmer, und es entwickelte sich eine kleine Industrie, deren Produkte zum Teil aus kuriosen Gerätschaften bestanden. So ähnelte der Detektor der „Clayton Metalphone Company“ mehr einer Waschmaschine als einem Suchgerät, und trotzdem schleppte man das Unikum in den 1930er-Jahren kreuz und quer über die Cocos-Insel.

Heutzutage machen es die Vielfalt der angebotenen Geräte und die nicht minder vielfältigen Anbieter dem Verbraucher schwer, sich für das richtige Gerät zu entscheiden. Besonders auf dem Sektor der Hobbydetektoren existiert eine Modellflut, die manch einem angehenden Schatzsucher die Nachtruhe raubt.

In den letzten fünf Jahren hat die einschlägige Technik derartige Fortschritte gemacht, dass einige Jahre alte Geräte und Ausrüstungsgegenstände heute teilweise fast antiquiert sind. Kaum ein Markt überholt sich so schnell, auch wenn der Schein trügt. Das Aussehen hat sich nämlich im Gegensatz zum Innenleben nur unwesentlich verändert.

Doch nicht alles eignet sich für jeden Zweck: Worauf es ankommt, ist, die richtige Technik am entsprechenden Objekt einzusetzen – sozusagen mit einem Maximum an Auswahl im Vorfeld die Chancen erheblich zu steigern. Nur: Wer sagt einem, was für welchen Zweck das Richtige ist? Hier hilft nur die Weitergabe praktischer Erfahrung.

Dabei verspricht die Werbung mehr, als die einzelnen Geräte halten können: Im Grundprinzip arbeiten sie nämlich alle gleich und weichen lediglich in der Leistung voneinander ab. Der Grund dafür liegt in der begrenzten Stromversorgung und den unterschiedlichen Spulenwicklungen. Zum einen sollen die Geräte halbwegs passable Tiefen erreichen, andererseits jedoch vom Gewicht her noch leicht zu führen sein. Wo Design und Aussehen oftmals futuristisch anmuten, steckt doch meist die gleiche Elektronik drin.

Bedauerlicherweise hat die rasant zunehmende Nachfrage bei vereinzelten Herstellern dazu geführt, die Qualitätskontrollen zu vernachlässigen. Das Ergebnis sind vielfach Funktionsstörungen, die den Anwender verärgern. Bis vor wenigen Jahren arbeitete ich persönlich noch am liebsten mit dem Fisher 1265 X, das lange Jahre den Standard im VLF-Bereich bestimmte.

Mit zunehmender Zahl und Weiterentwicklung der nach Europa gelieferten Geräte ließ aber leider die Zuverlässigkeit nach, sodass immer häufiger Produktionsmängel erkennbar waren. Kleine Ursachen oft, die aber zu großer Verärgerung führten: Metallspäne in der Elektronik, die Kurzschlüsse verursachten. Moosgummiböden im Batteriefach, die für Kontaktschwierigkeiten verantwortlich waren, nachdem der Gummi ermüdete. Zudem führte die Einführung von Spiderspulen (= durchbrochene Spulen mit einem Ring, einem Kern und Verstrebungen) zu häufigen Fehlsignalen, wenn man mit dem Detektor im Gras hängenblieb.

Bei anderen Herstellern schlichen sich andere Fehler ein: Unterwassergehäuse aus Plexiguss wiesen Haarrisse auf, sodass ab einer bestimmten Tiefe Wasser eindrang, und die Geräte eines weiteren Herstellers waren an den Spulen bruchempfindlich. Das sind alles Fehler, die auf mangelnde Serienreife, Schnellschüsse und Schlamperei in der Produktion hinweisen.

Es sind fast ausschließlich US-Geräte, die Mängel aufweisen. Die Ursachen sind hauptsächlich im mörderischen Konkurrenzdruck zu suchen, dem sich die US-Hersteller selbst aussetzen. Dass damit der europäische Qualitätsstandard nicht erreicht wird, leuchtet ein.

Bringt „X“ ein neues Modell auf den Markt, das mit einer neuen Funktion beworben wird, bringt bald darauf „Y“ ebenfalls ein ähnliches Gerät auf den Markt. Der Käufer fungiert dabei als Testperson.

Zu welchen Auswüchsen dies führt, zeigt nachfolgendes Beispiel: Vor ein paar Jahren brachte ein Hersteller ein völlig neues Gerät auf den Markt, das als „Computerdetektor“ Furore machte. Microchiptechnik, Folientastatur, Digitaldisplay und Schnickschnack ohne Ende. Voll programmierbar war das Wunderding, und die Bedienungsanleitung umfasste rund 100 Seiten, worin allein rund 90 verschiedene Programmier- und Speichermöglichkeiten beschrieben waren!

Die Benutzer stürzten sich regelrecht auf diese Modelle – immerhin sollten sie im Display neben der Tiefe des Objektes auch noch exakt die Metalle in Form von Kennzahlen anzeigen. Schnell wich die Begeisterung der Enttäuschung, als die Käufer feststellten, dass der Wert „45" unter deutschen Bodenverhältnissen nicht unbedingt die gleiche Legierung wie in den USA war. Logisch: Die Vergleichswerte waren US-Verhältnissen angepasst. Wenn dort die Kennziffer einen Fund als Dollar auswies, dann war es hier allenfalls ein Kronkorken oder anderer Schrott. Dollarmünzen sind in deutschen Landen nun mal verdammt rar gesät.

Ein paar Monate nach Einführung der Wundermaschine führte diese Unzulänglichkeit zu einer Gebrauchtgeräteschwemme des Modells.

Überhaupt ist es ratsam, auf weit gereiste Überseemodelle zu verzichten. Eingespeicherte Boden-, Metall- und Legierungswerte beziehen sich fast ausschließlich auf die Heimatländer der Hersteller und nützen uns in Europa kaum etwas.

Sinnvoller ist es, Detektoren aus europäischer Herstellung zu wählen, da damit sichergestellt ist, dass sich die Legierungen und die Bodenwerte auf unseren Kontinent beziehen. Die Verunsicherung des Käufers liegt nicht selten daran, dass ein Großteil der Händler schielt: nämlich auf einen schnellen Euro ohne Rücksicht auf den Käufer. Anstatt sich zu spezialisieren und wenige Geräte zu beherrschen, um dann den Kunden fachlich qualifiziert beraten zu können, versuchen sie, möglichst viele Modelle der unterschiedlichsten Hersteller zu verkaufen. Ergebnis: Sie haben oft von keinem Gerät richtig Ahnung und sind auch nicht in der Lage, den interessierten Kunden und Anfänger solide und ordentlich zu beraten.

DETEKTOREN UND DIE VERSCHIEDENEN ARBEITSWEISEN

Der Laie und Anfänger weiß lediglich, dass ein Metallsuchgerät Metalle im Boden aufspüren kann und von Modell zu Modell unterschiedlich gut in der Lage ist, unerwünschten Schrott auszublenden. Schon beim Gespräch mit einem erfahrenen Schatzsucher oder Kenner der Materie wird er wegen der unterschiedlichen Schlagwörter verwirrt sein. Wir beleuchten deshalb einmal die verschiedenen Funktionsweisen und Ortungsmethoden, wobei ich der Vollständigkeit halber ältere und zum Teil nicht mehr gebräuchliche Verfahren ebenso streife wie absolut professionelle und teure Technik sowie „Scharlataneriegeräte". Vorab jedoch eine kleine Einführung in die grundsätzliche Arbeits- und Funktionsweise von Metallsuchgeräten.

So funktioniert's!

Das Aufspüren von im Boden liegenden Metallen ist weder Hexerei noch Geheimwissenschaft, auch wenn mancher dies glauben machen möchte. Die Grundprinzipien sind rein physikalischer Natur und unterliegen lediglich Naturgesetzen. Gearbeitet wird mit elektromagnetischen Feldern, die durch ein elektronisches Gerät erzeugt werden.

Je besser Sie über das Prinzip Bescheid wissen, umso verständlicher werden für Sie die unterschiedlichen Reaktionen

Ihres Gerätes – egal, um welches Verfahren oder Prinzip es sich handelt –, und umso genauer wissen Sie, was das Gerät kann und was nicht.

Das eingangs erwähnte elektromagnetische Feld muss vom Gerät erzeugt werden. Dies geschieht mittels Elektronik, die von der oder den Batterien mit Strom versorgt wird. Diese – mehr oder weniger – komplizierte Elektronik, die aus Schaltkreisen besteht, erzeugt das Signal. Dieses wiederum wird in die Spule geleitet, die sozusagen die „Antenne“ darstellt und wie ein Funkgerät sendet und empfängt, indem sie das erforderliche Magnetfeld erzeugt. Dieses Feld besteht – versinnbildlicht – aus Wirbelströmen, die zum Beispiel bei VLF-Geräten aufgrund der Doppel-D-Spule wie zwei stark elliptische Keulen aussehen würden, wenn sie sichtbar wären. Natürlich lassen sich diese Felder nicht in eine bestimmte Richtung drängen, sondern wirken nach allen Seiten; die Hauptkonzentration des Feldes aber wirkt von der Spulenunterseite nach unten. Dies ist das eigentliche Spulenfeld, während die Felder am umlaufenden Spulenrand die sogenannten Interferenzfelder sind.

Sobald nun in das eigentliche Spulenfeld ein metallischer Gegenstand gerät, wird die Homogenität des Feldes gestört. Diese

Schema eines Spulenfeldes.

Veränderung wird von der Elektronik registriert, die ihrerseits nun Alarm gibt und je nach Ausstattung des Gerätes mit einem akustischen oder/und optischen Signal die Entdeckung hinausbrüllt.

Nun sind Fundobjekte ja unterschiedlich groß und von unterschiedlicher Masse. Diese verschiedenen Eigenschaften wirken sich logischerweise auch auf die Beeinflussung des Spulenfeldes aus. Ein großes, massiges Objekt stört das Spulenfeld gewaltig und wird ein Signal auslösen, dass Ihnen die Lauscher flattern. Je kleiner aber ein Metallteil ist, desto kürzer ist auch das Signal. Ebenso verhält es sich mit Objekten, die tiefer im Boden liegen. Hier wird das Spulenfeld nicht mehr ganz so heftig gestört, sondern lediglich beeinflusst. Das Signal wird zwangsläufig schwächer sein und erst an Stärke zunehmen, wenn Sie einige Spatenstiche getan haben und sich die Spule näher am Objekt befindet.

Aus diesem Grund ist es am sichersten, immer mit einem Kopfhörer zu arbeiten, da man damit auch sehr leise Signale noch wahrnehmen kann. Nach diesem Grundprinzip arbeiten fast alle Detektoren, wobei es lediglich in den elektrospezifischen Bereichen ein paar unterschiedliche Verfahren gibt.

BFO-Verfahren (Beat Frequency Oscillator)

Die BFO-Detektoren sind schon Klassiker unter den Detektoren, heutzutage höchstens noch in Restbeständen der Nationalen Volksarmee der ehemaligen DDR oder in der russischen Armee anzutreffen. Charakteristisches Merkmal ist die Änderung der Tonfrequenz, welche das Arbeiten in die Nähe der Körperverletzung rückt. Die Lautstärke des Grundtons bleibt gleich, während sich die Tonfrequenz beim Auffinden von Metall ändert. Das Verfahren ist abhängig von zwei Schwingungserzeugern, den sogenannten Oszillatoren, die – jeder für sich – verschiedene Frequenzen erzeugen. Sobald diese Frequenzen von im Boden liegendem Metall gestört werden, vermischen sie sich, und das Metall wird angezeigt.

Solange die Suchspule des BFO-Detektors über metallfreien Boden bewegt wird, ist im Kopfhörer nur ein unangenehmer Dauerton zu hören. Gerät allerdings Metall unter die Spule, verändert sich die Frequenz, und der Ton schwillt noch unangenehmer an.

Die Leistung der BFO-Geräte hält sich sehr in Grenzen, und es verwundert (oder auch nicht), dass die DDR-Betriebe solchen Mist überhaupt konstruiert und hergestellt haben. Nach dem Zusammmenbruch der DDR gab es eine unglaubliche Schwemme am Markt mit diesen Jammergeräten. Noch heute werden diese Jauler hauptsächlich über eBay und das Internet vertrieben. Der Preis von rund 300 Euro ist ebenso eine Unverschämtheit wie die Geräte selbst.

VLF-TR-Prinzip (Very Low Frequency – Transmitting – Receiving)

Wie schon der Name sagt, arbeitet dieses Verfahren im Niederfrequenzbereich, wobei das Prinzip im Senden und Empfangen liegt. So ziemlich alle heutigen Hobby-Detektoren arbeiten nach diesem Verfahren. Der Grund dafür ist, dass dieses Verfahren bis zu einem gewissen Grad die Unterscheidung verschiedener Legierungen gestattet.

Herz und Kernstück dieser Geräte ist der Spulenkopf, in dem sich zwei Spulen befinden – die Sende- und die Empfangsspule. Die Anordnung dieser beiden Spulen verhindert, dass sie sich gegenseitig stören. Die beiden gebräuchlichsten Anordnungen sind dabei die Doppel-D- und die co-planare Anordnung. Die optimale Anordnung ist dabei die Doppel-D-Platzierung, welche sowohl im statischen als auch im Schwenkbereich ein sehr gutes Leistungsverhältnis zeigt.

Bei der co-planaren Anordnung liegen beide Spulen auf derselben Ebene. Diese Anordnung ist eher für den Schwenkmodus (dynamischer Suchmodus) geeignet.

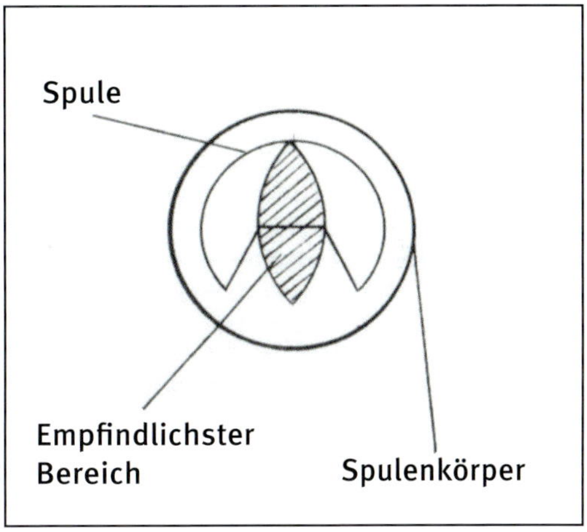

Anordnung der Doppel-D-Spule.

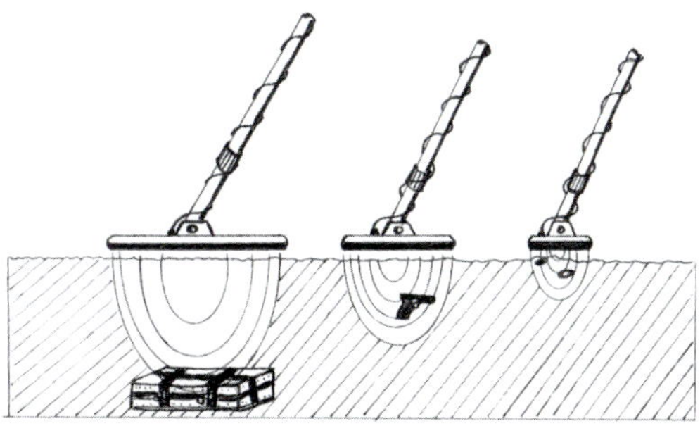

Die Grafik macht die unterschiedlichen Wirkungsweisen der verschiedenen Suchspulen deutlich.

Diese Spulen erzeugen ein elektromagnetisches Feld, das gleichbleibend stabil ist, solange es nicht gestört wird. Gelangt nun ein Metallobjekt in dieses Feld, werden die Feldlinien beeinflusst, und das Objekt stellt sozusagen eine Verbindung zwischen den Spulen her. Es erfolgt eine Anzeige. Je nach Art des Metallobjektes erfolgt diese Störung mehr oder weniger stark. Die unterschiedlichen Veränderungen im Spulenfeld erzeugen dann auch entsprechende Anzeigen.

Bei modernen Geräten ist es möglich, bestimmte Metalle bzw. Legierungen halbwegs zu bestimmen, indem gespeicherte Werte mit dem auftretenden Energieverlust des Spulenfeldes verglichen werden.

Je nach dem angenäherten Wert signalisiert das Gerät hochwertige Legierungen oder Schrott.

Auf dem Sektor der VLF-Technik haben sich inzwischen zwei verschiedene Arbeitsweisen etabliert, die „Motion"- und die „Non-Motion"-Variante. Bei der „Motion"-Version muss die Suchspule zügig über den Boden geschwenkt werden, um Metall orten zu können. Daher die Bezeichnung „Motion" („Bewegung").

Der XP DEUS II ist ein VLF-Detektor mit hohen Qualitätsansprüchen und sehr guter Leistung im höheren Preissegment.
© XP Metal Detectors

Anders hingegen bei „Non-Motion"-Detektoren, bei denen die Spule langsam über den Grund geführt werden muss – deshalb „Non Motion" („keine Bewegung") oder auch „Slow Motion" („langsame Bewegung").

Die Vor- und Nachteile der beiden Varianten gleichen sich aus – früher hielt ich die „Motion"-Variante für wesentlich vorteilhafter, da sie eine zügige Suche gestattet. Nachteil dabei ist allerdings, dass in diesem Suchmodus kleinste Gegenstände „verschluckt" werden können. Heute tendiere ich zu „Non Motion", da viele Gebiete inzwischen schon mehrfach von Suchern abgegangen worden sind. Benutzt man nun ein „Non-Motion"-Gerät, erreicht man auch kleinste Münzchen und Teile, welche bei der „Motion"-Suche eventuell nicht erfasst wurden. Das stabilere Spulenfeld im „Motion"-Modus ist eben wesentlich empfindlicher – auch bei tief liegenden Objekten.

Am Markt gibt es Detektoren, die beide Versionen beinhalten und dazwischen wechseln können.

Die beiden Arbeitsweisen sind übrigens auch bekannt unter „Verharrungs-" bzw. „Bewegungsdetektoren" und „dynamischer" bzw. „statischer" Arbeitsweise.

Ich empfehle, beim Kauf vor allem auf den Vorteil dieser beiden Suchmodi zu achten. Ein nicht unwesentlicher Faktor ist der Preis. Oftmals unterscheiden sich VLF-Geräte lediglich im Design voneinander – die Preise liegen dagegen oft seltsam nah beieinander.

Dass es auch anders geht, zeigt hier wieder der Hersteller Deeptech, der ein erstklassiges VLF-Gerät zu einem akzeptablen Preis auf den Markt gebracht hat. Der „VISTA" kostet lediglich um die 400 Euro, ist absolut bedienerfreundlich, steht aber den hochpreisigen Geräten, die alle im Segment von 700 bis 1000 Euro liegen, in nichts nach. Metallunterscheidung, Tiefenleistung und Handling sind den „Teuro-Detektoren" absolut ebenbürtig. Wenn Sie ein Spitzengerät zum halben Preis wollen, dann rate ich zum VISTA. Für die exakte Lokalisierung von Kleinteilen ist sowieso eher das „dynamische" Verfahren vorzuziehen, da sich das Signalzentrum aufgrund der Doppel-D-Spulenanordnung mittels Kreuzschwenk leichter bestimmen lässt.

Kleiner Tipp am Rande: Wenn Sie die Spule hochkant stellen, können Sie mit dem Spulenrand kreuzorten. Die Größe des Spulenfeldes verringert sich dadurch auf einen Durchmesser von ca. 5–10 cm (je nach Spule und Gerät), und besonders kleine Objekte können so fast punktgenau festgestellt werden.

Natürlich sind Genauigkeit und Zuverlässigkeit der Metallunterscheidung relativ, denn je größer beispielsweise ein Eisenobjekt ist, desto schwerer tut sich die Elektronik, eine exakte Bestimmung vorzunehmen. Ab bestimmten Objektgrößen ist eine Unterscheidung überhaupt nicht mehr möglich.

Bei älteren VLF-Modellen traten mit zunehmender Metallunterscheidung Leistungsverluste ein. Bei heutigen Hochleistungsdetektoren ist dies jedoch wesentlich geringer als früher.

Pulsinduktionsdetektoren

Dies ist das zweite Arbeitsprinzip moderner Detektorentechnik. Auf dem Hobby- und Freizeitsektor dominierte jahrzehntelang das VLF-Verfahren, weil es zum einen wesentlich billiger war als das PI-Verfahren, zum anderen die Möglichkeit der Metallunterscheidung bot. Trotzdem setzen professionelle Schatzsucher seit Jahren PI-Geräte ein, weil sie um die Vorteile wissen.

Mittlerweile sind die Preise für dieses professionelle Verfahren aufgrund großer Nachfrage so weit gefallen, dass es sich für jedermann lohnt, von Anfang an mit diesem System zu suchen. Auch bieten die PI-Geräte nun die Möglichkeit, unerwünschten Kleinschrott auszublenden, sodass der Schatzsucher in den Genuss größerer Reichweiten kommt.

Topmodelle sind zudem in der Lage, Eisen von Nichteisen zu unterscheiden (mehr ist allerdings nicht drin).

Arbeitsweise und Handhabung sind bei diesem Gerätetyp absolut unkompliziert und denkbar einfach, wobei PI-Detektoren die höchste Eindringtiefe überhaupt haben. Dies basiert auf dem Grundprinzip, das mit der Arbeitsweise einer Zündspule vergleichbar ist. In regelmäßigem Takt wird dabei ein Signal erzeugt und über die Suchspule in den Boden gesendet. Dieses an- und abklingende Magnetfeld erzeugt in dem Metallobjekt im Boden ein Wirbelfeld, welches vom Empfangsgerät im Detektor gemessen werden kann.

DIE NEUE GENERATION – WAS UNTERSCHEIDET DIESE DETEKTOREN VON HERKÖMMLICHEN PI-GERÄTEN?

Frühere PI-Technik basierte auf analoger Technik. Mittlerweile hat jedoch längst die digitale Elektronik Einzug gehalten. Der Vorteil liegt in wesentlich geringerem Gewicht, längerer Betriebszeit und größerer Reichweite.

Einige Hersteller und Entwickler versuchen sich seit einigen Jahren an PIs aus reinen Computerbauteilen, mit Motherboard, Prozessor, Hauptspeicher, Arbeitsspeicher etc., also allem, was man bislang vom eigenen PC kannte.

Und hier wären eigentlich die Summen aller Vorteile vorhanden: Da es sich um im Prinzip „vorhandene" Komponenten aus der PC-Technik handelt, sind diese in großen Stückzahlen im Handel erhältlich und lassen sich – in der Serie – relativ unkompliziert verarbeiten.

Das Motherboard bietet entsprechende Steckplätze, die mit diesen Bauteilen bestückt werden, ohne dass gelötet werden muss.

„Dann könnte ja jeder ohne großen Aufwand einen Computer-PC bauen", werden viele sagen.

Die Antwort könnte von Radio Eriwan stammen: Im Prinzip ja. Leider liegt die Schwierigkeit in den gespeicherten Parametern und im Know-how der Computertechnologie.

Ein deutscher PI-Entwickler brachte vor ein paar Jahren eine Geräteserie auf den Markt, die alle diese Vorzüge aufwies und eine Kalibrierungsmöglichkeit der Spule hatte, wobei sich selbst große Eisenteile ausblenden ließen. Es war sogar möglich, einen Goldring in einer Blechbüchse nachzuweisen, ohne die Büchse angezeigt zu bekommen. Zuverlässig zeigte das Gerät Gold und Silber mit einem Balkendiagramm als Edelmetall an, während Eisen mit einem entsprechenden Laufbalken als Schrott diagnostiziert wurde. Klingt doch toll, oder? Mitnichten.

Bei Tests und Vorführungen mit Schmuckstücken lieferten diese Geräte der „Alaska-Serie" einwandfreie und zuverlässige Ergebnisse. Bis dann zwei Kaufinteressenten ausnahmsweise nicht Armreife, Ketten und Ringe als Referenzobjekte mitbrachten.

Der Erste – ein griechischer Militärpilot – packte einen 1000-Gramm-Goldbarren aus. Wie gewöhnlich wurde das Objekt in eine Blechbüchse gesteckt und vergraben.

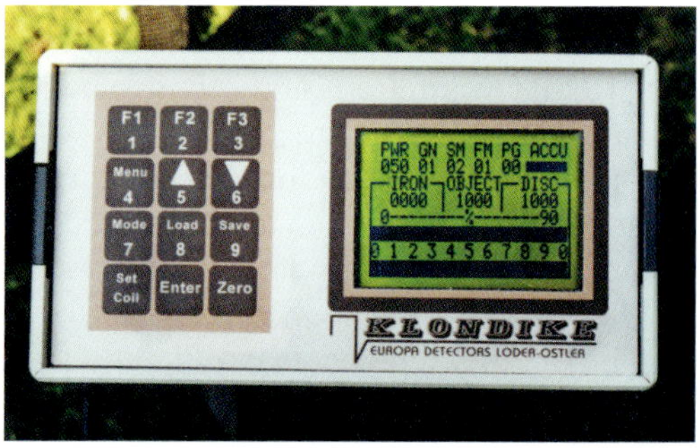

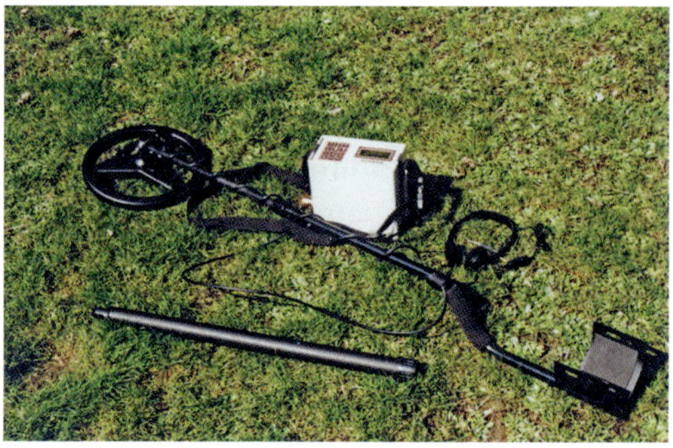

Unreifes Früchtchen: das „Klondike".

Entgegen den bisherigen Ergebnissen zeigte das Gerät plötzlich nur noch Schrott an! In sämtlichen möglichen Einstellungsvarianten war das Ergebnis das Gleiche. Das Gerät war plötzlich nicht mehr in der Lage, das Edelmetall zu erkennen und vom Schrott zu trennen! Der Test wurde fortgeführt mit dem Barren allein. Auch hier wieder das Gleiche. Ein Barren aus 1000 Gramm Gold war dem Detektor lediglich einen lumpigen Balken im Bereich „Eisen/Schrott“ wert.

Beim anschließenden Test mit etwa einem Kilogramm Schmuck (Ketten, Ringe, Armreife) funktionierte das Gerät wieder einwandfrei. Verständlich, dass der Kaufinteressent dankend ablehnte.

Eine Woche später wiederholte sich das Drama mit einem österreichischen Kaufinteressenten, der aber statt Barren oder Schmuck 25 ungarische Goldmünzen mitbrachte. Auch in diesem Fall verhielt sich der „Yukon“ wieder äußerst rebellisch und signalisierte in jeder Lage „Schrott“, sowohl mit als auch ohne Blechdose. Der Kommentar des Kaufinteressenten war dementsprechend: „Wann des G'lump net amoi [einmal] an Unterschied zwischen Goid [Gold] und Eisen macht, kannst as an d' Wand hau'n.“ Wo er recht hatte, hatte er recht.

Die nächsten Tage wurden mit fieberhafter Fehlersuche verbracht. Wie immer man es drehte und wendete, das Ergebnis war immer das Gleiche: Schmuckgold wurde einwandfrei sogar unter einer massiven Eisenplatte geortet, reines Gold in massiver Form hingegen nicht.

Der Bericht beim Entwickler veranlasste diesen zum dümmsten Spruch, den ich je von einem Hersteller gehört hatte: „Dann muss man das Gerät beim Anwender ‚reifen‘ lassen! Ich kann schlecht die ganze Serie deswegen wegwerfen.“

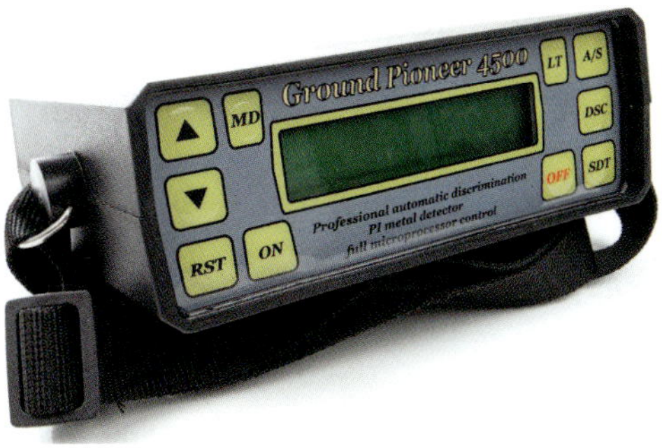

Handlich, klein, leicht zu bedienen und nach wie vor erhältlich: das „Ground Pioneer 4500“ von Deeptech.

Standardspule.

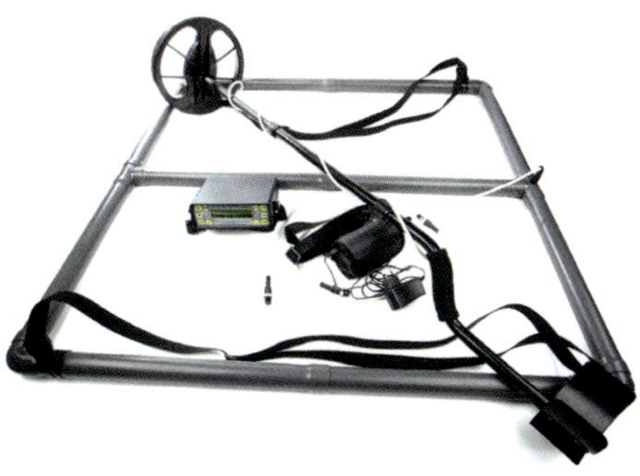

Der ergonomische S-Schaft ist in drei Teile zerlegbar und bietet eine komfortable Suche mit der Standardspule. Mit der Rahmenspule ist auch die Metallunterscheidung möglich.

„Reifen“ lassen – als wären es Tomaten oder Äpfel oder Birnen! Damit war diese Serie tot. Absolut unverkäuflich.

Mittlerweile existiert wieder eine Serie, diesmal mit Farbbildschirmen, klangvollen utopischen Namen und exorbitanten Preisen, die ein Düsseldorfer Detektorenfachhändler anbietet.

Für die neue Ausgabe dieses Buches erbat ich das Spitzenmodell für einen Feldtest, was der Händler auch spontan zusagte. Kurz vor der Auslieferung erhielt ich eine Mail des Händlers, in der er mich davon in Kenntnis setzte, „dass er mir das Gerät nach Rücksprache mit dem Hersteller nicht zur Verfügung stellen könne“.

Ich überlasse es dem geneigten Leser, seine eigenen Schlüsse daraus zu ziehen! Die jüngste Generation an Pulsinduktionsgeräten lässt kaum mehr Wünsche offen. Aufgrund der vielfältigen Ausstattungsmöglichkeiten eignen sie sich sowohl für Anfänger als auch für Fortgeschrittene und Profis. Unkompliziert in Bedienung und Handling, unglaublich leistungsstark und robust. Mein absoluter Favorit bei den PI-Geräten ist das „Ground Pioneer 4500“, weil jeder Neueinsteiger und Anfänger ebenfalls problemlos damit zurechtkommt.

Allein mit der Standardspule lassen sich Objekte in Tiefen erreichen, von denen man vor einigen Jahren noch geträumt hat. Die Bedienung erfolgt komfortabel über ein Tastenfeld, wobei sich die Funktion mit einem Tastendruck von „Auto“ auf „Manuell“ umschalten lässt. Die „Auto“-Einstellung hat den Vorteil, dass die Abstimmung der Elektronik ständig im Hintergrund erfolgt, sodass man sich voll und ganz auf die Suche und das Gelände konzentrieren kann.

Für den Fall, dass individuelle Einstellungen wegen besonderer Gelände- oder Bodeneigenschaften vorgenommen werden müssen, kann dies ebenso unkompliziert über die manuelle Bedienung erfolgen. Mit den kleineren Standardspulen ist zwar keine Unterscheidung möglich, aber dafür spüren sie Münzen noch in 60 cm Tiefe auf.

Für die Suche nach tief liegenden und größeren Objekten stehen Rahmenspulen (= Rohrrahmen, in denen die Spule steckt) in drei verschiedenen Größen (50 x 50 cm, 1 x 1 m oder 2 x 2 m) zur Verfügung. Rahmenspulen sind mittlerweile für beinahe jedes halbwegs gute PI-Gerät erhältlich. Jene des GP 4500 weisen jedoch eine Besonderheit auf. Mit diesen Spulen ist nämlich eine zuverlässige und absolut sichere Unterscheidung von Eisen und Nichteisenmetallen möglich.

Möglich macht dies eine duale Funktion, die bei PI-Geräten bislang einmalig ist. Der Entwickler Plamen Rashkov hat nämlich in den Spulenrahmen ein Magnetometermodul eingebaut. Magnetometer haben die Eigenschaft, ausschließlich ferromagnetische Metalle – also Eisen – anzuzeigen. Da PI-Geräte im Grunde auf alle Metallarten mit einem Signal reagieren, lässt sich aufgrund des Signales überhaupt nichts über das Objekt sagen. Das ist beim GP 4500 nicht anders. Aber im Falle eines Signales mischt hier neben der PI-Spule auch noch das Magnetometer mit. Handelt es sich bei dem georteten Objekt um schlichtes Eisen, wird dies dem Benutzer auf dem Display mit einem „FE“ (Ferrum/Eisen) mitgeteilt. Besteht das geortete Objekt hingegen aus einem anderen Metall bzw. Legierung, bleibt die „FE“-Mitteilung aus.

Der Grund, weshalb diese Art der Unterscheidung ausschließlich im Betrieb mit den Rahmenspulen möglich ist, liegt darin, dass das Magnetometermodul wegen seiner Abmessungen nicht in den Standardspulen Platz hat, sich dagegen problemlos in dem Rohrrahmen unterbringen lässt. Die größeren Rahmen von 1 x 1 Metern und 2 x 2 Metern erfordern zwar einen zweiten Mann, erreichen aber Tiefen von bis zu 6 Metern.

Die kleinste der Rahmenspulen mit 50 x 50 cm bietet den Komfort der Eisen-/Nichteisenunterscheidung ebenfalls und lässt sich durchaus noch mit dem Schaft führen. Für diesen Zweck benutze ich jedoch einen sogenannten Steadystrap, der das gesamte Gewicht von Schaft und Spule neutralisiert und eine stundenlange ermüdungsfreie Suche gestattet. Auch vom Preis her beweist der Hersteller Deeptech, dass gute Geräte erschwinglich sein können: Rund 1400 Euro kostet dieser Profidetektor in der Grundausstattung, die immerhin eine Standardspule von 27 cm Durchmesser, eine 1 x 1-Meter-Rahmenspule, einen Gürtelakku, ein Ladegerät und einen zerlegbaren Teleskopschaft in einer Tasche umfasst.

MAGNETOMETER

Früher kam dieses Ortungsverfahren für die allerwenigsten Schatzsucher infrage (dafür sorgte schon der Preis), mittlerweile jedoch sind Magnetometer zu durchaus zivilen Preisen erhältlich.

Magnetometer nutzen ein geophysikalisches Naturgesetz, um den Nachweis für bestimmte Metalle zu erbringen.

Das Magnetfeld der Erde resultiert aus der Drehbewegung unseres Planeten. Infolge dieser Drehbewegung entsteht ein ständiger Fluss von Magnetpartikeln, deren Fließrichtung auf der südlichen und nördlichen Halbkugel unterschiedlich ist. Gerät nun ein gut leitender magnetischer Körper – also Eisen – in dieses Magnetfeld, dann wird es dahingehend gestört, dass die Magnetfeldlinien an dieser Stelle nicht mehr linear fließen, sondern infolge des Leitermediums Eisen durch den Fremdkörper hindurchfließen. Dabei entsteht eine Abweichung im Magnetfeld, die Homogenität wird gestört, und diese Störungen sind mittels des Magnetometers messbar.

Die Förster- oder Vallon-Sonde findet überwiegend im militärischen Bereich Verwendung.

Die Sonden eines Magnetometers sind nicht wie beim herkömmlichen Metallsuchgerät aktiv, sondern passiv. Dies heißt, dass sie selbst keine Signale aussenden, sondern lediglich Signale empfangen. Diese Signale sind Störungen, die von den Magnetometersensoren registriert, an die Elektronik weitergeleitet und zur Anzeige gebracht werden. Je nach Intensität, also nach Masse der vorhandenen ferromagnetischen Metalle, reagiert das Anzeigegerät mehr oder weniger stark. Magnetometersignale werden in Nanotesla (nT) gemessen – je höher die registrierten nT, desto größer und massiver ist das Objekt.

Aber nicht nur Eisen im Boden veranlasst Magnetometer zur Reaktion. Auch Stellen, die einmal umgegraben wurden, lösen Reaktionen im Magnetometer aus. Warum? Infolge des Umgrabens wurden die linear fließenden Magnetströme gestört, der Feldverlauf ist hier nicht mehr gleichförmig, was zu Reaktionen führt.

Der Nachteil von Magnetometern ist, dass sie selbst die geringsten Störungen in der Umgebung registrieren und deshalb stark beeinflussbar sind. Vorbeifahrende Autos können beispielsweise einen Magnetsturm auslösen, der vom Magnetometer noch in bis zu zehn Metern Entfernung empfangen wird.

Haupteinsatzgebiet von Magnetometern bei der Landsuche ist die Entmunitionierung und Altlastensuche. Allein der Preis von 20.000 bis 30.000 Euro sorgte bis vor einigen Jahren dafür, dass diese Technik hauptsächlich Industrieunternehmen oder Behörden vorbehalten blieb. Erst recht, wenn darüber hinaus noch eine Koppelung mit einem Datenrekorder vorhanden ist. Dann lassen sich die gespeicherten Werte anschließend über eine Schnittstelle in den PC laden und mithilfe spezieller Software auswerten. Heute sieht das anders aus: Die NVA-Geräte-Kopien bundesdeutscher Vallon- bzw. Förster-Sonden sind nämlich erstklassig! Und mittlerweile mit rund 300 bis 350 Euro leistbar geworden.

Dass aber auch hier die Technik ihre Schwierigkeiten haben kann, habe ich selbst in einem kuriosen Fall erlebt. Eine Versicherungsgesellschaft hatte mich engagiert, um bei der Aufklärung eines Versicherungsbetruges behilflich zu sein. Ein BMW Cabrio war als gestohlen gemeldet worden, und der Versicherungsnehmer drängte auf Zahlung des Neuwertes. Da die Versicherung einen Tipp bekommen hatte, dass das Fahrzeug auf einer Erddeponie im Schwarzwald vergraben worden sei, wurde ich engagiert, das Fahrzeug zu suchen. Laut Angaben der Versicherung sollte der Sportwagen sieben (!) Meter tief im Erdreich stecken – verbuddelt vom Bruder des Versicherten, der dort als Raupenfahrer tätig war.

Ich heuerte als Hilfe einen Magnetometerexperten mit einer Computersonde an. Nachdem wir um 9 Uhr vormittags losgelegt hatten, waren um halb zehn bereits die Akkus leer. Also musste auf die herkömmliche Technik zurückgegriffen werden.

Auf dieser Erddeponie bei Nagold im Schwarzwald war das BMW Cabrio vergraben.

Nach etwa 20 Minuten konnte ich ein Objekt von etwa 1,60 x 4 Metern orten. Als der bereitstehende Bagger ins Erdreich griff, fraß er sich bereits in einem Meter Tiefe in die Motorhaube des BMW.

Die bekanntesten Hersteller von Magnetometern sind in Deutschland die Firmen Vallon und das Institut Dr. Förster (Förster-Sonde).

TOS (TIEFENORTUNGSSYSTEM)

Dieses Ortungsverfahren wurde vom Detektorenpionier Dr. Gerhard Fisher – einem deutschstämmigen Ingenieur – bereits in den 1930er-Jahren entwickelt und seit den 1980er-Jahren von immer mehr Herstellern aufgegriffen.

Anders als herkömmliche Detektoren arbeiten die TO-Systeme mit zwei voneinander getrennten Spulen, die waage- bzw. senkrecht angeordnet sind. Die beiden Spulen befinden sich im Abstand von 50 bis 100 Zentimetern voneinander entfernt. Die vordere Spule fungiert als Sendespule, während die hintere senkrechte Spule als Empfangsspule arbeitet. Aufgrund dieser Anordnung bezeichnet man diese Detektoren auch als „entkoppelte" Geräte.

Für kleinere Objekte eignen sich diese Geräte weniger, da aufgrund der Spulenanordnung ein entsprechend großes Feld erzeugt wird. Der Vorteil dieses eher abstrakten Aufbaus liegt in den erreichbaren Ortungstiefen, die bis zu 5 Meter betragen – je nach Größe des Objektes und Art des Bodens. Logischerweise bedarf es daher auch einer wesentlich höheren Stromversorgung. Allerdings ist Metallunterscheidung bei dieser Art von Geräten kaum möglich. Der Vorteil liegt darin, dass damit eine Einmannbedienung möglich ist.

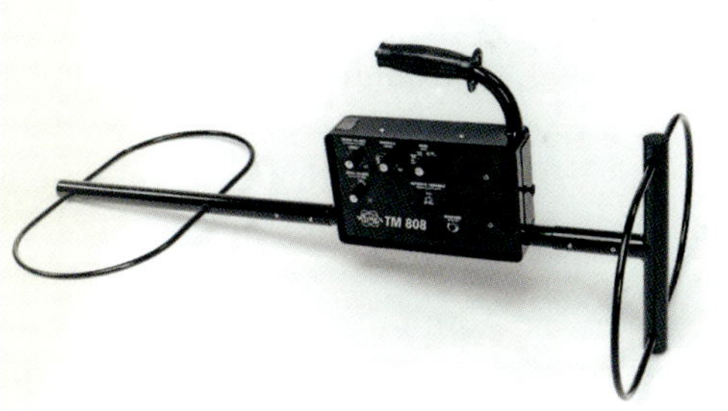

Gebraucht noch immer erhältlich: TOS-Detektor White's 808.

BODEN-SENDESCHLEIFEN-TECHNIK

Der Ordnung halber soll hier auch die gute alte Boden-Sendeschleifen-Technik nicht vergessen werden.

Auch dieses Verfahren – das übrigens ausschließlich mit Pulsinduktion arbeitet – ist zwar etwas umständlich (allein schon wegen der erweiterten Ausrüstung), aber für große Tiefen und Objekte bestens geeignet. Das Prinzip ist relativ einfach: Eine große Sendeschleife wird auf dem abzusuchenden Areal ausgelegt, wobei Hindernisse keine große Rolle spielen, da die Schleife um sie herumgelegt wird. Derjenige, der die Elektronik bedient, bleibt außerhalb des Schleifenareals, während eine zweite Person mit der Empfangsspule innerhalb der Schleife Bahn für Bahn abscannt. Die Kunst besteht nun darin, die richtigen Abstände zum Schleifenkabel einzuhalten, da sonst Fehlsignale auftreten und große Objekte vorgaukeln.

Tiefen von bis zu zehn Metern sind dabei durchaus erreichbar, wobei die Schleifengrößen bis zu 50 x 50 Meter betragen können.

Wie bereits erwähnt ist diese Technik nur von zwei Personen anwendbar, und auch die Handhabung bedarf einiger Erfahrung, weshalb dieses System absolute Professionalität erfordert.

Boden-Sendeschleife.

BODENRADARMESSUNG

Auch bei diesem Verfahren sind in den letzten Jahren hinsichtlich sowohl des Preises als auch der Mobilität entscheidende Fortschritte erzielt worden. Es ist noch nicht so lange her, dass die „Ground-penetrating Radars“ – wie sie auch genannt werden – mit umständlichen Antennen ausgestattet waren, die über den Boden gezogen wurden. Die Auswertungseinheit musste mit einem Wägelchen durch die Gegend geschoben werden, da die Stromversorgung mittels einer großen Autobatterie erfolgte.

Diese Monster gehören der Vergangenheit an. Bodenradargeräte der neuesten Generation bestehen lediglich aus einer Sende- und einer Empfangseinheit, die in einem unscheinbaren Gehäuse untergebracht sind. Absolutes Topgerät ist dabei das UG 12, mit dem man nur noch vorher festgelegte Bahnen abzulaufen hat. Das erfasste Areal wird abgespeichert, die Daten anschließend in einen PC oder ein Notebook übertragen. Mittels der komfortablen Grafiksoftware lassen sich das eingescannte Gelände und dessen Anomalien bequem bearbeiten. Aber wer nun glaubt, dass sich das alles wie ein Kinderspiel anhört, dem sei gesagt, dass hier die Kunst nicht bei der Geländeerfassung liegt, sondern in der Auswertung steckt. Es bedarf nämlich einiger Übung und Erfahrung, die verschiedenfarbig dargestellten Grafiken richtig zu deuten und zu interpretieren!

Gelegentlich arbeiten Schatzsucher mit dem Bodenradar, wenn sie auf großen Flächen Hohlräume aufspüren möchten.

CAPTAIN KIRKS „DETEKTOREN“

Abschließend noch eine kuriose Variante der Metallortung, wobei ich „kurios“ in diesem Zusammenhang eher negativ meine.

Dabei handelt es sich um „Dowsing-“ oder „Fernortungs-“ sowie „Wünschelgeräte“. Die Entwicklung dieser eigenartigen Geräte war über Jahre hinweg in den Vereinigten Staaten zu beobachten. Früher waren es lediglich Antennen, im rechten Winkel gebogen, mit einer kleinen Kammer, in die man ein Stück des gesuchten Metalls geben konnte. Wie mit einer Wünschelrute sollte man dann auf größere Entfernung das gewünschte Element orten können.

Natürlich wurden diese Geräte „weiterentwickelt“. Inzwischen wird dem Käufer vorgegaukelt, es handele sich um ein elektronisches Verfahren, und auch das Design trägt dem Rechnung. Meist ist es ein Kunststoffkasten, der an der Unterseite mit einem drehbar gelagerten Handgriff ausgestattet ist, an der Vorderseite eine oder mehrere ausziehbare Antennen und an der Oberseite wichtige Schalter, Knöpfe und ein optisches Anzeigegerät besitzt. Bis zu einer Entfernung von 100 Metern sollen diese Wundergeräte angeblich edle Metalle aufspüren.

In den USA existieren mittlerweile Abarten mit Parabolspiegeln, die den Suchstrahl mehrere Kilometer weit senden – und natürlich empfangen – können. Die Preise variieren zwischen rund 1000 und über 10.000 Euro. Ja, Sie haben richtig gelesen.

Die Hersteller und auch die Verkäufer dieser intergalaktisch anmutenden „Phaser“ schwören auf die Funktionalität. „Unmengen an Schätzen“ wurden damit gefunden (von wem?), aber keiner kann erklären, wie diese Geräte funktionieren sollen.

Einer, der nach eigenen Angaben damit „Reaktionen“ hatte, war W. Albrecht, ehemals Geschäftsführer eines deutschen Detektorhandels. Unter dem Pseudonym „Jonny van Norden“ beschreibt er in seinem Buch das Erlebnis mit einem „OMNITRON“, bei dem er in Griechenland „Reaktionen“ hatte und den Kreuzungspunkt fand. Das empfanden seine Begleiter als „Volltreffer“ – da genau „dort hinten ein Königsgrab sei, in einem eingezäunten und bewachten archäologischen Gebiet. Gut möglich, dass es dort Gold geben könnte“. So ein Pech aber auch.

Die Firma IPG, die in Deutschland physikalische Geräte entwickelt hatte und als ehemaliger Hersteller einer Detektorenweiterentwicklung wohl durchaus kompetent gewesen war, hat sich in den 1990er-Jahren die Mühe gemacht, eines dieser exotischen Exemplare (das LECTRA SEARCH X 60) auf seine Funktion zu untersuchen, und das Innenleben etwas genauer unter die Lupe genommen. Das Ergebnis war niederschmetternd! Originalzitat aus der Zeitschrift „NUGGET“ 42/44:

> Dem Ganzen in den Bauch geguckt: Schalter schaltet Lämpchen und Anzeigeninstrument ein und aus, Regler regelt Helligkeit und Zeigeranschlag, gespeist von einer üblichen Blockbatterie. Die im Geräteinneren befindliche gut bestückte Schaltung mit vielen unpassenden Bauelementen, die aussieht wie der Abfall aus einem Rechner, ist nicht angeschlossen! Lediglich ein paar einsame tot endende Leiterschwänze sind als Lötstützpunkt mißbraucht. Desgleichen nicht angeschlossen ist ein Flachkabel mit vielen Adern. Als Täuschung besteht eine Verbindung zur Antenne. Die Gehäuseschrauben sind für Laien unlösbar vergossen. Es ist keine Schande, einem Gauner auf den Leim zu gehen, aber es ist eine Schande, ihn nicht dingfest zu machen.

Falls Sie trotzdem nach wie vor Interesse an so einem Teil haben sollten, hier ein Tipp, wie Sie kostenlos an ein 6000-Euro-Gerät kommen: Bei meiner letzten Expedition zur Cocos-Insel 1993 befand sich in der Expeditionsgruppe ein Amerikaner namens Dan. Er schwor neben einem herkömmlichen Detektor auf ein „Supergerät“, das hier in Deutschland als „OMNITRON“ für heutige stolze 6000 Euro verkauft wurde. Nach tagelangen misslungenen Versuchen hatte Dan die Nase voll: Mit den eindrucksvollen Worten „Big shit!“ warf er die wertvolle Wünschelrute in der Chatham Bay über Bord.

So viel zu „Wundergeräten“.

DIE WAHL DES RICHTIGEN DETEKTORS

Kaum irgendwo sonst liegen Erfolg und Misserfolg so dicht beieinander wie bei der Schatzsuche. Schon mancher hat die bittere Erfahrung gemacht, dass er vielleicht am falschen Ende gespart hat. Besonders dann, wenn an einer Stelle, die er abgesucht zu haben glaubte, ein anderer einen schönen Fund gemacht hat. Deshalb ist es unerlässlich, vor dem Kauf eines Gerätes eine gründliche Selbstanalyse anzustellen und zu ermitteln, welcher Detektor überhaupt für die Schatzsuche infrage kommt.

Die grundsätzliche Annahme, ein möglichst billiges Gerät reiche aus, kann zutreffen, wird aber in den allermeisten Fällen falsch sein.

Wer sich dazu entschließt, verborgenen Schätzen auf den metallenen Leib zu rücken, steht irgendwann einmal vor der Entscheidung, sich einen Detektor anschaffen zu müssen. Auch wenn es mitunter schwerfällt: Hier sollte nicht gespart werden. Immerhin stellt der Detektor ein Arbeitsgerät dar, mit dessen Hilfe man wertvolle Gegenstände möglichst tief aufspüren möchte. Das Gerät stellt also ein Hilfsmittel dar, Geld zu verdienen. Dass in diesem Fall das Werkzeug höchste Qualität aufweisen muss, ist logisch.

Der bereits erwähnte „Fred“ hatte sich fest vorgenommen, den noch am Walchensee vermuteten Teil des Reichsgoldes aufzuspüren. Als Handwerkszeug diente ihm ein Garrett Acer 250 – also ein Detektor, der in China produziert und massenweise über Ebay verkauft wird, dessen maximale Leistung bei ca. 30 cm liegt. Als das Gerät nach kurzer Zeit defekt war, vermittelte ich ihm gebraucht einen leistungsstarken PI-Detektor. Bereits nach zwei Wochen gab er das Gerät zurück, weil es ihm „zu viele Knöpfe“ hatte. Stattdessen erwarb er wieder einen Acer 250!

Man stelle sich vor, ein Formel-1-Pilot würde mit einem Trabbi am Grand Prix von Hockenheim teilnehmen! Der gute Mann hätte wohl niemals eine Chance, auch nur Vorletzter zu werden.

So ähnlich verhält es sich auch bei der Wahl des Detektors. Die nachfolgenden Punkte sollen helfen, diese Entscheidung zu erleichtern:

- Soll die Suche ernsthaft betrieben werden? ja/nein
- Bin ich auch an Gebrauchsgegenständen interessiert? ja/nein
- Will ich eine gute Metallunterscheidung? ja/nein
- Will ich das Gerät auch in den Urlaub mitnehmen? ja/nein
- Bin ich unter Umständen bereit, tiefer als 50 Zentimeter zu graben? ja/nein
- Benutze ich das Gerät mindestens zweimal pro Woche? ja/nein
- Muss das Gerät robust und unempfindlich sein? ja/nein
- Muss das Gerät unkompliziert zu bedienen sein? ja/nein
- Lege ich Wert auf ausreichend Garantie und Service? ja/nein
- Soll das Gerät einen geringen Wertverlust haben? ja/nein

Der neue Minelab Manticore.
© Minelab Metal Detectors

Dies sind die wichtigsten Kriterien für die Anschaffung eines Detektors. Wenn Sie mindestens sechs Fragen mit „Ja" beantworten, dann sollten Sie tatsächlich von Beginn an mit einem hochwertigen Gerät arbeiten, egal ob PI oder VLF.

RICHTWERTE FÜR DIE GERÄTEWAHL

- maximale Suchtiefe (abhängig vom Objekt): Diese sollte etwa bis 150 cm betragen.
- Nachweisempfindlichkeit: Das Gerät muss in der Lage sein, auch kleinste Teile noch zuverlässig anzuzeigen. Andererseits sollte die Möglichkeit bestehen, kleine Schrottteile auszublenden.
- Bedienung und Handling: Die Bedienung sollte unkompliziert und komfortabel sein. Allergrößten Wert sollten Sie unbedingt auf eine ausgewogene Balance legen. Ein weiterer großer Vorteil ist es, wenn die Möglichkeit besteht, das Gerät auch separat am Gürtel tragen zu können. Falsch ausgewogene und zu schwere Geräte führen rasch zur Ermüdung und können dem Sucher einen erfolgreichen Suchtag vermiesen. Darüber hinaus können sie im schlimmsten Fall sogar zu schmerzhaften Gelenkentzündungen führen.

Einen wichtigen Punkt möchte ich keinesfalls vergessen: Seit Jahren hat sich bei den Herstellern die Unsitte breitgemacht, Fixiergurte an den Armstützen anzubringen. Diese sind mit Klettverschlüssen versehen und sollen den Oberarm an der Stütze fixieren. Inzwischen geht der Irrsinn so weit, dass Hersteller ihre Geräte mit Klappstützen ausstatten, welche zuklappen und den Oberarm umklammern.

Es kann durchaus vorkommen, dass man sich in einer Situation schnell des Detektors entledigen muss, um wegzurennen (man stelle sich nur mal einen Wildschweinangriff vor), oder in unwegsamem, steilen Gelände den Halt verliert. Wenn dann der Detektor als Ballast am Arm fixiert ist, lässt sich leicht ausmalen, was passieren kann. Wenn Sie einen Detektor erwerben, der mit diesem Schwachsinnsgurt ausgestattet ist, montieren Sie diesen sogleich ab! Wenn ein Gerät serienmäßig nur mit Klappstütze zu haben ist, verzichten Sie besser darauf. Es liegt am Käufer/Verbraucher, die Hersteller zu disziplinieren und ihnen beizubringen, was sinnvoll ist und was nicht.

Variabilität

Je variabler ein Detektor ist, desto größer ist das Suchspektrum. Vereinfacht ausgedrückt: Wenn ein Gerät an einem steilen Hang genauso leicht zu führen ist wie im Wald oder freien Gelände, dann ist das schon die halbe Miete, und wenn das Gerät einen Regenschutz besitzt, ist es das Nonplusultra. Bedenken Sie: Vielleicht möchten Sie mit Ihrem elektronischen Freund einmal eine Reise in tropische Gefilde unternehmen. Dass dann so ziemlich jedes herkömmliche Gerät große Probleme mit der hohen Luftfeuchtigkeit haben wird, dürfte logisch sein. Wie extrem dies ist, habe ich bei meiner ersten Cocos-Expedition erlebt. Unsere 16-mm-Kamera wurde vor der Abreise in Deutschland einem Härtetest unterzogen: Zwei Tage lang war sie der Dauerberieselung einer Dusche ausgesetzt. Nach fünf Wochen auf der Insel gab sie ihren Geist auf.

Den Detektoren erging es ähnlich: Obwohl wir sie nachts immer mit in die Schlafsäcke nahmen, bescherten sie uns ebenfalls nach fünf Wochen Totalausfälle und ständige Fehlanzeigen.

Zubehör, Ausbaumöglichkeit und Garantie

Mittlerweile gibt es für gute Markengeräte vielfältiges Zubehör. Unterschiedlich große Spulen für verschiedene Verwendungszwecke, Schutztaschen, Akkupacks und Ladegeräte sind als zusätzliches Sonderzubehör erhältlich. Sie sollten jedoch möglichst darauf achten, dass zumindest die wichtigsten Ersatzteile lange Zeit lieferbar sind. Leider neigen vor allem die US-Hersteller dazu, ein Modell nach dem anderen auf den Markt zu bringen. Oft geht dies zulasten der Ersatzteilversorgung.

Professionelle Geräte hingegen sind in der Regel so ausgereift, dass sie viele Jahre unverändert auf dem Markt bleiben. Auch bieten sie den Vorteil, dass meist optionales Zubehör lieferbar ist. Bei PI-Geräten sind dies – neben unterschiedlich großen Spulen – meist spezielle Spulenformen für besondere Zwecke. Zylinderstabspulen sind beispielsweise hervorragend geeignet, um sie in schmale, enge Spalten hinabzulassen. Auch liefern die Hersteller „Wunschsonden" für besondere Anwendungszwecke (dies ist deshalb möglich, da das PI-Verfahren nicht an bestimmte Spulenformen gebunden ist).

Letztendlich spielt auch die Garantie eine große Rolle. Je länger der Garantiezeitraum ist, desto besser für den Käufer (je länger die Garantie, desto sicherer ist, dass Hersteller und Importeur um die Robustheit ihrer Geräte wissen).

Garantiezeiträume von sechs Monaten oder einem Jahr sind kaum akzeptabel. Bei Billiggeräten kann man durchaus mal ein Auge zudrücken – sobald aber jemand sein Gerät mit dem Prädikat „professionell" bewirbt, sollte er auch mit der Garantie nicht knauserig sein.

Verarbeitung

Achten Sie auf Verarbeitung und Ausführung der elementaren Teile. Diese sind: Gehäuse, Spulen, Schaft und Leitungsverbindungen.

Abenteuerliche Gehäuseformen wirken wenig vertrauenerweckend. Lautsprecheröffnungen mit großen Löchern an der Oberseite sind bei Regen nicht gerade empfehlenswert. Blechgehäuse sind häufig angenietet oder aufgesteckt. Schütteln Sie ein paar Mal das Gerät – wenn das Gehäuse wackelt oder scheppert, dann kaufen Sie es lieber nicht, zumindest, wenn es sich um ein professionelles und damit teures Gerät handelt (bei billigen Geräten kann man durchaus mal über ein kleines Manko hinwegsehen).

Kaufen Sie nie ein Gerät, dessen Spule starr am Schaft befestigt ist und deren Winkel sich nicht verstellen lässt.

Selbiges gilt für den Geräteschaft, der ebenfalls in der Länge verstellbar sein muss, damit er optimal an Ihre Körpergröße angepasst werden kann. Der Schaft darf ebensowenig wackeln wie das Gehäuse. Sind die Schaftteile mittels Federdruckknopf arretierbar, sollte zusätzlich noch eine Feststellmutter vorhanden sein.

Leitungsverbindungen, also Stecker, sollten einen soliden Eindruck machen.

Ein Punkt, der mir besonders wichtig erscheint, findet leider allgemein viel zu wenig Beachtung: Das ist die Bedienungsanleitung. Ich empfinde es als Unverschämtheit, wenn dem Käufer zugemutet wird, für ein elektronisches Gerät Hunderte oder gar ein paar Tausend Euro zu bezahlen, ihm dann aber eine englischsprachige Betriebsanleitung in die Hand gedrückt wird. Besonders ärgerlich ist dies, wenn es sich um einen Erstkäufer und Einsteiger in die Schatzsuche handelt oder wenn die Bedienungsanleitung aus einem Buch mit mehr als 100 Seiten besteht. Ein deutschsprachiger Käufer wird bei einem Gerätekauf in deutschsprachigen Gebieten zu Recht erwarten, dass er eine allgemein verständliche deutsche Betriebsanleitung erhält, ganz egal, ob er neben acht geläufigen Fremdsprachen auch noch Swahili beherrscht. Händlern, die aus Bequemlichkeit oder Faulheit keine übersetzte Anleitung liefern, sollten Sie konsequent die rote Karte zeigen und diese (Abzocker) boykottieren.

Sie sehen, es gibt viele Punkte zu beachten. Seien Sie deshalb nicht verunsichert: In Wirklichkeit ist alles halb so wild. Im Zweifelsfall fragen Sie jemanden, der bereits über Erfahrung verfügt. Für welches Gerät und welches System auch immer Sie sich entscheiden, der wichtigste Punkt überhaupt ist, dass Sie sich mit dem Detektor ausgiebig vertraut machen müssen.

Schnell werden Sie merken, dass Ihre eigenen praktischen Erfahrungen von den Angaben des Händlers abweichen. Dies liegt daran, dass z. B. tiefenbezogene Angaben Luftmesswerte sind, die sich auf bestimmte Referenzgegenstände beziehen. Abweichungen sind deshalb durchaus normal, insbesondere dann, wenn Ihre Suche sich auf andere Objekte bezieht.

So unterschiedlich die einzelnen Arbeitsverfahren sind, so verschieden sind die Anforderungen an einen Detektor. Für Streifzüge mit dem Detektor ist ein Allroundgerät gefragt, das für die Kleinteilsuche eine möglichst hohe Nachweisempfindlichkeit haben sollte, besonders wenn Objekte geortet werden sollen, die wenig Metallgehalt aufweisen, wie beispielsweise Schmuckstücke oder hauchdünn geschlagene Silbermünzen. Die absolute Herausforderung an einen Detektor ist, solch eine dünn geprägte Münze hochkant orten zu müssen.

Ein gutes Gerät muss in der Lage sein, solch winzige Objekte auf möglichst große Distanz festzustellen. Dies lässt sich leicht testen: Führen Sie ein Centstück an der Spule vorbei und vergrößern Sie den Abstand zunehmend. An dem Punkt, wo der Ton abzureißen beginnt, liegt die kritische Schwelle. Bedenken Sie aber, dass Luft ein schlechtes Leitermedium ist und die Reichweite im Boden erheblich größer ausfällt.

Ein besonders wichtiger Punkt ist das Anzeigesignal: Hier scheiden sich die Geister – die Fans sind in zwei Lager gespalten. Die eine Hälfte schwört auf ein rein akustisches Signal, während die andere Hälfte die optische Anzeige bejubelt. Mir persönlich ist es mittlerweile egal, ob ein Detektor nur akustisch oder auch noch optisch Alarm schlägt. Tatsache ist: Was man sehen kann, kann man genauso gut hören. Wenn der Zeiger des Anzeigegerätes sich nach links bewegt, dann höre ich im Kopfhörer eben einen tiefen Ton bzw. überhaupt keinen. Bei Zeigerausschlag nach rechts jault der Ton dafür umso höher.

Den Optikfans möchte ich aber entgegenhalten: Wer sich auf die Akustik beschränkt, der kann sich visuell auf das Gelände konzentrieren. Wer hingegen ständig seine Anzeige im Auge behalten muss, dem entgehen möglicherweise wichtige Geländemerkmale. Für welche Version Sie sich auch entscheiden: Achten Sie darauf, dass Sie keinen „Winsler“ kaufen. Dies sind Detektoren, die Ihnen einen ständigen Ton in die Ohren säuseln und diesen lediglich bei Ortung ändern. Das mag für ein paar Minuten durchaus noch auszuhalten sein – wer aber sechs bis acht Stunden suchen will, wird allmählich wahnsinnig. Bei guten Geräten – welchen auch immer – lässt sich der Anzeigeton auf eine Schwelle regeln, an der der Ton bricht, sodass das Gerät während der Suche stumm bleibt und erst beim Vorhandensein von Metall ein Signal gibt.

EINSTELLUNG UND BEDIENUNG VON METALLDETEKTOREN

Die beiden Arbeitsgeräte, die für uns infrage kommen, unterscheiden sich in den Grundelementen durchaus. Beginnen wir bei der Gruppe der VLF-Geräte. Zum besseren Verständnis vorab einmal die möglichen Bedienelemente und ihre Bedeutung. Da fast alle Detektoren englisch bezeichnete Elemente haben, sind nachfolgend die Originalbezeichnungen genannt.

Bei VLF-Geräten erfolgt die Betätigung der Drehknöpfe fast ausschließlich im Uhrzeigersinn.

On/Off – Ein/Aus	Damit wird das Gerät ein- bzw. ausgeschaltet. Bei einfachen Geräten dient dieser Schalter oft gleichzeitig als Lautstärkeregler.
Sens[-itivity] – Empfindlichkeit	Damit wird die Leistung des Detektors verstärkt oder vermindert.

Ground	Dies ist besonders bei stark mineralisierten Böden von Vorteil, da sich damit die störenden Einflüsse wegnehmen lassen (kann im, aber auch entgegen des Uhrzeigersinns erfolgen).
Battery – Batterie	Testschalter zur Kontrolle der Batterieleistung. Entweder akustisch (Signal flattert oder zirpt bei nachlassender Leistung) oder optisch per Zeigerausschlag.
Ground Reject (Balance) Control – Bodenunterdrückung	Bei mineralisierten Böden lassen sich die Störeinflüsse durch Drücken dieses Knopfes neutralisieren (siehe „Ground“).
Auto – Automatik	Gleiche Funktion wie „Ground Reject“.
Disc(-riminator) – Diskriminator	Dieser Begriff wird oft fälschlicherweise als „Metallunterscheidung“ übersetzt. Die Elektronik der „Disc“-Schaltung ist aber lediglich in der Lage, hochwertige Legierungen von Eisen zu trennen, ist also eine „Eisen-/Nichteisen“-Unterscheidung. Dabei werden kleine bis mittlere Eisenteile bzw. minderwertige Legierungen entweder akustisch oder optisch angezeigt oder ganz ausgeblendet. Die Anzeige erfolgt entweder als tiefer Ton (akustisch) oder per Zeigerausschlag nach links. Hochwertige Legierungen (Silber, Bronze, Gold, Nickel, Kupfer, Messing, Blei etc.) erzeugen einen hohen Ton bzw. einen Zeigerausschlag nach rechts.
Notch Filter / Silencer – Kerb-Filter	Diese Funktion ist in der Lage, zwischen zwei oder mehreren Legierungen „hineinzuhauen“ und so jene anzuzeigen, die vorgewählt wurde. Vereinfacht ausgedrückt: Ein- und Zwei-Euro-Stücke zum Beispiel fliegen bei einer bestimmten Einstellung raus, während Silber angezeigt wird (geht auch umgekehrt).
Pinpoint – punktgenau	Durch Betätigung dieses Schalters schwillt der Ton an und erreicht unmittelbar über dem Objekt den höchsten Punkt. Das Objekt soll sich dann direkt unter der Spulenmitte befinden (was in den meisten Fällen nicht besonders gut funktioniert, da das gesamte Spulenfeld beeinflusst wird).

Weitere mögliche Bedienelemente und Bezeichnungen

Freq – Frequenz	Damit lässt sich die Frequenz des Gerätes verändern. Dies hat den Vorteil, dass sich Geräte untereinander nicht stören.
Disc Point	Das ist ein Wahlschalter, der von vornherein bestimmte unerwünschte Objekte (Ziehlaschen, Kronkorken, Alufolie etc.) ausblendet.

Trigger – Wippschalter	Damit lassen sich verschiedene Geräte von „Motion“ (Bewegung) auf „Non Motion“ (Stillstand) bzw. von Unterscheidung auf Allmetall umschalten.
Target	Target ist das Ziel, also das Objekt.
Spider-Coil	Offene, durchbrochene Suchspule im Gegensatz zur Vollspule. Vorteil: kein Auftrieb im Wasser.
Hot Coil	Die „heiße Spule“ wird meist als Nachrüstung angeboten und soll mehr Leistung bringen als die Standardspule. (Frage: Warum statten die Hersteller ihre Geräte dann nicht gleich mit der Hot Coil aus?)
Hipmount	Der Bedienteil wird an einem Gurt an der Hüfte getragen.
Trash Elimination – Schrottausblendung	Schalter, mit dem Kleinschrott ausgeblendet wird.
Drop-in-Batterien	Die Batterien werden nicht mehr an einem Clip angeschlossen, sondern man lässt sie in das Batteriefach fallen („to drop“), wo sie den Kontakt durch Boden und Deckel des Batteriefachs erhalten.

Bedienelemente bei Puls-Induktionsgeräten

Die meisten veralteten PI-Geräte kommen mit wenigen Knöpfen aus, die allerdings oft Mehrfachfunktionen haben können. Lediglich multifunktionelle Geräte weisen mehrere Bedienelemente auf.

On/Off/Power – Ein/Aus	Dieser Schalter dient zum Ein- und Ausschalten.
Reject – Akzeptanzschalter	Übernimmt zum Teil die Funktion der Empfindlichkeitsregelung. Die höchste Empfindlichkeit erreichen die meisten PI-Geräte in der Stellung „min“ (Minimum). Dabei wird allerdings jedes Objekt angezeigt. Durch Hochdrehen des Schalters in Richtung „max“ (Maximum) lässt sich Kleinschrott besser unterdrücken.
Set/Audio – Toneinstellung	Dient zur exakten Einstellung der Tonschwelle, wenn kein „Threshold“-Regler vorhanden ist.
Threshold	Tonschwellenregler.
Response Speed – Intervallregler	Damit wird die Pulsgeschwindigkeit des zurückkommenden Signals geregelt.
Zero – Nullschalter	Da bei PI-Geräten die Signalschwelle schnell überschritten wird, geschieht es häufig, dass das Signal anschwillt und „stehen bleibt“. Vor allem bei mineralisierten Böden kommt dies vor. Für diesen Fall wird kurz der Nullschalter gedrückt und das Gerät damit „genullt“ – also wieder stabilisiert. Der Nullschalter ist der Automatikschalter für die Bodenanpassung.

EINSTELLEN UND ABGLEICHEN EINES PI-DETEKTORS

Nach dem Einschalten des Gerätes gibt dieses entweder einen Dauerton oder überhaupt keinen Ton von sich. Beim Dauerton wird der Regler „Set Audio“ oder „Threshold“ so lange gegen den Uhrzeigersinn gedreht, bis die Schwelle erreicht ist, das Gerät also nur noch gelegentlich ein kurzes Knacken von sich gibt. Bei Nullton dreht man denselben Regler im Uhrzeigersinn auf denselben Punkt.

Während diese Einstellung vorgenommen wird, halten Sie die Spule fernab von jedem Metall. Nun wird die Spule auf den Boden gesenkt und – falls das Gerät einen hat – der Nullknopf gedrückt. Der Detektor ist nun abgestimmt und betriebsbereit.

Falls Ihr Gerät mit einem Diskriminatorschalter bzw. mit einem Unterdrückungsregler ausgestattet ist, sollten Sie diesen am Anfang nicht zu hoch drehen, da ohne ausreichende Erfahrung der Anfänger dazu neigt, legierte Kleinteilchen, z. B. Silberpfennige oder Ähnliches, zu übersehen und zu überhören. Mit zunehmender Erfahrung werden Sie bereits am Ton erkennen, um was es sich handelt.

Übrigens: PI-Geräte haben eine Eigenschaft, die man kennen sollte. Nach einigen Minuten Betrieb kann man die Empfindlichkeit via „Set Audio“ weiter erhöhen, bis wieder die ursprüngliche Schwelle erreicht ist.

EINSTELLEN UND ABGLEICHEN EINES DIGITALEN PI-DETEKTORS

Im Gegensatz zu herkömmlichen PI-Geräten arbeiten diese Geräte nicht mehr mit Knöpfen, sondern werden über ein Tastenfeld gesteuert. Im Hauptmenü lassen sich sämtliche relevanten Einstellungen vornehmen und verändern.

- Power (PR): Hierbei wird die Leistung in % verändert.
- Gain (GN): Dies ist die Verstärkung des Signals.
- Filter Mode (FM): Damit lassen sich bestimmte Filterstufen regeln.
- Search Mode (SM): Damit wird der Suchmodus eingestellt.
- Disc Mode (DM): ändert die Einstellung des Diskriminators.
- Coil Calibration: Mit dieser Taste wird die Spule neu kalibriert.
- Zero: Durch Drücken dieser Taste wird das Gerät auf null gestellt.
- Iron: Hier wird das Vorhandensein von Eisen angezeigt.
- All Metal: zeigt Legierungen an (Blei, Messing, Bronze, Kupfer, Silber etc.).
- Disc: zeigt das Vorhandensein von Gold an.

Alle Einstellungen bzw. Veränderungen werden von digitalen PI-Detektoren automatisch abgespeichert. Nach dem Aus- bzw. Einschalten wird die letzte Einstellung abgerufen. Halten Sie sich aber bei der Einstellung jedes Detektors an die Anweisungen des Herstellers in der Bedienungsanleitung. Darin finden Sie für jedes Gerät die optimale Einstellung.

MÖGLICHE STÖRUNGEN UND BEHEBUNG

mögliche Störung	Ursache und Behebung
Gerät „trillert“	Das Gerät hat sich eventuell noch nicht der Umgebungstemperatur angepasst. Besonders VLF-Geräte sind sehr temperaturempfindlich. Kondensfeuchtigkeit kann ebenfalls Tonstörungen auslösen. Warten Sie bis zur erneuten Inbetriebnahme einige Zeit. Abhilfe bei Kondensfeuchtigkeit schafft Silikongel.
Dauerton ohne Metall	Ebenfalls Temperaturunterschied bzw. Kondensfeuchtigkeit. Mehrere Geräte, die in zu geringem Abstand benutzt werden, stören sich gegenseitig.
Kopfhörer bleibt stumm, die optische Anzeige arbeitet fehlerfrei	Stecker des Kopfhörers nicht richtig in der Buchse. Ein Drähtchen könnte sich gelöst haben.
Ton wird lauter oder leiser	Möglicherweise Batterieschwäche. Batterietest vornehmen. Gegebenenfalls Batterien wechseln.
Gerät setzt mittendrin immer wieder aus	Batteriekontakt prüfen – bei Drop-in-Batterien kann der Gummi am Batteriedeckel lahm sein. Neuen Gummi einkleben.
Gerät arbeitet normal, zeigt aber zwischendrin Metall an, obwohl keines vorhanden ist	Mit einem Metallstück Funktion prüfen. Einstellungen prüfen. Gegebenenfalls Bodenabgleich machen: Störung durch mineralhaltigen Boden?
Gerät jault zwischendrin hoch oder gibt Dauerton ohne Metall	Eventuell Störung durch eine Hochspannungsleitung oder Handymasten. Standort wechseln.
Gerät gibt bei Spulenschwenks immer wieder einen Ton (bei Spiderspulen)	Wenn Sie im Gras hängen bleiben, erzeugt dies einen „Nachzieheffekt“. Gleicher Effekt, wenn Sie mit der Spule irgendwo anstoßen.

Egal, für welchen Detektor und Gerätetyp Sie sich entscheiden – die Gewöhnung an das Gerät ist unerlässlich. Bevor Sie sich auf die Suche begeben, rate ich Ihnen dringend, erst einmal ein paar Trockenübungen zu absolvieren, um Ihren Detektor und seine unterschiedlichen Signale kennenzulernen.

Führen Sie vorab verschiedene Tests mit unterschiedlichen Metallobjekten an der Luft durch, indem Sie das Gerät ablegen, wobei möglichst kein Metall in der Nähe sein sollte. Entsprechend der Bedienungsanleitung stellen Sie das Gerät ein. Nun bewegen Sie unterschiedliche Objekte in unterschiedlichen Entfernungen an der Spule vorbei und achten auf die akustischen (und optischen) Signale.

Wenn Sie diese im Lufttest gewohnt sind und interpretieren können, gehen Sie über zum Bodentest. Vergraben Sie die verschiedenen Teile erst einige Zentimeter tief und führen Sie den Test nun unter Bodenbedingungen durch. Sie werden sehen, dass manche Signale anders klingen als an der Luft. Auch was die Reichweiten des Spulenfeldes betrifft, ändern sich die Eigenschaften.

Auf diese Weise lernen Sie am schnellsten den Umgang mit Ihrem Gerät. Diese Tests beseitigen eventuelle Unsicherheiten, was vor allem bei der Suche im Gelände vorteilhaft ist, da Sie nun, ohne zu wissen, was im Boden liegt, schon aufgrund Ihrer Testerfahrung sozusagen „ahnen“, welches Metall in etwaiger Größe auf Sie wartet. Grundsatz: Lieber einmal zu oft graben als zu wenig. Auch hinter Eisenanzeigen verbergen sich unter Umständen interessante Objekte.

DETEKTORPFLEGE

Heutige moderne Detektoren sind durchaus robuste Geräte. Trotzdem brauchen auch sie Pflege – besonders nach einem ausgedehnten Suchtag. Stark verschmutzte Spulen reinigt man am besten unter lauwarmem Wasser mit einem Schwamm. Verwenden Sie keine Reinigungs- oder Scheuermittel. Das Gehäuse wird mit einem Pinsel gesäubert und mit einem feuchten Schwamm abgewischt.

Manche Hersteller bieten Spulenschutzkappen an. Ich empfehle die Verwendung auf jeden Fall. Die paar Euro für die Schutzkappen rentieren sich, da die Spule selbst immer geschützt ist.

Druckknöpfe und Schrauben sollten von Zeit zu Zeit leicht geölt werden.

Bei längerer Ruhepause empfiehlt es sich, die Batterien zu entfernen. Vorsicht bei Batterien, die nicht auslaufsicher sind! Generell zu Batterien: Verwenden Sie unbedingt Markenbatterien. Von der Verwendung von Akkus rate ich mittlerweile ab, da sie erstens beim Batterietest bei einer 4/5-Entladung noch volle Leistung vorgaukeln und zweitens niemals die Vollladung herkömmlicher Batterien erreichen. Sie nehmen damit also Leistungsverluste in Kauf.

Zwar sind Akkus die umweltschonendere Methode, aber wenn’s um das letzte Quentchen Leistung geht, sollen die Akkuhersteller doch bitte erstmal ihre Hausaufgaben machen. Kaufen Sie am besten nur alkalische Markenbatterien. Kaufen Sie nie im Tante-Emma-Laden Batterien. Dort sind sie meist relativ teuer und werden nur schleppend abgesetzt. Batterien kauft man in Baumärkten oder Tankstellen, da diese durch den großen Batterieabsatz immer frisch sind.

Die Leistungskurve bei Batterien entspricht einer Parabel, nimmt also stetig ab. Die von Akkus entspricht einem rechten Winkel. Vor einer Minute hatten sie noch volle Leistung, und nun sind sie absolut leer.

Das passierte mir einmal. Ich dachte, das Gerät sei kaputt. Gott sei Dank waren nur die Akkus leer. Da sagte Ostler leise „Servus“ zu den Akkus.

AUFBEWAHRUNG

Wenn der Hersteller einen Koffer oder eine Tasche anbietet, kaufen Sie das Behältnis. Allerdings nicht zu jedem Preis: Manchmal kann es günstiger sein, im Kaufhaus eine Sporttasche zu erwerben oder einen Koffer zweckzuentfremden. Besonders zum Transport oder bei längeren Pausen ist der Detektor so sicher verwahrt.

Zwar schwört jeder auf seine Methode, aber als Sucher kann man es sowohl positiv wie negativ übertreiben, wie diese beiden Beispiele zeigen:

Ein Schatzsucher (aus der Kategorie „Räuber") zeigte mir vor Jahren auf einer Ausstellung stolz eine kleine Tasche, etwa 25 cm lang und vielleicht 20 cm breit. Zu meinem Erstaunen holte er einen Detektor heraus, der original nicht kürzer als auf 70 cm zerlegbar war. Er hatte die Schäfte in lauter 20 cm kurze Stücke zersäbelt und so „kleinstzerlegbar" gemacht. Das war aber noch nicht das Schlimmste: Das Gerät war total mit Erde verklumpt und sah aus, als würde es jeden Abend verbuddelt und morgens wieder ausgegraben werden.

Allerdings gibt es auch das Gegenteil:

Ein Bekannter in meiner Nähe hat sich für den Kofferraum des Autos ein Detektorengestell aus Holz angefertigt. Darin wird das gute Stück sicher und behütet transportiert. Ich brauche sicher nicht zu erwähnen, dass das Suchgerät nach jedem Einsatz poliert wird.

ZUBEHÖR

Das Perfide bei Metallsuchgeräten ist, dass jedes Modell zuerst einmal in der Grundausstattung angeboten wird. Wie beim Autokauf sind diverse Zubehörteile „Extras", die separat zu kaufen sind.

Zwar gibt es durchaus verschiedene Modelle, die in Komplettausstattung angeboten werden, aber dies hat natürlich seinen Preis. Ich persönlich bin der Meinung, dass sowohl das eine wie auch das andere seine Berechtigung hat. Der Durchschnittssucher wird kaum drei verschiedene Spulen mit in die Taiga schleppen, sondern sich für eine Standardspulengröße entscheiden. Wer hingegen von Anfang an als Profi startet, der deckt sich natürlich umfassend ein. Da alles eine Frage des Geldbeutels ist, finde ich es tatsächlich sinnvoll, sich erst einmal mit der Grundausstattung auszurüsten und je nach Bedarf das System auszubauen. Bei Geräten, die leistungsmäßig nicht mehr steigerbar sind, wie beispielsweise PI-Detektoren, handelt es sich dabei in der Regel um Spulen unterschiedlicher Größe, um Solar- oder Autoladegeräte.

Bei VLF-Geräten gibt es auch unterschiedliche Spulengrößen, und wer mit diesen nachrüstet, handelt durchaus vernünftig. Der Blödsinn beginnt mit „Sonderzubehör", das lediglich dazu dient, Hersteller und Händler reich zu machen. Die oben erwähnten „heißen Spulen" die mehr Leistung versprechen, halte ich insofern für Unfug, als es kein großer Preisaufwand wäre, die Geräte standardmäßig damit auszurüsten (abgesehen davon, dass diese im Vergleich zum Preis in Wirklichkeit unwesentlich mehr bringen). Für noch größeren Unsinn halte ich die „Verstärker", die besonders in den USA verbreitet sind. Damit soll angeblich die Leistung des Gerätes gesteigert werden. Der Verstärker wird zwischen Spule und Gerät gekoppelt. In Wirklichkeit wird damit jedoch lediglich das Signal für den Kopfhörer verstärkt.

Der Gipfel an sinnlosem Geldausgeben ist aber für mich, wenn „Spezialkopfhörer" angeboten werden! Abgesehen davon, dass die Kopfhörer, die von den meisten Herstellern – und davon nehme ich keinen aus – angeboten werden, mehr als unzweckmäßig sind, haben die „Spezialhörer" lediglich den Vorteil, dass jedes Ohr separat in der Lautstärke regelbar ist.

Die von Herstellern und vielen Händlern angebotenen Kopfhörer sind nicht nur zu teuer, sondern auch unpraktisch, da es sich überwiegend um gepolsterte Stereokopfhörer handelt. Damit lassen sich Umweltgeräusche nicht mehr wahrnehmen, und kaum jemand bekommt so mit, dass sich hinter einem eine neugierige Prozession formiert oder der Flintenhahn des Försters knackt. Ein Ohr sollte auf jeden Fall frei sein, um die Umweltgeräusche mitzubekommen. Außerdem würde ich keinem Händler ein Gerät abkaufen, der dieses nicht serienmäßig mit Kopfhörern ausliefert. Gleiches gilt übrigens auch für Batterien. Wer die paar Euro nicht als Kundenservice verbuchen möchte, muss sich einen anderen Kunden suchen!

Kein Vergleich mehr zu früher: Wireless-Kopfhörer ohne störende Kabel.
© XP Metal Detectors

VORSICHT BEIM DETEKTORKAUF!

Achten Sie beim Kauf eines Detektors darauf, tatsächlich nur bei Fachhändlern zu kaufen. Nur diese sind in der Lage, Sie ausführlich und umfangreich zu beraten und auch den entsprechenden Service zu bieten, der bei hochwertigen elektronischen Geräten notwendig ist. Lassen Sie die Finger von „Gemischtwarenhändlern", die alle Geräte von A–Z anbieten. Solche „Detektorenkrämer" drücken Ihnen jedes Gerät aufs Auge, egal, ob es Ihren Zwecken entspricht. Hauptsache, das Geld bleibt bei dort. Gute Händler spezialisieren sich auf einen oder höchstens auf wenige Gerätetypen, die sie aber dann auch besonders gut beherrschen.

Ebenfalls einen großen Bogen sollten Sie um Anbieter machen, die mit Slogans wie „bekannt aus Rundfunk, Presse und Fernsehen" werben. Das sind ebenso wenig Qualitätsmerkmale wie marktschreierische Kleinanzeigen mit der Überschrift „Discountpreise". Die Berufung auf „Rundfunk, Presse und Fernsehen" zeigt lediglich, dass der Anbieter sich wichtigmachen oder „Prominenz" vorspiegeln möchte (wer wirklich aus den Medien bekannt ist, hat es nicht nötig, damit zu prahlen). Daraus besondere Fähigkeiten in Bezug auf Detektoren, Ortungs- oder Schatzsuchekenntnisse abzuleiten, ist geradezu absurd.

Nicht weniger Vorsicht ist bei „Discountern“ geboten. Gerade wenn mit „absoluten Tiefstpreisen“ geworben wird, sollten Sie hellhörig werden. Wenn jemand mit einer Ware handelt, sich die Mühe der fundierten Beratung macht und dann die Ware zum, nur knapp über oder gar unter dem Einkaufspreis verscherbelt, dann muss die Frage gestattet sein, ob das Zeug nicht geklaut ist oder das ganze Geschäft lediglich der Geldwäsche dient (was beides bereits vorgekommen ist).

Wenn Sie das Pech haben, sogenannten Grau- oder Schlafzimmerhändlern in die Hände zu fallen, dann dürfen Sie außer miesem Service nicht viel erwarten. Diese Spezies macht es sich leicht. Die Geräte stammen hauptsächlich aus Grauimporten, das heißt: Sie werden irgendwo im EU-Ausland gekauft und unter Umgehung der Steuergesetze nach Deutschland gebracht. Die Händler betreiben oft ihr Geschäft ohne erforderliche Gewerbeerlaubnis, zahlen keine Steuern und schädigen so die gesamte Volkswirtschaft. Große Mühe oder Aufwendungen haben diese Leute kaum, da sie meist irgendwo beschäftigt sind und den Handel nur nebenher betreiben. Die versprochene Gerätegarantie ist meist nicht das Papier wert, auf dem sie steht.

Am seriösesten sind Händler, die ein sogenanntes Testfeld vorzuweisen haben, auf dem der Kunde nach Herzenslust alle Detektorenmodelle ausprobieren kann. Daran lässt sich erkennen, welche Mühe sich der Händler gibt, seine Kunden auch wirklich zufriedenzustellen. Bestehen Sie aber darauf, das Gerät wirklich selbst zu testen. Der Händler ist Profi – und wenn er das Gerät vorführt, gibt es immer ein paar Tricks, die er anwenden kann.

Für Sie als Verbraucher bedeutet dies im Falle eines technischen Problems, dass man Sie damit alleinlässt. Der Grauimporteur schädigt damit den Verbraucher, denn dieser vertraut auf die Unterstützung des Händlers.

Hüten Sie sich vor Händlern, die eine „Fundgarantie“ bieten. Diese sieht nämlich so aus, dass er Sie auf ein Gelände führt, auf dem sich „garantiert“ keltische oder römische Relikte befinden sollen. Er ist sehr freundlich und stellt Ihnen das Gerät optimal ein. Sie laufen los und finden tatsächlich eine Münze, eine Fibel oder irgendein anderes scheinbar altes Stück. Ich wette mit Ihnen, dass sie sich so sehr freuen, dass Sie im Erfolgsrausch den Detektor kaufen. Wenn Sie weg sind, pflanzt der Händler an der Fundstelle wieder einen Gegenstand für den nächsten „erfolgreichen“ Kunden ein. Zeug genug hat er – wahrscheinlich billig bei Ebay ersteigert!

Das Medium Internet trägt ein Weiteres dazu bei, Käufer zu verprellen. Gerade bei Internetauktionen werden massenhaft Billigdetektoren angepriesen, die zu Hunderttausenden in China produziert werden. Als „Profi-Detektoren bis zu vier Meter Tiefe“, „professionelles Schatzsuchgerät“ etc. werden diese mit Kunstnamen versehenen Schundgeräte angepriesen. Lassen Sie sich nicht zum Kauf verleiten – Sie hätten wenig Freude daran!

Gott sei Dank sind die – fast ausnahmslos aus China stammenden – Schrottgeräte schon an Aussehen und Bezeichnung erkennbar. Obendrein zeigt der Preis, dass es sich hier kaum um hochwertige Technik handeln kann.

So wirbt ein Händler beispielsweise mit folgendem Text:

[...] auch wirklich zum Erfolg führt, benötigen Sie eine Metallsuchgeräte-Technik, die wirklich leistungsfähig ist und sich bewährt hat. Leider wird der Markt zurzeit mit Metallsuchgeräten überflutet, die in der Werbung als das Nonplusultra angepriesen werden, in Wirklichkeit meistens aber nur überteuerte Spielzeuge sind. An solchen Geräten werden Sie schnell den Spaß verlieren! Bitte vergleichen Sie daher sehr gut, bevor Sie sich ein Metallsuchgerät kaufen. Mit XXX-Metallsuchgeräten werden Sie viele Jahre Freude haben!

Wir testen nahezu alle angebotenen Metallsuchgeräte, die sich auf dem Markt befinden, und stellen dabei immer wieder fest, dass es beinahe keine Metallsuchgeräte gibt, die ein besseres Preis-Leistungs-Verhältnis bieten als die erfolgreichen XXX-Metallsuchgeräte! Vor allem die zurzeit häufig sehr günstig beworbenen Metallsuchgeräte mit LCD-Display haben sich zum Großteil als sehr leitungsschwach herausgestellt, da bei der Umwandlung von analogen zu digitalen Signalen ca. 20 % der Suchleistung eingebüßt werden. Deswegen werden Sie bei XXX auch keine Geräte mit LCD-Anzeige finden! Wir verkaufen nur Geräte, die Ihr Geld wirklich wert sind (und dies bei einem Mittelpreis von € 89,00!!!!!!!)!

Das wäre in etwa, als wollte sich ein Trabi mit einem BMW messen.

Im Zweifelsfall sollten Sie ruhig mal über den Tellerrand schauen und einen Blick ins benachbarte EU-Ausland werfen. Häufig bekommen Sie Ihr Wunschmodell in Österreich, Holland oder England um einiges billiger als hier in Deutschland. Außerdem ist es in kleineren Ländern leichter, einen Rabatt auszuhandeln, da wegen der geringeren Schatzsucherzahl dort die Absatzzahlen wesentlich geringer sind. Für einen qualitativ hochwertigen Detektor muss man bereit sein, einen adäquaten Preis zu zahlen. Bis auf wenige Ausnahmen bekommt man dann aber wirklich ein Werkzeug in die Hand, mit dem das Hobby Spaß macht. Allerdings gibt es seit Neuestem auch hier Ausnahmen. Wenn früher auf dem Detektor zum Beispiel „Garrett“ oder „White's“ stand, wusste man, dass man ein Spitzengerät aus dem Hause eines der führenden Pioniere erhielt. Bedauerlicherweise werden seit geraumer Zeit auch Geräte dieser Hersteller in China produziert. Geben Sie bei Google einfach nur Folgendes ein: „manufacturer of metal detectors in china”. Sie werden sich wundern!

Was die Preise für die unterschiedlichen Geräte betrifft, so variieren diese stark von Hersteller zu Hersteller und von Modell zu Modell. Die Händler liefern sich seit Jahren eine Preisschlacht, die ihresgleichen sucht, vor allem auf Ebay. Trotzdem sind die Preise für manche Geräte noch sehr hoch, und Margen zwischen 300 und 500 Euro bei VLF-Geräten sind keine Seltenheit. Scheuen Sie sich nicht, nach einem ordentlichen Rabatt zu fragen – ein solcher ist allemal drin.

Ein weiterer mieser Trick ist es, hochwertige Geräte weit unter dem Preis der – offiziellen – Importeure anzubieten. Selbstverständlich sind diese Geräte dann „zur Zeit nicht lieferbar“, aber man „habe da ein anderes, genauso gutes Gerät“ anzubieten.

Der Käufer eines Discountgerätes z. B. war verzweifelt und erzählte mir sein Leid. Sein neues Billiggerät funktionierte bereits nach ein paar Tagen nicht mehr.

Der ausländische Händler in Deutschland tauschte es gegen ein anderes Modell um. Auch dieses erwies sich als fehlerhaft. Als der Kunde dieses ebenfalls reklamierte, radebrechte der Verkäufer: „Garantie ist aus. Ich habe Gerät umgetauscht. Schmeiße Gerät weg, kaufe du neues. War billig."

Der Käufer dagegen, der sich vom Fachmann beraten lässt, ist hier eindeutig im Vorteil. Der Detektor ist nun mal das wichtigste Handwerkszeug für den Schatzsucher.

Nun ist Detektor nicht gleich Detektor. Auch hier gibt es die unterschiedlichsten Modelle in verschiedenen Arbeitsweisen. Geräte mit extrem hohen Eindringtiefen beinhalten meist keine Möglichkeit, Metall zu unterscheiden (bis auf wenige Ausnahmen). Jede Art von Filter hat nämlich Auswirkungen auf die Leistung. Andersherum haben Detektoren mit hohem Unterscheidungsgrad von Metallen lediglich relativ begrenzte Leistungen. Kombinierte Modelle, die beide Vorzüge in sich vereinigen, gibt es so gut wie überhaupt nicht.

METALLUNTERSCHEIDUNG ODER NICHT?

Vor Jahren waren fast alle hinter edlen Metallen und Legierungen her – wenn das Gerät ein Signal gab, sollte das Objekt mindestens aus Silber oder Bronze sein. Die zunehmende Zahl der Schatzsucher führte dazu, dass viele Stellen im Oberflächenbereich „abgeerntet" sind. Auch hat der zunehmende Strom osteuropäischer Fundstücke zu Preisstürzen geführt. Wer heute zufällig eine gut erhaltene Silbermünze findet, kann sich glücklich preisen, wenn diese einen Wert von 50 bis 80 Euro erreicht. Die unmittelbar daneben oder etwas tiefer liegende fränkische Flügellanzenspitze dagegen hat den vielfachen Wert, wird aber infolge der hohen Metallunterscheidung ausgeblendet oder mangels Leistung überhaupt nicht angezeigt. Was wäre Ihnen lieber? Ansonsten ist es prinzipiell sinnvoller, so tief wie möglich zu orten.

NEUKAUF ODER GEBRAUCHT?

Nicht jeder ist bereit, für einen Detektor so tief in die Tasche zu greifen, wie es manches Gerät erfordert. Wie schon erwähnt ist die Gefahr groß, sich von vermeintlich günstigen Angeboten – gerade im Internet – verleiten zu lassen, ein billiges neues Gerät zu erwerben. Viele schrecken vom Kauf eines Gebrauchtgerätes zurück, weil sie vielleicht schon einmal schlechte Erfahrungen mit anderen Gebrauchtartikeln gemacht haben.

Ich würde nicht zögern, mir ein gebrauchtes Markengerät zuzulegen, ehe ich auch nur einen Cent für ein Produkt aus China auszugeben bereit wäre.

Wobei die Betonung auf „Markengerät" liegt. Tatsächlich gibt es Markendetektoren bzw. Modelle renommierter Hersteller, die schon einige Jahre (manche schon Jahrzehnte) auf dem Buckel haben und trotzdem nach wie vor gefragt sind (ich kenne Sucher, die horten manche Modelle regelrecht). Nachstehend führe ich Geräte auf, die – selbst gebraucht – absolute Renner sind:

VLF (Very Low Frequency)

Fisher F 75, XP Deus II, Minelab Vanquish 440, Garret ACE 300i, Nokta Simplex, Fisher 1265/66 (Wenn Sie die Gelegenheit haben, eventuell sogar noch einen 65er Spezial oder eine 66er FINDMASCHINE aus dem Labor von IPG – Wolfgang Vettermann zu ergattern, schlagen Sie auf jeden Fall zu!).

PI

Pulse Technology GOLDSCAN (eines der wenigen PI-Geräte mit funktionierender Metallunterscheidung), Pulse Technology SUPERPULSE, AQUAPULSE/Kombipulse 1A/1B. Alle aufgeführten Geräte können Sie (fast) immer bedenkenlos in gebrauchtem Zustand kaufen.

Allerdings sollten Sie dabei auf jeden Fall einige Kriterien beachten bzw. auf ein paar wichtige Details aufpassen.

Für alle Geräte gilt: Wie ist der Zustand der Spule? Diese sollte keine Risse oder Verformungen aufweisen, die Kabelzuführung sollte fest im Eingang sitzen, und eventuelle Kabelfedern sollten nicht gebrochen sein.

Bei VLF-Geräten achten Sie darauf, dass in der Elektronik nichts klappert (lose Teile) und dass die Batterien guten Kontakt haben. Die Knöpfe sollten sich leicht drehen und nicht abziehen lassen. Alle Teile des Schaftes sollten fest und stabil sein (gilt auch für PI), und der Unterschaft, an dem die Spule befestigt ist, darf nicht hin und her schlackern. Bei PI-Geräten ist unbedingt darauf zu achten, welche Ladekapazität der Akku aufweist. Wenn er nach zwei Stunden völlig am Ende ist, sollten Sie mit dem Verkäufer über den Preis verhandeln, da ein neuer fällig ist. Grundsätzlich empfiehlt es sich überhaupt bei Gebrauchtgeräten, über einen neuen Akku nachzudenken, da gerade PI-Akkus nach einigen Jahren ziemlich schnell leer sind.

Wenn Sie diesen Kriterien etwas Aufmerksamkeit schenken, sind Sie mit einem guten Gebrauchtgerät allemal besser dran als mit einem chinesischen Wegwerfdetektor.

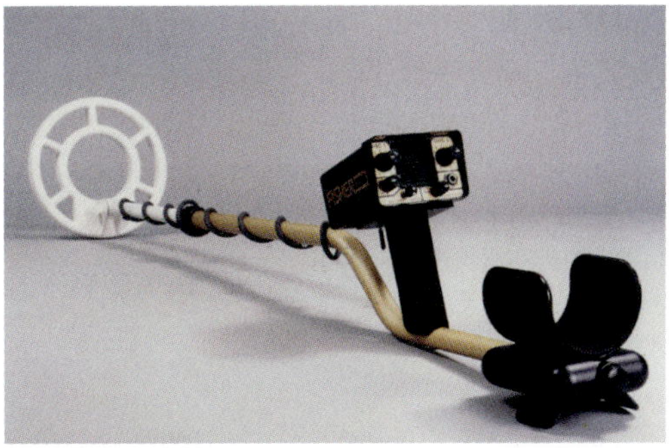

Der neue Fisher F 75 sowie das ältere Modell 1266x.
© Fisher Labs USA

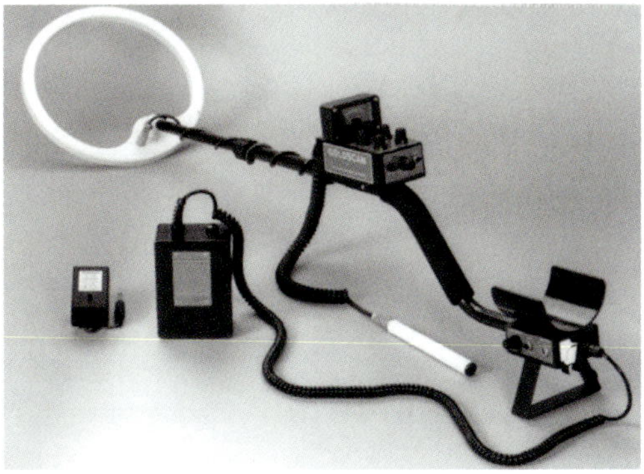

Der GOLDSCAN ist nach wie vor ein Spitzen-PI-Gerät mit Unterscheidung und Handsonde.
© Pulse Technology

Was heute möglich ist, war noch gestern
unvorstellbar. Und morgen?

WIE SIEHT DIE TECHNIK DER ZUKUNFT AUS?

VLF ODER PULSEINDUKTION?

So wie es auf dem Sektor der Videorekorder mehrere unterschiedliche Systeme gab, so existierten früher auch unterschiedliche ortungstechnische Arbeitsverfahren auf dem Detektorensektor. Bei Videos hatten sich Standards eingependelt: Es gab weltweit nur noch die beiden Hauptsysteme VHS und Betacam. Der Detektorenmarkt wird unterdessen bestimmt von VLF (Very Low Frequency) und PI (Pulsinduktion). Auf dem Hobby- und Freizeitsektor dominierte jahrelang das VLF-Verfahren, da es zum einen wesentlich güngstiger war als PI, zum anderen die Möglichkeit der Metallunterscheidung bot.

Nachteilig war und ist dabei jedoch – aus der angewandten Technik resultierend – die begrenzte Eindringleistung. Gern prahlen die Hersteller mit Traumtiefen; es wird versucht, mit fiktiven Leistungsangaben zu beeindrucken. Die Praxis sieht allerdings anders aus. Die traumhaften Ortungstiefen werden hauptsächlich mit Messgeräten im Elektroniklabor (ähnlich wie in der Automobilindustrie) erzielt, und das auch nur ohne jegliche Metallunterscheidung. Der Anwender merkt hingegen sehr schnell, dass sich die Reichweite von einem Meter oder mehr – wenn überhaupt – nur an einem Objekt in der Größe eines Garagentors erzielen lässt. Kaum wird die Metallunterscheidung zugeschaltet, reduziert sich die Leistung auf bescheidene Tiefen.

Die Hauptstärke von VLF-Geräten ist und bleibt eine passable Metallunterscheidung im Oberflächenbereich. Ganz anders sieht es beim Pulsinduktionsverfahren aus. In all den Jahren, in denen Zigtausende Hobbysucher mit VLF-Detektoren loszogen, setzten professionelle Schatzsucher und Ortungsunternehmen das wohl leistungsstärkste Verfahren ein. Die Erkenntnis, dass sowohl bei der Entmunitionierung als auch bei der professionellen Schatzsuche jedes noch so kleine Teil in größtmöglicher Tiefe aufgespürt werden musste, bestimmte die Wahl der Sonde.

Egal, ob Burt Webber bei der Suche nach der „Concepción“, Herb Humphreys bei der Suche nach den Schätzen der „Maravilla“, Robert Marx in Port Royal, Mel Fisher in Florida oder Unterwasserarchäologen in skandinavischen Gewässern: gearbeitet wurde hauptsächlich mit PI-Geräten.

Aufgrund des wesentlich leistungsstärkeren Arbeitsverfahrens ist bei PI-Geräten die Nachweisempfindlichkeit auch für kleine Gegenstände wesentlich höher, als es bei herkömmlichen VLF-Detektoren der Fall ist. Leider sind gute PI-Geräte nicht gerade billig. Darin liegt auch der Hauptgrund, weshalb sich das Gros der Anwender für VLF-Geräte entscheidet. Inzwischen haben aber viele Sucher erkannt, dass PI-Geräte wesentliche Vorteile gegenüber herkömmlichen Detektoren besitzen, sodass in den letzten Jahren Pulsinduktionsgeräte stark zugenommen haben. Erfreulicherweise hat dies zur Folge, dass die Preise für professionelle PI-Geräte gefallen und sie somit auch für Hobby-Schatzsucher erschwinglich geworden sind.

Die Wahl des richtigen Detektors hängt ganz stark von Ihrer Suche ab. Sind Sie ein klassischer Ackergänger, suchen gern an Badestränden oder Wäldern und legen Wert auf Metallunterscheidung, dann würde ich Ihnen einen VLF-Detektor empfehlen. Sind Sie gezielt auf der Suche nach tiefer liegenden Schätzen oder in einem stark mineralisierten Gebiet, dann sind Sie mit einem PI-Detektor gut beraten.

Egal, für welchen Detektor Sie sich entscheiden: Nach der Anschaffung ist es nicht ratsam, sofort loszuziehen. Üben Sie vorab mit verschiedenen Metallgegenständen und lernen Sie Ihren Detektor zunächst kennen. Durch die digitale Technik und ausgefeilte Software sind zunehmend mehr Einstellungen notwendig. Üben Sie deshalb erst einmal in Ruhe, sehen sich Videos an und ziehen dann los. In den letzten zehn Jahren hat sich in der Entwicklung von Metalldetektoren viel verändert. Wireless-Kopfhörer, Bluetooth oder Multifrequenzen – alles zusätzliche Features, welche die Schatzsuche enorm verbessern und erleichtern.

Es gibt mittlerweile zahlreiche verschiedenste Detektoren auf dem Markt. Ich stelle Ihnen hier zunächst die gängigsten und derzeit vielleicht auch besten Detektoren vor. Sie werden sicherlich im Bekanntenkreis Schatzsucher finden, die selbst einen dieser Detektoren besitzen und über eigene Erfahrungen berichten können.

Wenn Sie sich an die Hersteller oder an Empfehlungen halten, können Sie nichts falsch machen. Alle Hersteller bieten Detektoren bereits ab ca. 220 € an. Lassen Sie sich bei Interesse einfach bei einem Händler Ihres Vertrauens beraten. Seien Sie jedoch so fair und kaufen, wenn möglich, den Detektor auch bei diesem Verkäufer. Die Händler stecken viel Mühe, Arbeit und Engagement in die Beratung und das Verkaufsgeschäft. Bedenken Sie zudem: Sie werden eines Tages wieder eine ehrliche und vertrauensvolle Beratung oder Einweisung benötigen. Lassen Sie sich nicht blenden von astronomisch anmutenden Tiefenangaben bei scheinbar sehr günstigen Detektoren aus Fernost. Sie werden daran keine Freude haben und mit Sicherheit dem Boden nicht die erhofften Schätzchen entlocken.

DETEKTOREN FÜR ANFÄNGER

Nokta Simplex +

Detektorart: VLF (12 kHz)
Einsatzgebiete: Land, flaches Wasser, Unterwasser bis 3 Meter (Salz- und Süßwasser)

Eigenschaften auf einen Blick:

- Komplett wasserdicht bis 3 Meter (Vibrationsmodus im Wasser)
- Vibrationsmodus unabhängig oder zusammen mit den Audiotönen
- 5 Suchmodi
- Tonunterscheidung: 3 Audiotöne
- Leitwertanzeige Digital ID: 0–99
- Eisendiskriminierung
- Edelmetallfilter (Notch)
- Tiefenanzeige
- Spulenbeleuchtung
- Pin-Point-Funktion (punktgenaue Ortung von Metallobjekten)
- Manueller und automatischer Bodenabgleich
- Aufladbar mittels USB-Kabel
- Updatefähig (mittels Datenkabel neuste Firmware aufspielen)
- Green Edition Wireless Kopfhörer mittels Drahtlosmodul
- LED-Beleuchtung am Bedienteil, Tasten beleuchtet
- Teleskopgestänge mit Camlock-Verschlusssystem
- Maße/Gewicht: 63–132 cm/1,3 kg inkl. Spule
- Preise ab 329,– EUR

Fazit: Gutes Preis-Leistungsverhältnis, einfache Handhabung und leichtes Gewicht. Manche Pin-Pointer können den Simplex+ extrem stören. Er kann per USB-Kabel aufgeladen werden. Der Simplex+ macht definitiv einen wertigen Eindruck. Der Griff liegt sehr gut in der Hand. Er besitzt ein schönes Display mit beleuchteten Tasten und einer Spulenbeleuchtung an der Unterseite des Bedienteils. Multi-IQ würden den Simplex+ vollständig abrunden. Punkten kann er in dieser Preisklasse mit der 28-cm-Doppel-D-Spule.

Minelab Vanquish 440

Detektorart: VLF + Multi-IQ (5–40 kHz)
Einsatzgebiete: Land, Süßwasser, Strand

Eigenschaften auf einen Blick:

- Wasserdichte V10-Spule (1 Meter), Gehäuse nicht wasserdicht
- 5 Suchmodi (All Terrain, Münzen, Relikte, Schmuck oder Benutzerdefiniert)
- Tonunterscheidung: 3 Audiotöne
- Leitwertanzeige Digital ID: −9–40
- Eisendiskriminierung
- Edelmetallfilter (Notch)
- Tiefenanzeige

- Kann Kronkorken im Eisenbereich anzeigen und ausblenden lassen, was ein großer Vorteil im Park oder an Badestränden ist.
- Pin-Point-Funktion (punktgenaue Ortung von Metallobjekten)
- Updatefähig (mittels Datenkabel neuste Firmware aufspielen)
- Maße/Gewicht: 76–145 cm/1,2 kg inkl. Spule
- Gestänge: Camlock-Verschlusssystem
- 4 x AA-Batterien
- Preise ab 349,– EUR

Fazit: Gutes Preis-Leistungs-Verhältnis, sehr leicht und der einzige Multi-IQ-Detektor in dieser Preisklasse. Durch das Camlock-Verschlusssystem ist er einfach, schnell und individuell in der Größe anpassbar. Das Bedienfeld lässt sich sehr einfach mit dem Daumen bedienen. Liegt komfortabel und angenehm in der Hand.

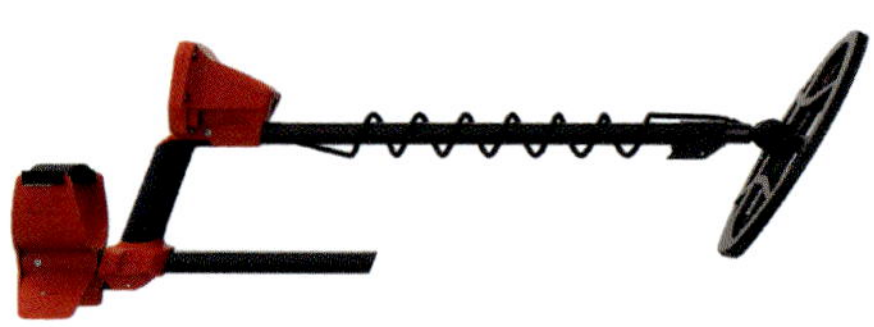

Nachteil: nicht wiederaufladbar und die Kopfhörer sind kabelgebunden. Größeres Modell wäre der Vanquish 540, welcher ein eingebautes Funkmodul für Wireless-Kopfhörer und eine Displaybeleuchtung hat.

Garret ACE 300i (Nachfolger des ACE 250)

Detektorart: VLF (8 kHz – verbesserte Empfindlichkeit bei Objekten mit geringer oder mittlerer Leitfähigkeit)
Einsatzgebiete: Land, flaches Wasser, Süßwasser, Strand

Eigenschaften auf einen Blick:

- Wasserdichte Spule, Gehäuse nicht wasserdicht
- 5 Suchmodi (All Metall, Münzen, Schmuck, Relikte oder Benutzerdefinierte Einstellung)
- Tonunterscheidung: 3 Audiotöne
- Leitwertanzeige Digital ID: (1–99)
- Eisendiskriminierung
- Edelmetallfilter (Notch)
- Tiefenanzeige
- Pin-Point-Funktion (punktgenaue Ortung von Metallobjekten)
- Maße/Gewicht: 106–129 cm/1,27 kg
- Gestänge: Camlock-Verschlusssystem
- 4 x AA-Batterien
- Preise ab 339,– EUR

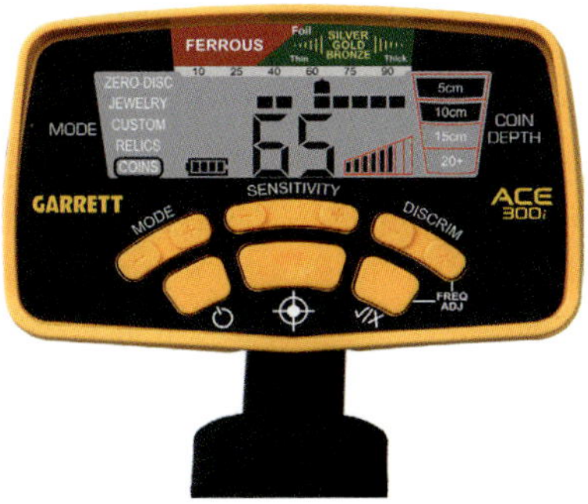

Fazit: Gutes Preis-Leistungs-Verhältnis, verbesserte Eisendiskriminierung im Gegensatz zum Vorgänger ACE 250, wasserdichte Spule, nicht wiederaufladbar und Batterien werden benötigt. Leider ist der Detektor sehr laut und die Lautstärke lässt sich nur mit den Kopfhörern regulieren.

Fisher F44

Detektorart: VLF (7,69 kHz)
Einsatzgebiete: Land, flaches Wasser, Süßwasser, Strand

Eigenschaften auf einen Blick:

- Wasserdichte elliptische Triangel-Spule, Gehäuse nicht wasserdicht, nur spritzwassergeschützt
- 4 Suchmodi (All Metall, Münzen, Relikte, Schmuck)
- Einstellbare Tonunterscheidung (V-Break)
- Leitwertanzeige Digital ID: 0–99
- Eisendiskriminierung
- Edelmetallfilter (Notch)
- Tiefenanzeige
- Manueller oder automatischer Bodenabgleich
- Pin-Point-Funktion (punktgenaue Ortung von Metallobjekten)
- Displaybeleuchtung rot, in 5 Helligkeitsstufen
- Maße/Gewicht: - /1,15 kg
- Gestänge: 3-teilig
- 2 x AA-Batterien
- Preise ab 449,– EUR

Fazit: Der F44 hat ein großes, übersichtliches Display und eine einfache Software, von daher ist er sehr gut für Einsteiger geeignet. Er ist sehr leicht und besitzt eine wasserdichte Spule. Nachteilig ist der umständliche Zusammenbau und es ist kein Multi-IQ-Detektor. Er ist nicht wiederaufladbar, sondern es werden Batterien benötigt. Im Vergleich zu neueren Detektoren mag er altmodisch wirken. Die Haptik der Tasten ist im Vergleich zum Garret ACE 300i nachteilig. Insgesamt ist das Preis-Leistungs-Verhältnis nicht gegeben.

QUEST Q30

Detektorart: VLF (14 kHz)
Einsatzgebiete: Land, flaches Wasser, Unterwasser bis 5 Meter, Süßwasser, Salzwasser

Eigenschaften auf einen Blick:
- Vollständig wasserdicht
- Wasserdichte Doppel-D Raptor X Spule (28 x 23 cm)
- Vibrationsmodus unter Wasser
- 6 Suchmodi (Park, Feld, Strand, Salzwasser, Gold 1, Gold 2)
- Leitwertanzeige Digital ID: 0–99
- Eisendiskriminierung
- Edelmetallfilter (Notch)
- Tiefenanzeige
- Manueller und automatischer Bodenabgleich
- Pin-Point-Funktion (punktgenaue Ortung von Metallobjekten)
- Tonunterscheidung: 4 Audiotöne
- Frequenzen: 5 Stufen
- Beleuchtetes LCD-Display (2 Stufen)
- Aufladbar via USB-Kabel (magnetisch)
- Updatefähig (mittels Datenkabel neuste Firmware aufspielen)

- Kabelgebundene Kopfhörer (Wireless-Kopfhörer nur beim Q30+)
- Maße/Gewicht: 80–130 cm/1,1 kg
- Teleskopgestänge mit Camlock-Verschlusssystem
- Halterung für Pin-Pointer an der Armstütze möglich
- Quest-Go-App (zur Nachverfolgung der Route sowie Aufzeichnung von Funden)
- Preise ab 329,– EUR

Viele Hersteller setzen mittlerweile auf Multifrequenz Technologie, vergeben hierfür nur verschiedene Namen.

Was bedeutet:
- Multi-IQ: mehrere Frequenzen, zwischen denen gewechselt werden kann.
- Gleichzeitige Multi-IQ: Es kann mit mehreren Frequenzen gleichzeitig gesucht werden.
- SMF: Simultan-Mehrfrequenz-Technologie
- FMF: Fast Multi-Frequency Technology – patentiertes System von XP
- Multi-IQ+: High-Power Simultaneous Multi-Frequency

Fazit: Vollständig wasserdicht bis zu 5 Metern. Der Q30 besitzt ein großes, beleuchtetes Display. Durch das Camlock-Verschlusssystem ist er schnell ein- und ausgepackt. Praktische Pin-Pointer-Haltevorrichtung an der Armstütze. Leider sind Wireless-Funkkopfhörer durch ein Funkmodul nicht nachrüstbar, eher unvorteilhafte Menüstruktur. Tastenfunktion leider nicht farblich markiert und dadurch bei schlechten Lichtverhältnissen schwer zu erkennen.

DETEKTOREN FÜR FORTGESCHRITTENE

Fisher F75+

Detektorart: VLF (13 kHz)
Einsatzgebiete: Land, flaches Wasser

Eigenschaften auf einen Blick:

- Wasserdichte Doppel-D-Suchspule, Gehäuse nicht wasserdicht
- 7 Suchmodi (voreingestellte Münz- und Reliktprogramme)
- Boost- und Relikt-Programm für maximale Tiefenleistung
- FA-Process-Programm erhöht die Reaktionszeit des F75+ enorm
- Cache-Location-Programm: Große Metallobjekte werden noch tiefer als bisher geortet.
- 11 verschiedene Tonunterscheidungen einstellbar
- Leitwertanzeige Digital ID: 0–99
- Eisendiskriminierung
- Edelmetallfilter (Notch)
- Tiefenanzeige
- Grafische Anzeige der Bodenmineralisierung
- Manueller oder automatischer Bodenabgleich (Fastgrab)
- Pin-Point-Funktion via Triggerschalter an der Unterseite (punktgenaue Ortung von Metallobjekten)
- Displaybeleuchtung
- Maße/Gewicht: 80 cm/1,6 kg
- Gestänge: 3-teilig
- 4 x AA-Batterien
- Preise ab 999,– EUR

Fazit: Der Fisher F75 Plus+ VLF Detektor gehört sicherlich zu den stärksten aus dem Hause Fisher. Der Allrounder arbeitet mit 13 Khz, was besonders bei der Suche von Militaria, Münzen und Gold von Vorteil ist. Er punktet mit seiner benutzerfreundlichen Software sowie der vielen Einstellungsmöglichkeiten.

Der Detektor hat ein stabiles, wertiges Teleskopgestänge, welches auch nach Jahren noch fest ist. Es lässt sich leicht in drei Teile zerlegen, sodass es unproblematisch in jedem Rucksack Platz findet.

Fisher hat den F75+ bereits zwei Mal überarbeitet, sodass die neuste Version der F75 Plus+ mit einigen Features versorgt wurde. Die nennenswertesten sind unter anderem das Boost- und das Cache-Locating-Programm, womit größere Metallobjekte noch tiefer geortet werden können. Im FA-Process-Fast-Schnellprogramm wird die Reaktionszeit des Allrounders erhört und Objekte noch schneller mit kürzerem Ortungston geortet.

Wünschenswert wären fest verbaute und wiederaufladbare Akkus sowie Wireless-Kopfhörer. Der F75+ wirkt im Vergleich zu vielen anderen Detektoren nicht mehr zeitgemäß. Zudem wäre jeder Sucher über ein Camlock-Teleskopgestänge sehr dankbar. Bleibt abzuwarten, was in den nächsten Jahren von Fisher diesbezüglich Neues erscheinen wird.

Cornelia Ostler mit dem Fisher F75.

Nokta Legend

Detektorart: VLF/SMF (Simultaneous Multi Frequency) – gleichzeitige Multifrequenztechnologie (4–40 kHz)
Einsatzgebiete: Land, flaches Wasser, stark mineralisierte Böden, Unterwasser, Süß- und Salzwasserstrand

Eigenschaften auf einen Blick:

- Vollständig wasserdicht bis 3 Meter (Vibrationsmodus für Unterwasser)
- Vibrationsmodus unabhängig oder zusammen mit der Audioausgabe
- Uhr- und Nutzungsanzeige
- 4 Suchmodi (Park, Feld, Strand, Gold)
- Umfangreiche Toneinstellungen (Polyphone Töne)
- Leitwertanzeige Digital ID: 0–60
- Ferro-Check: zeigt Verhältnis von Eisen und Nicht-Eisen an. Das ist eine wichtige Angabe bei Abfallmetallen (z. B. Kronkorken).
- Eisendiskriminierung
- Edelmetallfilter (Notch)
- Reaktionsgeschwindigkeit einstellbar
- Manueller oder automatischer Bodenabgleich sowie Ground Tracking (aktualisiert während der Suche)
- Pin-Point-Funktion (punktgenaue Ortung von Metallobjekten)
- Displaybeleuchtung in 5 Stufen
- Spulenbeleuchtung
- Wireless-Bluetooth-Kopfhörer
- Updatefähig (mittels Datenkabel neuste Firmware aufspielen)
- Aufladbar via USB-Kabel, zusätzlich können Batterien als Backup eingelegt werden
- Maße/Gewicht: 63–132 cm/1,4 kg inkl. Spule
- Camlock-Verschlusssystem, unterer Teil des Gestänges aus Carbon
- Preise ab 499,– EUR

Fazit: Während andere Hersteller an der Mulit-Frequenz-Technologie feilten, hat Nokta Makro den Markt definitiv nicht verschlafen. Sehr gutes Preis-Leistungs-Verhältnis, zusätzlich können Batterien als Backup verwendet werden, Unterwasser-geeignet. Der Legend gehört gewichtstechnisch zu den eher schwereren Detektoren. Die Menüstruktur besteht überwiegend aus Symbolen ohne Begriffserklärung. Das Display ist gestochen scharf und verhältnismäßig groß. Die Symbole auf den Knöpfen sind bei schlechtem Licht jedoch schwer zu erkennen, da sie nicht farblich markiert sind. Hierfür gibt es zusätzlich eine Schutzhülle mit aufgedruckten Symbole. Die Vibrationseinstellung kann in manchen Situationen von Vorteil sein. Die Spulenbeleuchtung erleichtert die Suche in der Dämmerung oder bei Dunkelheit enorm.

Garret AT Max

Detektorart: VLF (13,6 kHz)
Einsatzgebiete: Land, flaches Wasser, stark mineralisierte Böden, Unterwasser, Süß- und Salzwasserstrand

Eigenschaften auf einen Blick:

- All-Terrain-Detektor
- Wasserdicht bis 3 m
- 4 Suchmodi: All-Metall (ohne Filter), Coins, Zero, Custom (Benutzerdefiniert)
- Größere Tiefenleistung im Vergleich zum AT Pro
- Leitwertanzeige Digital ID: 0–99
- Eisendiskriminierung
- Edelmetallfilter (Notch)
- Eisenfilter: 40 Stufen einstellbar
- Manueller oder automatischer Bodenabgleich
- Funkkopfhörer (Z-Lynk-Wireless-Technologie)
- Grafische Analyse des georteten Objekts
- Pin-Point-Funktion (punktgenaue Ortung von Metallobjekten)
- Displaybeleuchtung
- Tonunterscheidung: 3 Töne
- Gestänge 3-teilig
- Maße/Gewicht: 109–140 cm/1,4 kg
- 4 x AA-Batterien
- wPreise ab 939,– EUR

Fazit: Der AT MAX ist seit Jahren bei sehr vielen Suchern ein sehr beliebter Detektor. Auch wenn das Äußere im Vergleich zu anderen Detektoren altmodisch wirken mag, ist der AT MAX ein zuverlässiger, sehr guter Profi-Detektor mit wenig Schnickschnack. Er liegt sehr gut in der Hand, fühlt sich wertig an und ist mit dem Daumen leicht und einfach zu bedienen. Leider ist der AT Max nicht wiederaufladbar und besitzt kein Camlock-Verschlusssystem. Zusammengeschoben ist er noch immer satte 109 cm groß. Der Zusammenbau ist schwerfällig und eher umständlich im Vergleich zu anderen Detektoren. Außerdem ist das höhere Gewicht deutlich merkbar. Die Kopfhörer haben einen angenehmen Tragekomfort.

Minelab Equinox 800

Mittlerweile ist das Nachfolgermodell Equinox 900 erhältlich.

Detektorart: VLF-/Multi-IQ (5–40 kHz)
Einsatzgebiete: Land, flaches Wasser, stark mineralisierte Böden, Unterwasser, Süß- und Salzwasserstrand

Eigenschaften auf einen Blick:

- Wasserdicht bis 3 Meter
- 8 Suchmodi: 2 x Park, 2 x Feld, 2 x Strand, 2 x Gold
- Leitwertanzeige Digital ID: 0–99
- Eisenfilter
- Edelmetallfilter (Notch)
- Manueller oder automatischer Bodenabgleich
- Wireless-Kopfhörer (optional auch UW-Kopfhörer)
- Pin-Point-Funktion (punktgenaue Ortung von Metallobjekten)

- LCD-Display beleuchtet
- Tonunterscheidung: 3 Töne
- Aufladbar via USB-Kabel
- Updatefähig (mittels Datenkabel neuste Firmware aufspielen)
- Maße/Gewicht: 106–129 cm/1,3 kg
- Gestänge: 3-teilig
- Preise ab 999,– EUR

Fazit: Man könnte sagen, dass 2018 das Erfolgsjahr von Minelab war. Genauer gesagt deren Marketing. Um keinen anderen Detektor gab es im Vorfeld einen so großen Hype wie um die Equinox-Serie. Gut durchdachtes und gezieltes Marketing sorgten im Vorfeld dafür, dass die Verkaufszahlen des Detektors noch vor Verkaufsstart durch die Decke gingen. Gerechtfertigt oder alles nur kluge Werbung?

Ich habe mir den Equinox 800 genauer angesehen und kann Ihnen folgendes dazu sagen:

Der Equinox war einer der ersten Detektoren, welcher über die gleichzeitige Multifrequenz-Technologie verfügte. Das bedeutet, dass das große Modell, der Equinox 800, entweder mit 5 kHz, 10 kHz, 15 kHz, 20 kHz, 40 kHz oder als Multifrequenz bedient werden kann. Mit seinen vier verschiedenen Suchprogrammen (Park, Feld, Beach und Gold) und dem 8-fach anpassbaren Recovery Speed (Objekterfassungsgeschwindigkeit) ist er ein leistungsstarker Metalldetektor im oberen Mittelklassepreissegment. Ausgestattet ist der bis zu 3 Metern wasserdichte Allrounder mit einem Wifi- sowie BluetoothFunksender. Die Funkkopfhörer werden mittels Bluetooth verbunden und stören somit nicht durch lästige Kabel. Geliefert wird der Nox mit vielen verschiedenen multisprachigen Displayschutzfolien, welche einfach und schnell anzubringen sind.

Die große Nachfrage sorgte in der ersten Serie leider gelegentlich für Qualitätsprobleme. Käufer beklagten fehlerhafte Prozessoren, Akkus oder defekte Spulen sowie Kabel.

Der Unterschied zwischen dem Equinox 600 und dem Equinox 800 ist relativ deutlich zu erkennen. Während der Equinox 600 mit nur drei Frequenzoptionen plus der Multifrequenz sowie drei Suchmodi (Park, Feld, Strand) ausgestattet ist, liefert der 800-er das volle Programm. Der Equinox 600 hat zudem keine Funkkopfhörer, sondern nur die Möglichkeit der altbewährten Kabelkopfhörer.

Einige Schatzsucher waren zunächst enttäuscht, da die Wartezeit für den Equinox sehr lang war. Zudem mussten manche Detektoren wegen Fehlern reklamiert werden, was Minelab sicherlich ein paar Punkte auf der Beliebtheitsskala gekostet hat. Auch mein Gerät musste wegen einer defekten Spule reklamiert werden.

Nach dem Austausch lief der „Nox“ jedoch rund und funktionierte, wie er sollte. Seine Reaktion ist sehr schnell und die Objektunterscheidung wirklich lobenswert. Hin und wieder neigt der Detektor dazu, überemp-

findlich zu reagieren und wild zu piepsen. Durch Herabstellen der Empfindlichkeit lässt sich dies jedoch beheben. Das führt jedoch auch dazu, dass wertvolle Tiefenleistung verloren geht. Ich habe zudem festgestellt, dass eingeschaltete Mobiltelefone auf die Detektoren störend wirken können. Lassen Sie Ihr Handy am besten im Auto oder schalten Sie es in den Flugmodus.

Das Preis-Leistungs-Verhältnis ist hier absolut gegeben.

Mittlerweile sind die Nachfolgermodelle 900 und 700 erhältlich. Sie haben im Gegensatz zu ihren Vorgängermodellen ein Camlock-Teleskop-Gestänge.

Minelab MANTICORE

Detektorart: VLF-/Hochleistungs-Multi-IQ + (5–40 kHz)
Einsatzgebiete: Land, flaches Wasser, stark mineralisierte Böden, Unterwasser, Süß- und Salzwasserstrand

Eigenschaften auf einen Blick:

- Vollständig wasserdicht bis 5 m
- M11 Doppel-D-Suchspule
- 10 voreingestellte Suchmodi: All Terrain (5), Strand (4), Gold (1)
- 10 persönliche, anpassbare Suchmodi-Einstellungen
- Leitwertanzeige Digital ID: 0–99
- 2D-/1D-Kartenansicht
- Eisenfilter
- Edelmetallfilter (Notch)
- Manueller oder automatischer Bodenabgleich
- Reaktionsgeschwindigkeit in 8 Stufen einstellbar
- Farb-LCD-Display
- Gummierter Griff
- Handgriff-Vibration unter Wasser oder an Land
- Wireless-Kopfhörer
- Spulenbeleuchtung
- Displaybeleuchtung (10 Stufen)
- Tastenfeldbeleuchtung
- Aufladbar via USB-Kabel (magnetisch)
- Updatefähig (mittels Datenkabel neuste Firmware aufspielen)
- Maße/Gewicht: 63–144 cm/ca. 1,3 kg
- Carbon-Teleskopgestänge (Camlock-Verschlusssystem)
- Preise ab 1999,– EUR

Fazit: Der Manticore ist der neueste Detektor aus dem Hause Minelab (Erscheinung Anfang 2023). Laut Herstellerangaben soll er eine 50 % bessere Leistung als der kleine Bruder Equinox 800 haben. Das Teleskopgestänge besteht aus Carbon, was den Manticore sehr leicht macht. Völlig kabellos ist er leider nicht, was jedoch in dieser Preisklasse zu wünschen wäre.

XP Deus II

Detektorart: VLF-/Multi-IQ (4–45 kHz), 49 Einzelfrequenzen
Einsatzgebiete: Land, flaches Wasser, stark mineralisierte Böden, Unterwasser, Süß- und Salzwasser

Eigenschaften auf einen Blick:

- Vollständig wasserdicht bis 20 m
- Komplett kabellos
- Doppel-D FMF®-Spule
- 12 Suchmodi
- Leitwertanzeige Digital ID: 0–99
- Anzeige für Mineralisierung
- Reaktionsgeschwindigkeit in 9 Stufen einstellbar
- Eisenfilter
- Multi-Notch
- Manueller oder automatischer Bodenabgleich
- Wireless-Kopfhörer
- Pin-Point-Funktion (punktgenaue Ortung von Metallobjekten)
- LCD-Display beleuchtet
- Tonunterscheidung verschiedene Möglichkeiten
- Aufladbar via USB-Kabel
- Updatefähig (mittels Datenkabel neuste Firmware aufspielen)
- Maße/Gewicht: 53–130 cm/ca. 1 kg (Gestänge, Fernbedienung, 28“ Spule)
- 3 teiliges S-Teleskop-Gestänge (Camlock-System), Handgriff aus Gummi
- Preise für die Komplettversion ab 1599,– EUR

Fazit: Der französische Hersteller XP brachte unter der Führung von Alain Loubet nach dem Adventis, dem Gold Maxx und dem G-Maxx 2010 den ersten drahtlosen Mehrfrequenz-Metalldetektor DEUS auf den Markt. Der DEUS ist seit mehr als 10 Jahren ein wichtiger Bestandteil der Schatzsucher-Szene und nicht mehr wegzudenken. XP hat viel Zeit, Know-how und Entwicklungsarbeit in den DEUS II gesteckt, weshalb ich mir für Sie diesen Detektor genauer angesehen habe.

XP hat sich die **FMF®-Technologie** (Fast Simultaneous Multi Frequency) patentieren und schützen lassen. Durch diese Simultan-Multifrequenzen (gleichzeitige Verwendung von verschiedenen Frequenzen) deckt der Detektor eine große mögliche Bandbreite an Fundobjekten ab.

Die 12 vorinstallierten Werksprogramme arbeiten mit verschiedenen Frequenzkonfigurationen, welche vor allem auch für Anfänger die Bedienung des Detektors enorm erleichtern. Fortgeschrittene Sucher können die jeweiligen Programme an ihre Suche anpassen, löschen, neue Namen vergeben und Frequenzen verändern. So deckt dieser Detektor nahezu jeden möglichen Suchbereich der Schatzsuche ab.

In den FMF®-Multifrequenzprogrammen sind bereits verschiedene Frequenzkombinationen eingestellt.

Der erste XP Deus aus dem Jahre 2010.

Im Monofrequenzprogramm (DEUS-Mono-Programm) können Sie aus sieben Hauptfrequenzen (4,5 kHz, 7,5 kHz, 13 kHz, 17,6 kHz, 25 kHz, 32 kHz, 40,5 kHz) wählen, welche dann nochmals in sieben verschiedene Abstandsschritte aufgeteilt werden können.

Die Frequenzen (gemessen in Kilohertz und angegeben in kHz) geben an, wie viele Signale pro Sekunde in den Boden und wieder zurückgesendet werden. Je niedriger die Frequenz, desto tiefer können die Signale in den Boden endringen. Je höher die Frequenzen, desto besser können kleinere Objekte in niedrigeren Tiefen erkannt werden.

XP macht im Falle des **DEUS II** folgende Angaben:
4 kHz: Für große, hauptsächlich eisenhaltige oder nicht eisenhaltige Objekte, wie zusammenliegende oder hoch leitfähige Münzen.
8 kHz: Für die allgemeine Suche nach größeren Objekten, Münzen, Militaria. Kleine und mittlere Zielobjekte in gering mineralisierten Böden.
12–20 kHz: Für die allgemeine Suche nach kleineren Objekten, wie Münzen, in mäßig bis hoch mineralisierten Böden.
30–45 kHz: Objekte mit geringer Leitfähigkeit, wie Schmuck, kleine Münzen oder Goldnuggets, in hoch mineralisierten Böden. Bei nassen, nicht magnetisierten Untergründen läuft der Detektor stabiler.
Quelle: XP Metaldetectors

Reaktionsgeschwindigkeit

Eine weitere Eigenschaft des DEUS II ist die enorm schnelle Reaktionsgeschwindigkeit. Im Gegensatz zu manch anderen Detektoren unterscheidet den **DEUS II**, dass er sehr schnell reagiert und Sie die Einstellungen je nach Untergrund vornehmen können. So ist der Detektor in der Lage, mehrere Objekte nebeneinander als einzelne zu erkennen.

Ist der Boden beispielsweise nicht stark mineralisiert und es befinden sich grundsätzlich wenig Metalle unter der Oberfläche, so wählen sie eine lange Reaktionszeit für eine geringe Reaktivität (Einstellung 0 bis 1). Befinden sich im Boden hingegen viele Metalle und liegt eine höhere Mineralisierung vor, so wählen Sie eine kurze Reaktionszeit, um eine hohe Reaktivität zu erreichen (Einstellung 3 bis 5).

Bei normal verseuchten Böden wählen Sie das Mittelmaß (Einstellung 2–2,5).

Mit der richtigen Einstellung können Sie somit zügig über den Suchbereich gehen, ohne dass Ihnen ein Fund auskommt. Die Reaktionszeit kann für jeden Untergrund separat angepasst werden.

Bodenabgleich

Mineralisierte Böden (z. B. durch erzhaltiges Gestein oder Salze) sind völlig natürlich, können jedoch dazu führen, dass Metalldetektoren gestört werden und dass sie Mineralien als Metalle wahrnehmen.

Um dies zu vermeiden, gibt es bei allen gängigen Metalldetektoren hierfür den so genannten Bodenabgleich.

Der **DEUS II** bietet die Möglichkeit, zwische **MANUELL** (nur im MONO-Programm verfügbar), **GRAB** (empfohlene Einstellung, schnell erreichbar über die rote Taste auf der Fernbedienung, welche hierfür lang gedrückt und die Spule über dem Boden gepumpt wird) und **G. B: AUTO** (laufender automatischer Bodenabgleich während der Suche, nur empfohlen bei gleichmäßiger Mineralisierung des Bodens) zu wählen.

Bedienelement

Wie bereits der DEUS I arbeitet der **DEUS II** völlig kabellos. Das bedeutet, dass der Detektor im Wesentlichen aus drei verschiedenen Elementen besteht – der Fernsteuerung, der Spule und dem Kopfhörer, die alle miteinander via Funk in Verbindung stehen. Außer bei der Unterwasser-Suche werden somit keinerlei störende Kabel benötigt. Sie werden alle unabhängig voneinander aufgeladen. Die Fernbedienung muss nicht zwingend am Detektor installiert werden. Sie kann ebenso bequem am Gürtel oder in der Tasche transportiert und verwendet werden. Die Fernbedienung ist im Gegensatz zu dem DEUS I wasserdicht und schlagfest. Die Knöpfe sind leichter bedienbar und alles in allem wirkt die Fernbedienung des DEUS II nochmals hochwertiger und stabiler. Manch einer mag vielleicht mit einem Farbdisplay gerechnet haben, was jedoch ausgeblieben ist, und dem **DEUS II** aber keinen Nachteil verschafft.

Handling

Der **DEUS II** ist ein absolutes Leichtgewicht. Mit dem Gestänge (370 g), der 28“-Spule (470 g) und der Fernbedienung (150 g) kommt der Detektor auf ein Fliegengewicht von 990 g, was absolut optimal für eine lange, ausgiebige Suche ist. Da auch immer mehr Frauen diesem Hobby nachgehen, werden diese das leichte Gewicht sehr zu schätzen wissen.

Der **DEUS II** lässt sich durch das S-Teleskop-Gestänge mit dem Camlock-System einfach auf die passende Größe anpassen und schnell wieder verstauen.

Zusammengeschoben hat der DEUS II gerade mal eine Größe von 58 cm und passt somit problemlos in den Sucher-Rucksack.

Lautstärke und Töne

Viele DEUS-Liebhaber haben sich schon immer gefragt, warum die Lautstärke nicht einstellbar war. Dieses Mysterium hat XP nun mit dem **DEUS II** verändert und endlich nachgebessert. Die Lautstärke kann nun ganz bequem über die Fernbedienung verändert und angepasst werden. Ebenso lässt sich die Kopfhörerlautstärke auch über die Fernbedienung einstellen. Dies ist vor allem für diejenigen sehr praktisch, die die Kopfhörer pflegen und nicht unbedingt Erdklumpen daran haben möchte.

Dank der ausgereiften Kopfhörertechnik kann der Detektor sogar ohne Fernsteuerung bedient werden. Alle Ergebnisse liefert dann der regensichere Kopfhörer WS6, welcher mittels Halterung (gesondert erhältlich) anstatt der Fernbedienung angebracht wird und vom Slave zum so genannten Master gemacht wird. Er fungiert somit als völlig eigenständiges Gerät, indem er vorher mit der Spule verbunden wurde.

Zu dem WS6-Kopfhörer gibt es ansonsten noch die drahtlosen WSA II und den WSA II-XL Kopfhörer. Beide sind faltbar und ebenfalls komplett kabellos. Sie können entweder in Verbindung mit der Fernbedienung oder in Verbindung mit dem WS6-Master verwendet werden.

Der WS6-Wireless-Kopfhörer kann entweder als Kopfhörer (Slave) oder als Fernbedienung (Master) verwendet werden.

Der MI-6 Pin-Pointer von XP lässt sich mit dem DEUS II koppeln und erhält so mehr Einstellungsmöglichkeiten auf der Fernbedienung des DEUS II.

Da ich persönlich gerne vergesse, den Kopfhörer auszuschalten, ist es sehr praktisch, dass der Kopfhörer sich automatisch abschaltet, sobald die Fernbedienung ausgeschaltet wird.

Der **DEUS II** hat zudem neue Töne an Bord, welche vom Nutzer ausgewählt werden können. Je nach Vorlieben können Sie hier unterschiedliche Töne verwenden. Wer jedoch die Töne vom alten DEUS I gewohnt ist, muss auf diese nicht verzichten. Diese verbergen sich hinter der Einstellung **PWM**.

PIN Pointer MI-6

XP hat zwei verschiedene Pin-Pointer im Angebot, welche viele von Ihnen bereits kennen: den MI-4 und den MI-6. Letzterer kann sogar mit dem **DEUS II** verbunden werden. Sobald der MI-6 mit dem DEUS II gekoppelt ist, überträgt dieser sein Audiosignal direkt an den **DEUS II** und gibt dieses dort aus. Die Töne können ebenfalls angepasst werden („Audio PULSE“).

Mit der Fernbedienung des **DEUS II** kann ganz einfach die Empfindlichkeit des Pin-Pointers in 50 Stufen eingestellt werden.

Sollte der Pin-Pointer doch einmal abhandenkommen, kann er mit Hilfe der Fernbedienung in einem Radius von 25 Metern wiedergefunden werden. Der Pin-Pointer gibt dann – auch nach mehreren Wochen – ein akustisches und optisches Signal aus. Da ich selbst schon meinen Pin-Pointer im Wald verloren habe, ist dies für mich ein durchaus nützliches Feature. Somit sollten generell herrenlose (XP) Pin-Pointer hoffentlich bald der Vergangenheit angehören.

Unterwasser

Mit dem DEUS II hat XP nicht nur einen exzellenten Detektor für die Suche an Land, sondern auch für die Unterwasser-Suche erschaffen. Der DEUS II ist bis zu 20 Metern wasserdicht und kann somit auch für die UW-Schatzsuche in Salz- oder Süßwasser verwendet werden.

Die rote Kappe schützt die Fernbedienung unter Wasser. Die graue Kappe ist für die Nutzung an Land und bis zu 1 Meter Tiefe.

Hierfür ist es wichtig, dass an der Unterseite der Fernbedienung die graue Kappe mit der roten Kappe getauscht wird. Die graue Kappe hält die Fernbedienung bis zu 1 Meter und die rote bis zu 20 Metern wasserdicht.

Der DEUS II ist bereit für die Unterwasser-Suche.

Wichtig!
Nutzen Sie die rote Kappe immer nur unter Wasser. An Land kann die rote Kappe dauerhaft zu Schäden in der Fernbedienung führen, da sie den Innendruck an Land nicht ausgleichen kann.

Der Funk zwischen Fernbedienung und Spule funktioniert unter Wasser natürlich nicht. Deshalb ist es notwendig, hierfür das Unterwasser-Kabel zwischen Fernbedienung und der Spule anzubringen.

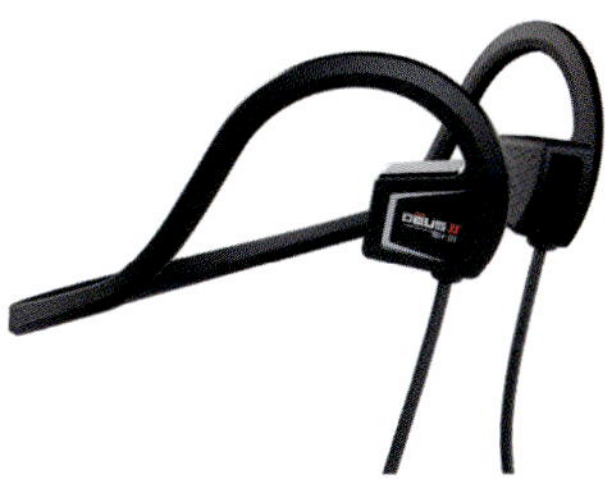

Der BH-01-Kopfhörer wurde extra für die Unterwasser-Suche entwickelt.

Für die Unterwasser-Schatzsuche hat XP eigens einen Kopfhörer für den DEUS II konzipiert. Der BH-01 ist ein so genannter Knochenschall-Kopfhörer und ist ebenfalls bis zu 20 Metern wasserdicht. Da Unterwasser das Hören beeinträchtigt ist, wird dieser Kopfhörer vor den Ohren auf dem Kieferknochen getragen. So wird der Schall über Knochenvibrationen auf das Innenohr übertragen und Ihnen entgehen somit keine Funde unter Wasser.

Die XP-Go-Terrain-App verbindet den DEUS II mit dem Smartphone. So können sich Funde und abgelaufene Strecken im Nachhinein gut rekonstruieren lassen.

Der BH-01 kann auch an Land verwendet werden, damit Sie die Umgebungsgeräusche wahrnehmen können. Der Kopfhörer ist somit nicht nur unter Wasser nutzbar.

Der Kopfhörer kann gesondert erworben werden und ist nicht im regulären Lieferumfang enthalten.

Go Terrain

XP geht mit der Zeit und hat für Smartphones die App „Go Terrain“ entwickelt, welche seit 2022 im Google Play Store und Apple App Store erhältlich ist. Der DEUS II überträgt die Daten der Fundobjekte in Echtzeit oder manuell an die App. Durch das GPS des Smartphones lässt sich so die abgelaufene Route samt Funde dokumentieren.

Leider konnte ich die App nicht persönlich testen, da sie anscheinend nicht für alle Smartphones kompatibel ist.

Abschließend lässt sich sagen, dass der **XP DEUS II** in der neusten Version sicherlich kein Schnäppchen ist und eine Anschaffung gut überlegt sein will. Wer jedoch die Schatzsuche als ernsthaftes Hobby betreibt und einen ausgezeichneten Detektor mit vielen verschiedenen Suchmodi und sehr guten Ergebnissen wünscht, legt sein Geld hier sicherlich gut an.

In der Basisversion ist der DEUS II ab ca. 900 Euro erhältlich. Gebraucht findet man die Vorgängermodelle des aktuellen DEUS II für bereits mehrere hundert Euro.

XP hat sich in den letzten Jahren einen großen Vorsprung zu anderen Herstellern erarbeitet und macht die Schatzsuche damit noch flexibler.

DETEKTOREN FÜR DIE KLEINEN SCHATZJÄGER

Natürlich dürfen Detektoren für die Kleinsten nicht fehlen. Auch den Herstellern ist dies in den letzten Jahren bewusst geworden, weshalb nach und nach immer mehr Detektoren für Kinder auf dem Markt erschienen sind.

Ich habe mir für Sie die beliebtesten Detektoren angesehen und stelle Ihnen diese hier vor.

Kaufen Sie Ihren Kleinsten einen Detektor und nehmen Sie sie mit auf Schatzsuche. Sie werden sich später an Erlebnisse wie diese lieber erinnern als an das erste Computerspiel.

Früh übt sich – Cornelia Ostler 1986 als Kleinkind mit ihrem ersten Metalldetektor.

Minelab Go-Find 11

Detektorart: VLF / 7,8 kHz
Einsatzgebiete: Land, flaches Wasser

Eigenschaften auf einen Blick:

- Wasserdichte 8“-Spule (20 cm), Gehäuse ist nicht wasserdicht, nur spritzwassergeschützt
- 2 Suchmodi
- Vier verschiedene Metall-Ergebnisanzeigen
- 3 Empfindlichkeitsstufen
- Tiefenanzeige: Flach, Mittel, Tief
- automatischer Bodenabgleich
- Kopfhöreranschluss 3,5 mm
- Tonunterscheidung: 3 Töne
- 4 x AA-Batterie
- Maße/Gewicht: 55–130 cm/1 kg
- Gestänge: Camlock-Verschlusssystem, zusätzlich verschiedene Sticker erhältlich
- Preise ab 129,– EUR

Fazit: Sehr leichter Detektor, welcher sich ganz schnell verstauen lässt. Durch die 4 verschiedenen Ergebnisanzeigen ist der Detektor leicht für Kinder zu verstehen, leider nicht wiederaufladbar. Qualitativ leider nicht ganz so hochwertig wie der Nokta oder Quest.

Nokta / Makro Mini Hoard

Detektorart: VLF / 15 kHz
Einsatzgebiete: Land, flaches Wasser, Süßwasserstrand
Empfohlenes Alter: 4–8 Jahre

Eigenschaften auf einen Blick:

- Detektor komplett wasserdicht bis 1 m
- 6“-Spule (15 cm)
- Pin-Point-Funktion (punktgenaue Ortung von Metallobjekten)
- Eisendiskriminierung
- 3 verschiedene Tiefenanzeigen
- Tonunterscheidung: 2 Töne
- automatischer Bodenabgleich
- Kopfhöreranschluss 3,5 mm
- 2 x AA-Batterie
- Maße/Gewicht: 63–90 cm/780 g
- Gestänge: Camlock-Verschlusssystem, zusätzlich verschiedene Sticker erhältlich
- Preise ab 129,– EUR

Fazit: Sehr leichter und wasserdichter Detektor für die ganz Kleinen mit kindgerechter Software (Lachendes Smiley bei Fund, trauriger Smiley bei Schrott), leider nicht wiederaufladbar. Macht ansonsten einen wirklich wertigen und stabilen Eindruck.

Nokta / Makro Midi Hoard

Detektorart: VLF / 15 kHz
Einsatzgebiete: Land, flaches Wasser, Süßwasserstrand
Empfohlenes Alter: 8–12 Jahre

Eigenschaften auf einen Blick:

- Detektor komplett wasserdicht bis 1 m
- 7“-Spule (18 cm)
- Pin-Point-Funktion (punktgenaue Ortung von Metallobjekten)
- Eisendiskriminierung
- Empfindlichkeit: 3 Stufen
- 3 verschiedene Tiefenanzeigen
- automatischer Bodenabgleich
- Kopfhöreranschluss 3,5 mm
- Tonunterscheidung: 3 Töne
- 2 x AA-Batterie
- Maße/Gewicht: 83–109 cm/880 g
- Gestänge: Camlock-Verschlusssystem, zusätzlich verschiedene Sticker erhältlich
- Preise ab 149,– EUR

Fazit: Sehr leichter und wasserdichter Detektor für Kinder ab 8 Jahren mit kindgerechter Software (lachendes Smiley bei Fund, trauriger Smiley bei Schrott), leider nicht wiederaufladbar. Macht alles in allem wirklich einen sehr wertigen Eindruck.

Quest X5

Detektorart: VLF / 12 kHz
Einsatzgebiete: Land, flaches Wasser, Süßwasserstrand
Empfohlenes Alter: 8–12 Jahre

Eigenschaften auf einen Blick:

- Wasserdichte Spule (24 cm x 14 cm)
- Spulenbeleuchtung auf der unteren Seite des Displays
- 3 Suchmodi (All-Metall, Schmuck, Münzen)
- Pin-Point-Funktion (punktgenaue Ortung von Metallobjekten)
- Eisendiskriminierung
- Leitwertanzeige Digital: 0–99
- 4 verschiedene Tiefenanzeigen
- automatischer Bodenabgleich
- Kopfhöreranschluss 3,5 mm
- Tonunterscheidung: 3 Töne
- Aufladbar via USB-Kabel
- Maße/Gewicht: 80–130 cm/950 g
- Gestänge: 3-teilig
- Preise ab 149,– EUR

Fazit: Leichter Metalldetektor für Kinder ab 8 Jahren. Der umfangreichste Kinderdetektor im Test. Der Zusammenbau ist etwas umständlicher und der Q5 verfügt leider nicht über ein Camlock-Verschlusssystem.

Viele Schatzsucher haben mittlerweile ihren „Lieblingshersteller“. Sondeln Sie am besten mit dem Detektor, welcher Ihnen am meisten liegt und Freude bereitet. Lassen Sie sich nicht von Marketing oder übereifrigen Suchern beeinflussen. Testen Sie die Detektoren, lassen Sie sich beraten und entscheiden Sie selbst, welche Features für Sie wichtig und welche unnötig sind. Kein Detektor ist perfekt.

KLEINTEILEDETEKTOREN (PIN-POINTER)

Ebenso wie ein guter, solider Metalldetektor ist auch ein Pin-Pointer für die vernünftige Schatzsuche unabdingbar. Alle Hersteller haben in den letzten Jahren erkannt, wie wichtig nicht nur der Detektor, sondern auch der kleine Helfer, der Pin-Pointer, ist. Als mein Vater im Jahr 2009 für die Überarbeitung dieses Buches recherchierte, sah es auf dem Markt im Bereich der Pin-Pointer noch sehr mau aus.

In den letzten Jahren haben alle Hersteller kräftig an der Entwicklung und Weiterentwicklung gearbeitet, sodass es mittlerweile eine wahre Modellflut gibt. Auch wenn viele Detektoren eine Pin-Pointer-Funktion haben, ist es damit sehr schwer, kleine Objekte im Boden zu finden. Hierfür ist die Anschaffung eines Kleinteiledetektors wirklich ratsam.

Alle Pin-Pointer ähneln sich im Aussehen, unterscheiden sich jedoch in der Leistung. In meinen Boden- und Lufttests haben alle Pin-Pointer ähnlich abgeschnitten. Es gab kein Gerät, welches nicht funktioniert hat oder gar negativ aufgefallen ist.

Ich stelle Ihnen hier die gängigsten Pin-Pointer vor. Natürlich ist es Geschmackssache, für welches Gerät Sie sich entscheiden. Wenn Sie jedoch vernünftig suchen möchten, empfehle ich Ihnen einen Marken-Pin-Pointer. Es wäre schade, wenn Ihnen Funde durch die Lappen gehen, nur weil der Pin-Pointer von minderer Qualität ist. Erkundigen Sie sich im Internet in den gängigen Foren oder bei YouTube. Es gibt mittlerweile viele neutrale Tests und Erfahrungsberichte zum Nachlesen. Die Detektorenhändler beraten Sie gerne und fachkundig.

Hersteller	**Quest XPointer**
Farbe	Schwarz, Orange, Pink
System	VLF – 9,5 kHz
Empfindlichkeitsstufen	4
Wasserdicht	Nein/Spritzwassergeschützt
Batterie/Laufzeit	9 V/ca. 30 Stunden
LED-Beleuchtung	Ja
Preis	Ab 99,– EUR
Sonstiges	Inklusive Zubehör
Gewicht	182 g
Fazit	Erschwinglicher Pin-Pointer für Einsteiger, leider nicht wasserdicht und wiederaufladbar.
Bewertung	

Hersteller	**Quest XPointer MAX**
Farbe	Schwarz, Orange, Pink
System	VLF – 9,5 kHz
Empfindlichkeitsstufen	4
Wasserdicht	Bis zu 5 m
Batterie/Laufzeit	Akku, wiederaufladbar/ ca. 14 Stunden
LED-Beleuchtung	Ja
Preis	Ab 159,– EUR
Sonstiges	Inklusive Zubehör, Eisenerkennung anhand der LED erkennbar (Eisen = rotes LED, Gold, Silber, Bronze = grünes LED), kleines Display zeigt Abstand zum Objekt und Signalstärke an, Lost-Alarm-Funktion, Kopfhörer können angeschlossen werden, automatischer oder manueller Bodenabgleich
Gewicht:	185 g
Fazit:	Dank der Anti-Rutsch-Oberfläche liegt er gut in der Hand. Sehr praktische Eisenerkennung anhand der LED. Kopfhörer können per Kabel angeschlossen werden. Preislich gehört dieser Pin-Pointer zu den teureren Modellen.
Bewertung:	

Hersteller	**Minelab Go-Find 15**
Farbe	Schwarz-Orange
System	VLF – 11,6 kHz
Empfindlichkeitsstufen	3
Wasserdicht	Regensicher
Batterie/Laufzeit	9 V/ca. 30 Stunden
LED-Beleuchtung	Nein
Preis	Ab 99,– EUR
Sonstiges	Inkl. Zubehör
Gewicht:	193 g
Fazit:	Kleiner Bruder vom Go-Find 35 und gut für Einsteiger geeignet, die nicht so viel ausgeben möchten. Liefert zuverlässige Ergebnisse.
Bewertung:	

Hersteller	**Minelab Go-Find 35**
Farbe	Schwarz-Orange
System	VLF – 11,6 kHz
Empfindlich-keitsstufen	5
Wasserdicht	Bis zu 3 m
Batterie/Laufzeit	9 V/ca. 30 Stunden
LED-Beleuchtung	Ja
Preis	Ab 149,– EUR
Sonstiges	Lost-Alarm-Funktion, inkl. Zubehör, kann Objekte zwischen Buntmetallen und Eisen unterscheiden
Gewicht:	193 g
Fazit:	Größtes und teuerstes Model der Go-Find-Serie von Minelab. Wasserdicht bis zu 3 Metern und kann Metalle unterscheiden. Leider nicht wiederaufladbar.
Bewertung:	

Hersteller	**Nokta-Pointer**
Farbe	Schwarz-Orange
System	VLF – 11,6 kHz
Empfindlich-keitsstufen	4
Wasserdicht	Bis zu 1 m
Batterie/Laufzeit	9 V/ca. 30 Stunden
LED-Beleuchtung	Ja
Preis	Ab 109,– EUR
Sonstiges	Austauschbare Hartschalenhülle, Lost-Alarm-Funktion, inkl. Zubehör
Gewicht:	230 g
Fazit:	Einfach zu bedienen, wird mit Schutzkappe geliefert und ist bis zu 1 Meter wasserdicht. Solider Pin-Pointer für Einsteiger und Fortgeschrittene. Im Audiomodus ist die Lautstärke des Pointers meines Erachtens nach sehr laut. Gutes Preis-Leistungs-Verhältnis.
Bewertung:	

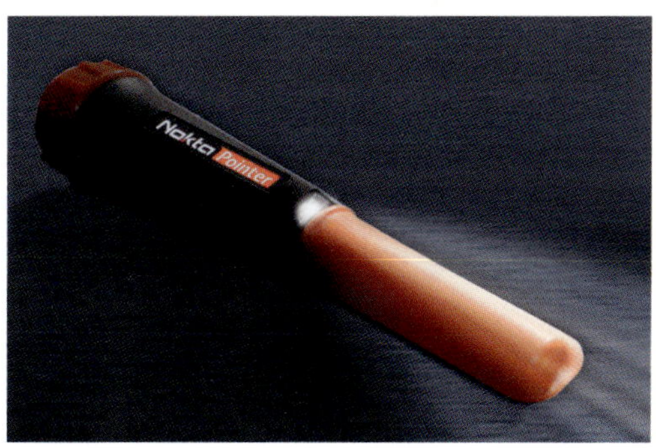

Hersteller	**Garret Pro-Pointer II**
Farbe	Schwarz
System	VLF – 12 kHz
Empfindlich-keitsstufen	1
Wasserdicht	Nur die Spitze
Batterie/Laufzeit	9 V/ca. 30 Stunden
LED-Beleuchtung	Ja
Preis	Ab 130,– EUR
Sonstiges	Lost-Alarm-Funktion, inkl. Zubehör, Schabeklinge, um den Boden zu durchsuchen
Gewicht:	174 g
Fazit:	Der Klassiker unter den Pin-Pointern. Wer einen soliden, zuverlässigen Pointer sucht, der nicht vollständig wasserdicht sein soll, wird mit dem Pro Pointer II viel Spaß und Freude haben. Für Einsteiger und Fortgeschrittene geeignet. Gehört leider nicht zu den günstigsten Modellen und für weniger Geld sind bereits wasserdichte Modelle erhältlich.
Bewertung:	

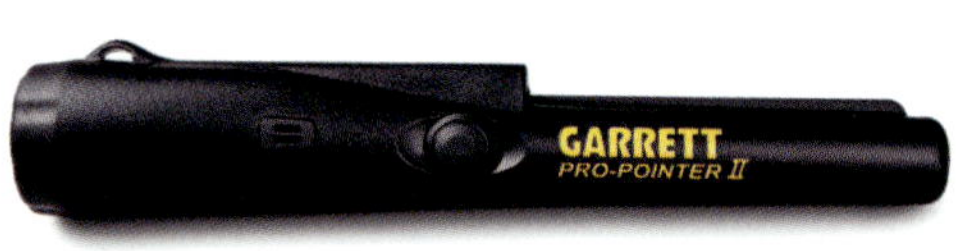

Hersteller	**Garret Pro-Pointer AT**
Farbe	Orange
System	VLF – 12 kHz
Empfindlich-keitsstufen	3
Wasserdicht	Bis zu 6 m
Batterie/Laufzeit	9 V/ca. 30 Stunden
LED-Beleuchtung	Ja
Preis	Ab 155,– EUR
Sonstiges	Lost-Alarm-Funktion, inkl. Zubehör, Schabeklinge, um den Boden zu durchsuchen
Gewicht:	184 g
Fazit:	Viele Sucher schwören auf die „Karotte“ (wie sie liebevoll von vielen Suchern genannt wird). Vorteil bei diesem Pointer ist, dass er bis zu 6 Metern vollständig wasserdicht ist. Ebenfalls ein Klassiker unter den Kleinteiledetektoren.
Bewertung:	

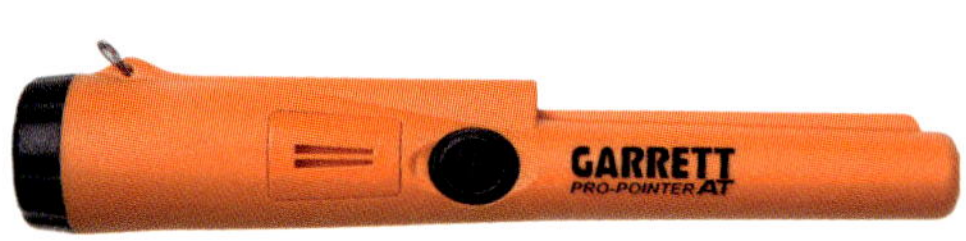

Hersteller	**Garret Pro-Pointer AT – Z-Lynk**
Farbe	Orange
System	VLF – 12 kHz
Empfindlichkeitsstufen	3
Wasserdicht	Bis zu 6 m
Batterie/Laufzeit	9 V/ca. 30 Stunden
LED-Beleuchtung	Ja
Preis	Ab 185,– EUR
Sonstiges	Kann mit Wireless-Kopfhörern mit Z-Lynk-Empfängern gekoppelt werden, Lost-Alarm-Funktion, inkl. Zubehör, Schabeklinge, um den Boden zu durchsuchen.
Gewicht:	184 g
Fazit:	Sehr teuer und viele Sucher haben mit der Z-Lynk-Wireless-Funktion Schwierigkeiten. Meiner Meinung nach ein nettes Feature, aber nicht unbedingt notwendig. Der wasserdichte kleine Bruder Pro Pointer AT ist völlig ausreichend.
Bewertung:	

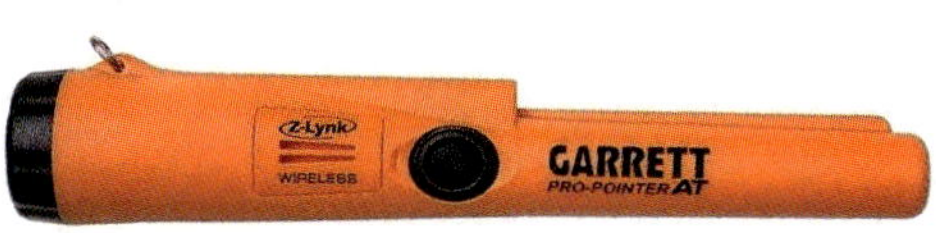

Hersteller	**XP MI-4 Pointer**
Farbe	Schwarz-Rot
System	VLF – 12kHz
Empfindlichkeitsstufen	3
Wasserdicht	Bis zu 6 m
Batterie/Laufzeit	Akku, wiederaufladbar/ ca. 30 Stunden
LED Beleuchtung	Ja
Preis	Ab 129,– EUR
Sonstiges	Inkl. Zubehör, Lost-Alarm-Funktion
Gewicht:	177 g
Fazit:	Guter, vernünftiger Pin-Pointer, welcher bis zu 6 Metern wasserdicht ist. Absolut top: Er ist wiederaufladbar!
Bewertung:	

Hersteller	**XP MI-6 Pointer**
Farbe	Schwarz-Rot
System	VLF – 12kHz
Empfindlich-keitsstufen	3
Wasserdicht	Bis zu 6 m
Batterie/Laufzeit	Akku, wiederaufladbar/ ca. 30 Stunden
LED Beleuchtung	Ja
Preis	Ab 169,– EUR
Sonstiges	Inkl. Zubehör, Lost-Alarm-Funktion, mit dem XP Deus gekoppelt gibt es sehr viele zusätzliche Einstellungsmöglichkeiten
Gewicht:	177 g
Fazit:	Obwohl er zu den teureren Modellen gehört, ist der MI-6 in Verbindung mit dem XP DEUS II (auch koppelbar mit dem ORX und dem DEUS I) eine klasse Kombination. Wasserdicht bis zu 6 Metern und kommt ganz ohne Batterien aus. Die Empfindlichkeit ist einstellbar.
Bewertung:	

Hersteller	**Fisher F-Pulse PI**
Farbe	Schwarz-Rot
System	PI – Pulsinduktion
Empfindlich-keitsstufen	3
Wasserdicht	Bis zu 2 Metern (1 Stunde)
Batterie/Laufzeit	2 x AA Batterie/ca. 25 Stunden
LED-Beleuchtung	Ja (dimmbar in 20 Stufen)
Preis	Ab 199,– EUR
Sonstiges	Inkl. Zubehör, Lost-Alarm-Funktion
Gewicht:	225 g
Fazit:	Sehr teuer und die Verarbeitung des Pointers ist leider nicht ganz so gut. Die LED ist dimmbar, was praktisch sein kann, aber nicht unbedingt notwendig ist. Einziger Pointer im Test mit Pulsinduktions-Technologie.
Bewertung:	

DISTANZORTUNG MIT LASERHILFE

Ein weiteres visionäres Gerät, das in der Lage sein soll, Metall aus größerer Entfernung zu orten, ist ebenfalls in den Bereich des Möglichen gerückt. Dabei meine ich keineswegs jene bereits oben beschriebenen „fragwürdigen Geräte", mit denen sich diverse US-Firmen über Wasser halten. Gemeint ist ein auf physikalischen Gesetzmäßigkeiten basierendes Gerät mit Reichweiten weit über den 1000-Meter-Bereich hinaus. Wird es nie geben, meinen Sie? Dann lesen Sie mal, was ich vor vielen Jahren erlebt habe!

DAS GEHEIMNISVOLLE DISTANZORTUNGSGERÄT IN DER ANGLERBOX

Im Oktober 2003 klingelte mein Telefon. „Spreche ich mit Reinhold Ostler?" Ich bejahte. „Mein Name ist Helmut Berner [Name geändert] – ich habe zufällig ein Buch von Ihnen in Händen gehabt und dort ihre Telefonnummer herausgeschrieben. Ich möchte vorausschicken, dass ich kein Schatzsucher bin, sondern Bauunternehmer. Der Grund, warum ich anrufe, ist der, dass wir ein Gerät entwickelt haben, mit dem sich Gold finden lässt." „Naja", entgegnete ich, „das können fast alle Detektoren." „Schon", antwortete Berner, „aber unser Gerät kann noch viel mehr, außerdem ist es kein Metalldetektor. Kann ich Sie mal besuchen?" Neugierig geworden antwortete ich: „Sicher, jederzeit." „Gut, ich rufe Sie an, bevor ich vorbeikomme. Servus."

Ich hörte nichts mehr von ihm und dachte nach ein paar Tagen auch nicht mehr an das Gespräch, da es so verlaufen war wie so viele Gespräche schon früher und die „Sensationsgeräte", die die meisten hier anschleppten, sich bislang alle als Schrott erwiesen hatten. Dann kam der Tag, der mein Leben verändern sollte. Es war Mitte März 2004 – ich erinnere mich noch, als wäre es gestern gewesen. Um 16:30 Uhr läutete das Telefon. „Erinnern Sie sich noch an mich, ich habe Sie letztes Jahr angerufen, es geht um ein neues Gerät. Ich bin in München und würde Sie gern besuchen." „Kein Problem – kommen Sie nur vorbei", lud ich ihn ein.

30 Minuten später saß er mir in meiner Bibliothek gegenüber. Richtiger: Sie saßen mir gegenüber, denn er hatte noch zwei Begleiter mitgebracht, von denen einer (ca. 22–24 Jahre alt) der Entwickler des Gerätes war und kein Wort Deutsch sprach, während der andere als Dolmetscher fungierte und alles in eine osteuropäische Sprache übersetzte. „Na, was haben Sie denn für ein Zaubergerät?", wandte ich mich an Berner, der etwa 40 Jahre alt und

von bulliger Statur war. (Zu diesem Zeitpunkt ahnte ich noch nicht, wie richtig ich mit dem Begriff „Zaubergerät" lag.)

„Ehe Sie das Gerät zu sehen bekommen, unterschreiben Sie diese", dabei zog er ein Blatt Papier aus der Tasche, „Geheimhaltungserklärung." Solche Spinner hatte ich schon öfters zu Besuch gehabt, deshalb dachte ich mir nichts dabei und unterzeichnete das Papier.

Nun schilderte er mir die Vorzüge der Neuentwicklung (die eigentlich gar keine war, da der Junge rein zufällig ein beim Militär existierendes Ortungsgerät weiterentwickelt hatte). Mit diesem Gerät – so Berner – sei es möglich, bis zu einer Entfernung von 100 Metern Gold und Silber punktgenau zu orten. Sofort fielen mir die Spinner wieder ein, die mit elektronischen Wünschelruten auf große Distanzen angeblich Edelmetalle aufspüren wollten.

In einer unscheinbaren Anglerbox befindet sich die Elektronik des geheimnisvollen Gerätes.

Die Spitzenpreise solcher Wundergeräte, die auch in Deutschland angeboten werden, liegen bei 8000 Euro! Nur funktionieren sie leider nicht.

Als ich Berner gegenüber damit argumentierte, winkte er ab. „Unseres funktioniert, das werden wir ihnen demonstrieren." Nun konnte ich es nicht erwarten, das Wunderding in Aktion zu sehen. „Lassen Sie uns auf unser Testgelände fahren, dort ist alles vorhanden, um das Gerät vorzuführen", schlug ich vor.

Dieses Testgelände – vier Hektar groß – hatte ich im Sommer 2003 angelegt. Dort befand sich jede Art von Metall in jeglicher Form und Tiefe vergraben, eben so, wie es bei der realen Suche vorkommt.

Auch einige Goldmünzen, einen Silberbarren und zwei Münzhorte aus Bronze zu je 100 Münzen hatte ich vergraben.

Was er dann dort aus einer Plastiktüte holte, erstaunte mich: eine grüne Kunststoffbox mit durchsichtigem Plastikdeckel, wie man sie als Angler- oder Schraubenbox verwendet, etwa 30 cm lang und ca. 15 cm breit. Unter dem Deckel waren Kipp- und Drehschalter, an der Stirnseite befand sich ein Laser, der nach dem Einschalten seinen dünnen Strahl über das Gelände warf. Der Laser hatte laut Berner allerdings nur die Funktion, die Richtung des Signales zu weisen und letztendlich den exakten Punkt des Fundes anzuzeigen. Er stellte den Schalter auf „Gold" und begann, das Kästchen auf und ab zu schwenken. Dabei drehte er sich langsam um die eigene Achse. Da ich wusste, wo meine Münzen sich verbargen, beobachtete ich gespannt, wie sich der rote Strich langsam dem Punkt näherte. Genau in dem Moment, als er darüberstrich, ertönte ein akustisches Signal. Langsam setzte sich Berner in diese Richtung in Bewegung, dabei weiter die Box auf und ab schwenkend. Als er unmittelbar vor dem Münzversteck stehenblieb, zeigte der rote Leuchtpunkt direkt auf die im Boden verborgenen Münzen, die ich nun aus 40 cm Tiefe ausgrub.

Ich bat ihn, nun auch den Silberbarren zu suchen, und nachdem er einen Schalter in der Box betätigt hatte, dauerte es kaum fünf Minuten, bis ich abermals zum Spaten griff und auch dieses Objekt ausbuddelte.

Glauben Sie mir – mein Weltbild war erschüttert (allerdings sollte dies erst der Beginn einer regelrechten Frustationsserie sein)!

Nun forderte er mich auf, es selbst einmal zu versuchen. Ich drückte ihm die Goldmünzen in die Hand, drehte mich um und schloss die Augen. Ein paar Minuten später stand er neben mir. „So, nun können Sie loslegen", sagte er. Wie ich es gesehen hatte, begann ich, das Kästchen zu schwenken und mich gleichzeitig um meine Achse zu drehen. Beinahe erschrak ich, als das Signal mir zeigte, in welche Richtung ich mich zu bewegen hatte. Vom Faserstrahl geleitet stand ich dann bald vor meinen Münzen, die unmittelbar unter der Grasnarbe hervorlugten.

In diesem Moment war mir bewusst, welches Potenzial in dieser unscheinbaren Box steckte.

Später, als wir zusammen im Gasthaus beim Essen saßen, kam er zur eigentlichen Sache. Während ich an eine Serienproduktion dachte, wurde ich unmittelbar aus meiner Vorstellung gerissen. „Also, dass eines klar ist", begann er, „dieses Gerät wird niemals irgendwo zum Verkauf erscheinen. Der Grund, warum wir uns heute treffen, ist, dass dieses Gerät zusammen mit Ihrem Wissen unbezahlbar ist. Wenn Sie einverstanden sind, treffen wir eine Vereinbarung: Sie fahren mit uns zu den infrage kommenden Orten, und im Erfolgsfall teilen wir 50:50." Wir trafen diese Vereinbarung, und bereits am nächsten Tag waren wir unterwegs. Als Erstes fuhren wir zum Steinriegel am Walchensee, wo immer noch Teile des Reichsbankschatzes verborgen lagen. Nun offenbarte Berner, was das Gerät alles vermochte: Es ließ nicht nur die Metallart auswählen, sondern darüber hinaus auch noch die gesuchte Menge (von 100 g bis nach oben offen), zudem den Edelmetallanteil (von 10 bis 90 %). Das Ortungssignal durchdrang dabei jegliche Materie – gleich ob Fels, Erde, Berg, Wasser oder Stahl; lediglich Blei bildete ein unüberwindbares Hindernis!

Allen Fragen zu Funktion und Arbeitsweise des geheimnisvollen Gerätes wich Berner geschickt aus, indem er vorgab, dies selbst nicht zu wissen oder zu verstehen. Allein der Junge (Viorel war sein Name), der das Ding angeblich entwickelt hatte, kannte diese Details, was ich niemals glaubte. Lediglich eine Information rückte er heraus: dass mit dem ursprünglichen Gerät das rumänische Militär nach Uran gesucht habe (ob dies der Wahrheit entspricht, weiß ich nicht). Viorel sei rein zufällig auf die Möglichkeit gestoßen, das ursprüngliche Gerät nach einfachem Umbau für die Goldsuche zu verwenden. Berner schwadronierte gern, dass dieser kaum lesen und schreiben könne und außerdem aus einem Dorf komme – ich zitiere wörtlich –, „wo die Hunde mit dem Arsch bellen".

Wir wanderten die Waldwege entlang, und Berner schwenkte die Plastiktüte mit dem Gerät darin unaufhörlich, während wir plaudernd einhergingen. Auf eindrucksvolle Weise bewies das Ding plötzlich wieder, was in ihm steckte: Urplötzlich ertönte das Signal, und sofort begann Berner, gezielt in die Richtung zu schwenken. An einem Punkt am Hang eines Hügels blieben der Faserpunkt und der Ton hängen. Als ich nachgrub, förderte ich drei Glieder einer Goldkette zu Tage, die wohl irgendwann irgendjemandem gerissen war!

Nun entschloss ich mich, Berner und seine Begleiter dorthin zu führen, wo meiner Vermutung nach ein Teil des Schatzes auf seine Entdeckung wartete: in die Nähe des Kraftwerkes Obernach. Kaum zehn Minuten später ertönte wieder das bekannte Signal, und der Lichtpunkt wies auf eine Stelle oben am Steilhang, unterhalb einer kleinen Felswand. Berner veränderte verschiedene Einstellungen, und irgendwann konstatierte er ca. 12 kg Gold und etwa 8 kg Silber! Allerdings war es unmöglich, sofort mit der Ausgrabung zu beginnen, da zu viele Wanderer unterwegs waren. Also verschoben wir die Aktion auf einen anderen Zeitpunkt.

Am nächsten Tag wollte der Geschäftsmann mit seinen Begleitern wieder nach Hause fahren. Wir vereinbarten ein weiteres Treffen in zwei Wochen.

In dieser Zeit fand ich kaum Schlaf – das Erlebte ließ mich nicht mehr zur Ruhe kommen. Wenn ich überhaupt einmal schlief, tauchten im Traum Bilder auf, von denen Sie sich denken können, welcher Art sie waren.

Nachdem die quälenden zwei Wochen endlich um waren, trafen die Herren am Freitagabend wieder ein.

Beim Essen im Gasthof schockierte mich Berner mit einer neuen Information: „Viorel hat das Gerät nochmals modifiziert. Jetzt haben wir 1000 Meter Reichweite." Wir legten fest, welche Ziele wir in den nächsten beiden Tagen anfahren wollten. Darunter befanden sich die Leistmühle im Altmühltal und noch ein paar andere Punkte, sodass ich eine regelrechte Tour zusammenstellen konnte.

Um es kurz zu machen: Alle angefahrenen Punkte erwiesen sich als taub. Diesmal fiel mir vor allem eines auf: Mehrmals am Tag rief Berners Frau an und wollte wissen, ob wir bereits fündig geworden seien. Es hatte den Anschein, als sei ein großer Fund die letzte Rettung für die Baufirma.

Drei Wochen später sollte ich Berner das letzte Mal sehen. Wieder kam er mit seinen Begleitern. Wieder war das Gerät modifiziert worden, und diesmal vergingen mir Hören und Sehen: Die

Reichweite betrug nun insgesamt 3 km, und obendrein besaß das Gerät eine „Scan"-Funktion, die im Umkreis von 6 km blitzartig erfasste, ob sich in diesem Bereich die eingestellte Menge Edelmetall befand. Obendrein konnte das Gerät nun neben Gold und Silber auch Kohlenstoff (Diamanten) und Öl aufspüren! Tests bewiesen die absolut zuverlässige Funktion.

Drei Wochen später sollte eine siebentägige Tour gestartet werden, die uns nach Rennes-le-Château, in die österreichischen Alpen und nach Ostdeutschland führen sollte.

Als Berner zum vereinbarten Zeitpunkt – Freitag – nicht erschien, dachte ich mir zuerst noch nichts dabei. Als er jedoch auch am Samstag nicht kam, rief ich ihn abends an. „Was ist los, wann kommst du denn?", wollte ich wissen. Die Antwort erstaunte mich völlig: „Ich komme überhaupt nicht mehr", antwortete er. „Wieso?", wollte ich wissen. „Ich habe das Gerät an die Weltbank verkauft – nun habe ich schon mehr gesagt, als ich eigentlich sagen darf." Mit diesen Worten legte er auf.

Ich war wie vom Blitz gerührt.

Am nächsten Tag analysierte ich die Sachlage und kam zu folgendem Schluss: Wenn Berner das Gerät der Weltbank zum Kauf angeboten hatte, gab es nur einen einzigen logischen Grund, weshalb diese Institution viel, wahrscheinlich sehr viel Geld dafür ausgegeben hatte.

Wenn dieses Gerät als Serie auf dem internationalen Markt auftauchen würde, mit all diesen Funktionen, die ich selbst ausprobieren konnte, dann wäre jedes noch so arme Land der Erde sehr schnell in der Lage, seine Bodenschätze selbst optimal zu finden und zu nutzen, benötigte keine teuren Kredite der Weltbank mehr und könnte sich binnen kürzester Zeit unabhängig machen. Das Resultat wäre, dass kein Land sich mehr Rohstoffpreise und Fördermengen diktieren lassen müsste, sondern unabhängig im Weltgeschehen mitspielen könnte.

Das Ergebnis: Aus Sicht der Weltbank dürfte dies niemals passieren! Deshalb wurde das Gerät sozusagen vom Markt gekauft.

Ich sandte Berner noch eine E-Mail. Die einzige Antwort, die ich erhielt, kam von seinen Anwälten. Darin wurde mir bei Strafandrohung untersagt, jemals wieder mit ihm Kontakt aufzunehmen.

Ach ja – nach diesem frustrierenden Telefonat bzw. Mail begab ich mich hurtig zu der Stelle am Walchensee, wo wir die große Gold- und Silberanzeige gehabt hatten. Was ich vorfand, zeigte eindrucksvoll, dass Berner tatsächlich Ahnung von Tiefbau hatte: Ein Schacht von etwa eineinhalb Metern gähnte mir entgegen – natürlich leer!

Weshalb ich dies hier so ausführlich geschildert habe, liegt auf der Hand: Wenn einer der Leser dieses Buches zu wissen glaubt oder eine Ahnung hat, wie das Gerät funktionieren könnte, würde ich mich über jeden Hinweis darüber freuen. Vielleicht gelingt es mit Ihrer Hilfe, das Rätsel zu lüften!

Suchen Sie einen großen Geländeabschnitt ab, brauchen Sie Orientierung – und ein System.

SUCHSYSTEME BEI DER DETEKTORARBEIT

Ein wenig System bei der Suche mit dem Metalldetektor hat noch niemandem geschadet. Im Gegenteil – je ausgefeilter das Suchsystem ist, desto schneller stellt sich der Erfolg ein. Dabei meine ich nun nicht unbedingt den Schatzsucher, der abends noch eine Stunde loszieht, sondern jene, die nach erfolgter Recherche ein bestimmtes Objekt in einem bestimmten Areal aufspüren wollen. Ohne entsprechendes System besteht die Gefahr, mögliche Lageplätze zu übersehen oder zu übergehen. Die unterschiedlichen Systeme hängen natürlich zum Teil auch von der benutzten Sonde ab. Da aber in den meisten Fällen herkömmliche Detektorenmodelle zum Einsatz kommen, beziehen sich die Suchsysteme auf allgemein gebräuchliche Detektoren, mit Ausnahme der extra beschriebenen Tiefen- und Flächenortungsgeräte.

Die Faustregel für ein lückenloses Suchschema lautet:
Schwenkbereich des Detektors plus Suchgeschwindigkeit.

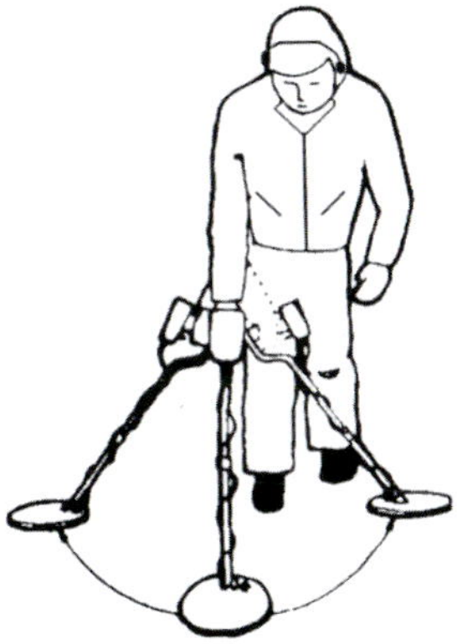

Die Grafik zeigt deutlich den optimalen Schwenkbereich der suchenden Person.

Zwei Zentimeter Abstand vom Boden ist die ideale Höhe der Spule.

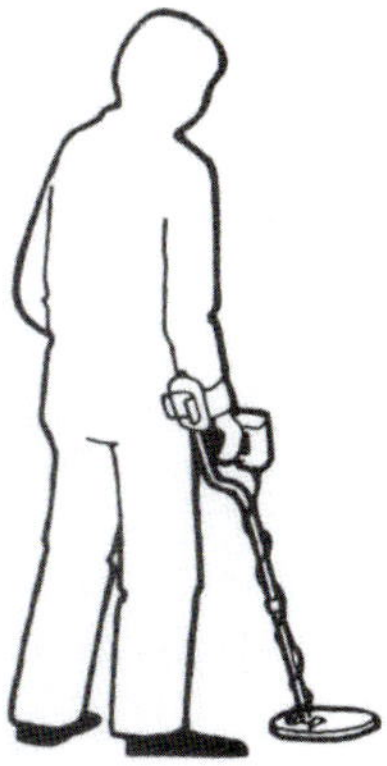

Korrekte Haltung und Führung des Detektors.

Natürlich sind beide Faktoren auch wieder von der verwendeten Sonde abhängig: je kürzer der Schaft, desto geringer der Schwenkbereich. Zudem spielt es eine Rolle, ob das Gerät dynamisch oder statisch arbeitet. Dynamische Sonden erfordern ein schnelleres Schwenken des Suchkopfes, während statische Metallsuchgeräte – also Verharrungssonden – wesentlich langsamer bewegt werden müssen.

Der Schwenkbereich ist dabei jener Bereich, der vom Suchkopf abgedeckt wird, wenn er von der suchenden Person im optimalen Halbkreis bzw. Querschwenk bewegt wird. Je größer die Spule ist, desto größer der abgedeckte Bereich.

Besonders bei geringer Sondenerfahrung muss unbedingt darauf geachtet werden, dass der Suchkopf in der optimalen Haltung über den Boden geführt wird. Ansonsten kann es Ihnen passieren, dass tiefer oder hochkant liegende Gegenstände nicht erfasst werden. Sehr penibel sollten Sie auch darauf achten, dass der Abstand des Suchkopfes zum Boden immer möglichst gleich bleibt. Zu hoch geführte Spulen erbringen – besonders bei VLF-Geräten – nur noch einen Teil der maximalen Leistung. Die Spulenführung sollten Sie erst einige Male üben, um Routine zu bekommen, ehe Sie eines der folgenden Systeme anwenden.

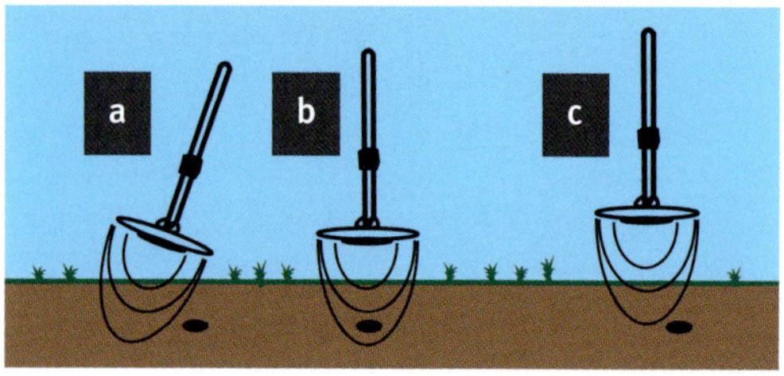

Nur in Abbildung B ist die Spulenführung korrekt.

Die nachfolgend beschriebenen Methoden setzen gewisse Hilfsmittel voraus, ohne deren Verwendung es schwer ist, gleichbleibend präzise das Gelände abzudecken. Dafür eignen sich besonders ein Trassierband in den Farben rot und weiß oder verschiedene Leinen, die man mit Tuchfetzen markieren kann. Als Notbehelf dienen aber auch Kleidungsstücke, Gegenstände und Äste. Wichtig ist, die Grenzen des Areals deutlich zu erkennen. Das Trassierband wird am Punkt A befestigt und eine frei gewählte Strecke in einer Linie ausgelegt. Am Endpunkt der Linien gehen Sie im rechten Winkel um Punkt B mit dem Band zurück bis auf Höhe des Punktes A, sodass eine Bahn entsteht. Genauso verfahren Sie weiter, bis Ihnen das Areal groß genug ist. Wenn Sie nun quer zu den Bahnen ebenso verfahren, entsteht ein großes Gitter mit einzelnen Quadraten. Dieses System eignet sich bestens für die Suche in Geländen, die viele Kleinteile enthalten, und wenn Sie die Fundstellen auf einen Plan übertragen wollen.

Suchmethode 1: Rastersuche oder Suchgitter

Rastersuche bedeutet, dass der Schatzsucher die Bahnen sowohl längs als auch quer mit dem Detektor abschwenkt. So bleibt kein Quadratzentimeter ohne Abdeckung.

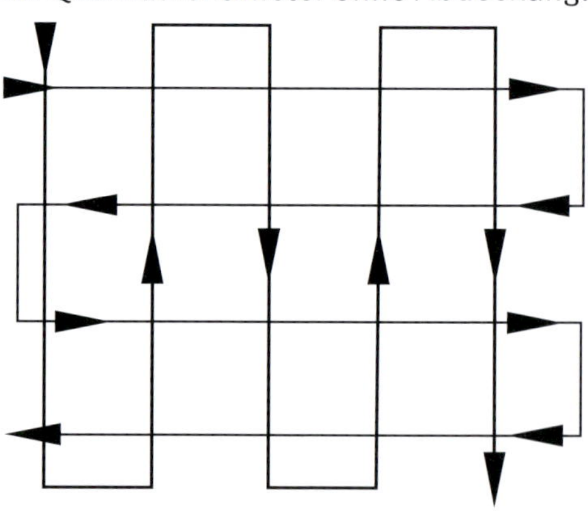

Suchmethode 2: Bahnensuche

Diese Methode wird angewandt, wenn Notizen und Eintragungen in Pläne nicht erforderlich sind und es lediglich darauf ankommt, systematisch und überlappend ein Areal abzusuchen. Achten Sie beim Anlegen der Bahnen darauf, dass diese etwas schmäler als Ihr Schwenkbereich werden, damit sich die Bahnen unter der Suchspule überlappen.

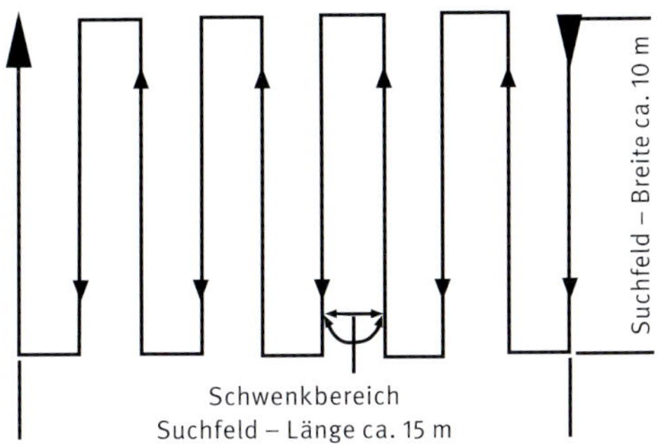

Suchmethode 3: Suchschnecke oder -spindel

Die Spindel oder Schnecke wird hauptsächlich im freien und unbewachsenen Gelände angewandt. Zwischen Bäumen und Sträuchern ist sie ungeeignet, da diese immer wieder Hindernisse für die Arbeit darstellen.

Von Ihrem gedachten Mittelpunkt des abzusuchenden Areals aus beginnen Sie, in Spiralenform das Markierungsband auszulegen. Auch hier sollten Sie wieder darauf achten, dass die Bahn etwas schmaler als der Schwenkbereich ist. Es ist bei der Spindel eher ratsam, die Bahn etwas enger zu setzen, sodass der Spulenkopf jeweils in die Nachbarbahn hineinreicht. Damit ist gewährleistet, dass kein Quadratzentimeter Boden dem Einfluss der Spule entkommt.

Beim Auslegen der Markierung müssen Sie unbedingt darauf achten, dass die Spindel auch wirklich die Form einer Spirale hat und nicht in eine andere Form übergeht.

Als Hilfsmittel dienen Holzpflöcke, um die das Band gelegt werden kann. Ein einfaches Hilfsmittel, um eine kreisrunde Fläche zu erzielen, sind ein Pflock und ein Stück Markierungsband, das etwa dem halben Durchmesser des gewünschten Kreises entsprechen sollte. Dann müssen Sie nur noch jeweils ein Stück verlängern, um immer größere Kreise zu erzielen.

Am rationellsten lassen sich die beschriebenen Schemen bearbeiten, wenn man nicht sofort jede Anzeige ausgräbt, sondern sie lediglich markiert. Nach beendeter Suche braucht man dann nur noch die markierten Stellen abzugehen. Diese Methode ist die beste, wenn mehrere Personen ein Areal absuchen, denn dann markiert man die Stellen, an denen der Detektor Metall angezeigt hat, und das „Grabungsteam“ gräbt sofort nach. Wenn an einer Suche mehr als drei Personen beteiligt sind, ist Methode 4 vorzuziehen.

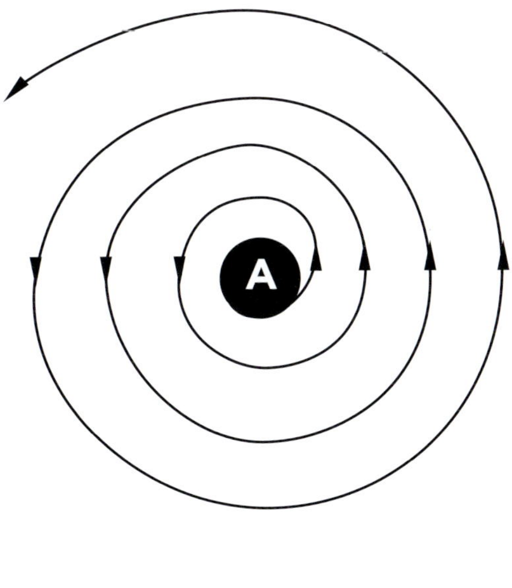

Suchmethode 4: Suchwalze

Dies ist die rationellste Methode, um ein Gelände flächendeckend abzusuchen. Dabei ist die Anwendung der Suchwalze bereits ab drei Personen möglich. Falls es noch mehr sind, umso besser. Man muss sich dieses Schema als umgekehrten Keil vorstellen, dessen Breitseite die Front der Walze bildet.

Worauf man allerdings achten muss, ist die korrekte Einhaltung der Abstände zueinander, damit auch hier wieder die Schwenkbereiche überlappen. Bei Suchwalzen von drei oder noch mehr Reihen kann auch nicht der kleinste Nagel durchschlüpfen. Auch hierbei ist es von Vorteil, wenn ein gesondertes Grabungsteam die markierten Punkte bearbeitet.

Sogenannte Spotmarkierungen lassen sich leicht mit Holzstäbchen anfertigen, die mit einem Schild versehen sind. Zweckmäßigerweise sollten diese Markierungen eine auffällige Farbe haben, damit sie vom Grabungsteam leicht wahrgenommen werden können. Nachteilig kann es sich bei der Suchwalze auswirken, wenn sich die Geräte untereinander stören. Dann ist es angebracht, die Abstände deutlich zu vergrößern oder zu einer der anderen Methoden zurückzukehren.

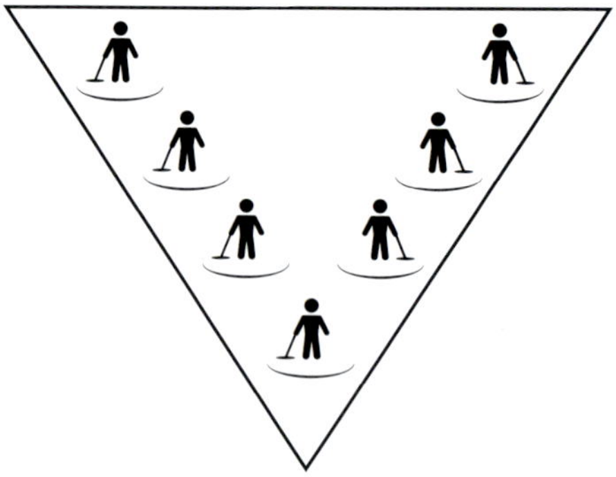

ERREICHBARE SUCHTIEFEN

Schätze und Wertgegenstände können in den verschiedensten Tiefen verborgen sein. Es gibt keinerlei Normen und Regeln hinsichtlich der Vergrabungstiefen. Während man in früheren Zeiten mit geringeren Verbergungstiefen auskam, weil ganz einfach der Gedanke vorherrschte, dass der Schatz, sobald er mit Erde bedeckt wäre, jeglichem fremden Zugriff entzogen sei, machten sich beispielsweise die Verberger in den letzten beiden Kriegen wesentlich mehr Mühe. Es existieren Verstecke, die bis zu dreieinhalb Meter tief liegen. Logisch: Meist waren die Verberger Angehörige spezieller Verbringungseinheiten, wie zum Beispiel der SS während des Zweiten Weltkrieges, und diese Herren hatten viel Zeit. Wiewohl auch genügend Grabungspersonal.

Unter diesen Gesichtspunkten ist es richtig, wenn man davon ausgeht, dass ein Detektor so tief als möglich orten sollte. Hinzu kommt die Tatsache, dass vielerorts interessante Fundbereiche mit Hobbygeräten abgesucht sind und nun nur noch professionelle oder zumindest semiprofessionelle Technik Erfolge bringt. Inzwischen ist die Ortungstechnik so weit fortgeschritten, dass diese Bereiche durchaus erreichbar sind. Allerdings wird hier kaum mehr ein VLF-Detektor mit einer 12-V-Batterie mitmischen können.

Solche Leistungen sind der Bereich der Spezialortungstechnik mit ihren speziellen Rahmenspulen, TOS (Tiefenortungssystemen) oder Kombidetektoren, die sich in solche verwandeln lassen (wie zum Beispiel einzelne Geräte der Garrett-Reihe), und beispielsweise Bildschirmsystem.

Unglaublich ist dabei die mögliche Ortungstiefe: Einzelne Gegenstände in Münzengröße lassen sich noch in bis zu einem Meter Tiefe aufspüren, während große Objekte sogar bis zu maximal zehn Metern Tiefe ortbar sind. Im Gegensatz zu den TOS-Geräten auf VLF-Basis werden hierbei auch noch kleinste Gegenstände erfasst. TOS-Geräte dagegen benötigen bestimmte Objektgrößen, wobei gilt: Je größer das Objekt ist, desto tiefer erfolgt auch die Ortung.

Was darüber hinausgeht, ist bereits elektronischer Fachbereich, der einiges an physikalischem Fachwissen erfordert. Eine solche Technik ist beispielsweise die nachfolgend beschriebene, ohne dass ich allzu kompliziert ins Detail gehen möchte. Mit einigem Grundwissen lässt sich dieses

Messgerät übrigens durchaus selbst bauen.

MESSUNG DES BODENWIDERSTANDES

Bekanntlich lässt sich alles messen, was im Geringsten die Eigenschaft besitzt, Strom zu leiten und fließen zu lassen. Besonders der Boden besitzt ausgezeichnete Leitfähigkeiten, die man sich in einzelnen Fällen zunutze machen kann. Besonders feuchter Boden ist ein hervorragendes Leiterelement und gibt über vieles Aufschluss, das möglicherweise im Erdboden verborgen sein könnte. Um die nachfolgend beschriebene Methode durchführen zu können, muss man nicht unbedingt Elektroingenieur sein – und auch kein Regelmesstechniker.

Worauf es ankommt, ist, dass Sorgfalt und Genauigkeit oberste Priorität haben, egal für welches Verfahren man sich entscheidet. Da man die Messergebnisse miteinander vergleichen muss, um Anomalien erkennen zu können, ist das Anlegen eines Rasterblattes unerlässlich, sofern man den erforderlichen automatischen Schreiber (elektronisches Schreibgerät, das Messergebnisse ähnlich einem EKG-Schreiber aufzeichnet) nicht hat.

Rund um den Erdball wird diese Methode seit Langem mit außergewöhnlichem Erfolg angewandt, vor allem bei der Suche nach Bodenschätzen und Mauerresten. Dem Laien und Amateur ist es natürlich nur selten möglich, den Aufwand und die Technik multinationaler Konzerne und geologischer Institute zu duplizieren. Deshalb fällt unsere Messanlage weitaus einfacher aus, was aber nicht heißen soll, dass sie deshalb weniger gut arbeitet. Dabei bleibt sogar die Qual der Wahl zwischen zwei möglichen Verfahrenssystemen, deren Vorzug oder Nachteil jeder selbst bestimmen möge.

Das Prinzip selbst ist denkbar einfach. In einem abgegrenzten Suchgebiet wird ein Metallpflock an verschiedenen Stellen ins Erdreich geschlagen. Dieser Pflock ist über ein Kabel mit einem Ohmmeter verbunden, das als Messgerät dient. Rings um das abgegrenzte Suchgebiet werden ebenfalls Metallpflöcke in den Boden getrieben, die parallel geschaltet sind. Damit erhält man Vergleichswerte, die notwendig sind, um die ermittelten Werte des eigentlichen Messpflocks richtig deuten zu können. Der Messpflock sollte eine fixierte Abstandsscheibe haben, die garantiert, dass die

Einschlagtiefe immer gleich ist. Etwa zehn bis fünfzehn Zentimeter Länge genügen für den Messpflock. Als Material empfehle ich einen fünf bis acht mm starken Eisen- oder Kupferpflock. So wird mittels elektrischen Flusses der Bodenwiderstand gemessen. Befinden sich Hindernisse im Boden (Felsen, Gegenstände etc.), ändert sich der Stromfluss, der Widerstand wird höher und lässt sich in elektrischen Werten (Ohm) ablesen.

Die zweite angesprochene Messmethode ist noch einfacher zu handhaben und außerdem auch leichter selbst herzustellen. Im Gegensatz zur eben beschriebenen Methode entfällt hierbei die umständliche Draht- bzw. Kabelverbindung. Die benötigten Kabel werden direkt am Messpflock angeschlossen, von wo aus sie zum Messgerät – dem Ohmmeter – führen. Auch hier ist es wieder wichtig, dass der Messpflock immer gleich tief ins Erdreich eindringt, um so gleichmäßige Resultate liefern zu können.

Das Messgerät (Ohmmeter) muss je nach Bodenbeschaffenheit gewählt werden. Feuchter Boden ist bekanntlich ein besserer Leiter als trockener Boden. Deshalb ist es durchaus von Vorteil, bei trockenem Boden das Erdreich einige Stunden vor Beginn der Messungen eventuell mit Hilfe einer Gießkanne zu durchfeuchten.

Auch die Stromversorgung des Ohmmeters ist von Bedeutung: Wechselstrom liefert bedeutend bessere Resultate als Gleichstrom. Wenn man die einzelnen Messergebnisse auf Millimeterpapier überträgt, lassen sich Abweichungen deutlich erkennen.

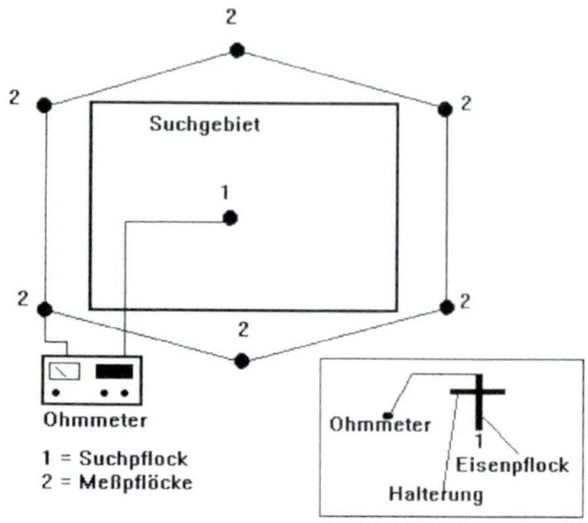

Messmethode 1: die aufwendigere Variante der Widerstandsmessung.

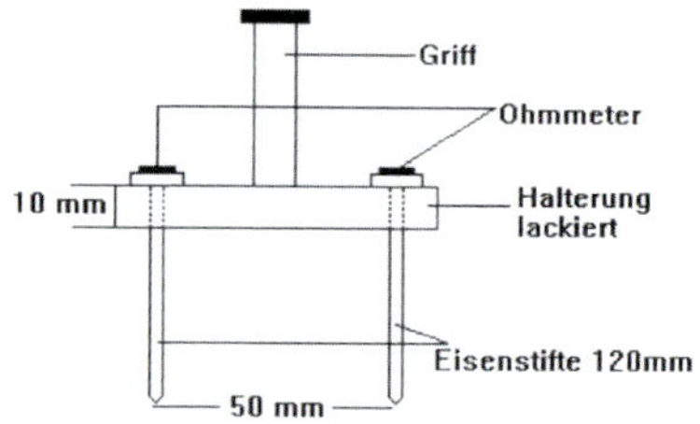

Einfach herzustellen: Messpflock für ein Widerstandmessgerät.

SUCHE IN FLÜSSEN UND BÄCHEN

Schatzsuche ist nicht ausschließlich eine landgebundene Sache – auch in Flüssen und Bächen ist sie durchaus möglich. Voraussetzungen dafür sind natürlich ein entsprechend niedriger Wasserstand und das Vorhandensein entsprechender Ausrüstung.

Während es im Hochsommer bei brütender Hitze eine willkommene Abkühlung bedeutet, mit hochgekrempelten Hosenbeinen im kühlen Nass zu laufen, kann dies im Frühjahr und Herbst dagegen die Ursache einer schlimmen Grippe bedeuten. Neopren-

Hosen (Tauchhosen) oder Wathosen sind für die Suche in Flüssen und Bächen die richtige Bekleidung. Der Detektor sollte zumindest bis zum Kabelanschluss wasserdicht sein, noch besser wäre allerdings ein Kombinationsgerät Land/Unterwasser (UW).

Je nach Breite des Gewässers ist das Vorgehen identisch mit dem der Landsuche, hierbei ist das „Serpentinschema“ vorzuziehen. Angezeigte Objekte auszugraben ist etwas schwieriger als an Land, da erstens der Untergrund meist steinig oder schlammig ist und zweitens die Sichtverhältnisse durch aufgewühlten Dreck schlecht sind. Für die Bergung von Kleinteilen empfehle ich deshalb ein Sandscoop (ein röhren- oder kastenförmiges Gerät mit einem Griff, das rundum große Löcher hat – die Erde wird damit aufgeschaufelt, geschüttelt und fällt wieder heraus, während der Gegenstand drinen bleibt, ähnlich einem Sieb) und für größere Gegenstände ein Hilfsmittel, um die Sicht zu verbessern. Dies ist entweder eine Taucherbrille oder ein Plastikeimer, aus dem der Boden herausgeschnitten wird. Wenn man vom Eimer eine Öffnung ins Wasser hält, kann man von oben alles auf dem Grund erkennen.

Strömung

Gewässer mit starker Strömung, aber geringer Wassertiefe (bis 1,5 m) bedürfen eines Hilfsmittels. Dabei wird an beiden Ufern ein Seil befestigt (6 mm Reep) und eine Rolle daran angebracht. Mittels eines Karabiners befestigt man eine zweite Rolle, durch die wiederum ein Seil der beschriebenen Stärke läuft. Ein Ende des Seils dient nun als Sicherung für den Suchenden, das andere Ende als Halteseil für eine Hilfsperson oder – falls man allein ist – für sich selbst.

Am quer gespannten Seil kann man nun jederzeit mittels Rolle seinen Standort verändern, während das Sicherungsseil in Strömungsrichtung die gesamte Seillänge Spielraum bietet. Das geschilderte System lässt sich ohne Weiteres auch für ein Schlauchboot verwenden. Bei stehenden Gewässern ist diese Sicherung nicht notwendig, allerdings sollte man bedenken, dass solche Gewässer meist stark verschlammt sind und sich die Füße im Schlamm festsaugen. Sehr leicht kann man den Halt und das Gleichgewicht verlieren und im Wasser landen. Deshalb ist es ratsam, bei Wassersuchen grundsätzlich entweder eine oder mehrere Hilfspersonen mitzunehmen oder gar ein Hilfsboot zu verwenden.

Anders sieht es hingegen in Furten aus: Solche Flussübergänge waren seit jeher gleichzeitig kulturelle Stätten, an denen etwas geopfert oder beim Überqueren verloren wurde. Bestes Beispiel ist das im Bereich einer Furt im Inn bei Mühldorf gefundene Opferschwert. Nur unweit von dieser Stelle hatte ich einige Jahre später – allerdings bei absolutem Niedrigwasserstand – wieder Glück. Ich fand im Wasser 186 römische Münzen, wohl entweder ein früher Verlust oder gar ein Opfer. Es kann sich also durchaus lohnen, im Bereich von Furten besonders sorgfältig zu suchen.

Im bayerischen Walchensee werden seit Jahrzehnten die letzten Reserven der Deutschen Reichsbank gesucht – und auch anderswo liegt Brisantes verborgen.

BRISANTE ODER FRÜH-GESCHICHTLICHE FUNDE

Nicht immer machen Schatzsucher gerade die Funde, die sie sich erträumen. Gelegentlich stößt man auch auf Dinge, die man lieber nicht finden würde. Deutschlands Besatzungsmacht, die US Army, hatte zu Zeiten des Kalten Krieges in strategisch wichtigen Gebieten für die Zeit „danach" vorgesorgt und Lager angelegt. Die Annahme, dass die Bundesrepublik Hauptschauplatz des nächsten Krieges sein könnte, ließ die Militärs Vorsorge treffen. Quer durch Deutschland haben sie – hauptsächlich in Wäldern – vergrabene Depots angelegt, in denen Schusswaffen, Geldbeträge in verschiedenen Währungen (Mark, Dollar, Rubel), Gold, Munition, Sprengstoff und Pässe vergraben wurden. In der Eifel wurden solche Depots bereits von Suchern zufällig entdeckt. Wer auf eines dieser Depots stößt, sollte den Fund umgehend melden!

Die Parallele hierzu sind die zahlreichen – bislang noch unentdeckten – Depots der Organisation „Werwolf" aus dem Dritten Reich. Ähnlich den Gedankengängen der Amerikaner wurden von den Nationalsozialisten Depots mit Gold, Geld, Waffen, Munition und Pässen angelegt, um den aus dem Hinterhalt agierenden „Werwölfen" Unterstützung gewähren zu können. Wenn Sie zufällig ein solches Depot finden, dann lassen Sie die Finger davon, denn unerlaubter Waffenbesitz ist strafbar!

Noch weitaus schlimmer ist der Fund terroristischer Depots! Bekanntlich haben Rechts- und Linksextremisten von den Vorbildern „Werwolf" und US Army gelernt und ihre Depots in ähnlicher Weise angelegt. Auf gar keinen Fall dürfen Sie als Finder den Fund behalten. Das in solchen Depots versteckte Geld stammt mit hoher Wahrscheinlichkeit aus Straftaten.

Ebenso verhält es sich mit Munition, Waffen und Dokumenten. Sie können in Teufels Küche kommen, wenn Sie das Zeug behalten. Bedenken Sie: Selbst wenn Sie solch einen

Mengenweise noch im Boden: Gewehrmunition aus dem Zweiten Weltkrieg – noch immer hochbrisant.

Depotinhalt nur zufällig finden, ihn aber behalten, und man kommt aus irgendwelchen Umständen dahinter, dann haben Sie den Schwarzen Peter. Dem Staat und seinen Anwälten ist es egal, ob Sie etwas damit zu tun haben oder ob Sie nur der Finder sind. Der alte juristische Grundsatz „in dubio pro reo" ist leider oft längst der allgemeinen Meinung gewichen, dass viele Bürger grundsätzlich etwas angestellt haben und verdächtig sind. Die Ermittlungsbehörden würden nicht davor zurückscheuen, Sie in der Öffentlichkeit als schuldig darzustellen oder Ihre Integrität anzuzweifeln. Sie schütteln ungläubig den Kopf? Dann lesen Sie, was mir passiert ist:

Anfang der 1990er-Jahre suchte ich im Auftrag einer österreichischen Bergungsfirma nach der verschollenen Zinnfigurensammlung der Henriette von Schirach. Die Figuren sollten angeblich im Walchensee versenkt worden sein.

Die Suche nach dem Zinn im Walchensee wurde von allen möglichen Medien aufgegriffen. So berichteten unter anderem Zeitungen, Illustrierte und das Fernsehen über diese Suchaktion. Im Juni 1992 rief mich ein Mann an, der in den Zeitungen von der Suche gelesen hatte. Er selbst sei auch Taucher und habe schon in der Bucht am Walchensee danach gesucht. Nun wollte er gern wissen, in welchem Bereich wir gesucht hatten.

Es gab keinerlei Grund, weshalb ich dies hätte verschweigen sollen. Jeder, der zum Walchensee gefahren wäre, hätte die Grenzbojen unseres Suchquadranten gesehen und somit auch das Areal gekannt. Es war also kein Geheimnis. Er vermutete die Sammlung noch weiter draußen (was ich jedoch für unmöglich hielt) und hatte sich bei seinen Tauchgängen auf diesen Bereich konzentriert, der hinter unserer Nordleine lag. Dieser Bereich des Sees ist wesentlich tiefer als der von uns bearbeitete Quadrant. Bei seinen Tauchgängen hatte er bereits die 70-m-Marke erreicht.

Die Zinnfiguren habe er nicht gefunden, erzählte er mir. Aber er habe einen seltsamen Fund gemacht, nämlich ein Fass. Nun ja, Fässer, so antwortete ich, fanden wir ebenfalls in größerer Zahl – alte Ölfässer, die wohl einmal als Schwimmkörper gedient hatten. Nein, nein, nicht diese Fässer. Solche habe er bei seinen diversen Unterwasserexkursionen ebenfalls genügend gesehen, jedoch nicht so weit draußen. Jenes Fass, welches er auf beinahe 70 m vorgefunden hatte, trug obenauf das dreiflügelige Zeichen für Radioaktivität. Er zeigte mir auf einer topografischen Karte ungefähr die Stelle, an der er den brisanten Fund gemacht hatte.

Nun ist mir durchaus bekannt, dass während des Dritten Reiches in dieser Gegend Uranwürfel aufgetaucht, aber auch wieder verschwunden sind. Viele kennen diese Geschichte, die sogar einmal Gegenstand eines Fernsehfilmes war. Ich möchte nicht in Abrede stellen, dass sogar Teile davon im Walchensee versenkt wurden, sicher weiß dies jedoch niemand.

Nach etwa einer Stunde war uns beiden klar, dass keiner dem anderen entscheidende Hinweise auf die Zinnfiguren geben konnte (oder wollte), und er verabschiedete sich, nachdem ich mir noch auf einem leeren Kuvert (oder einem Schmierzettel, so genau erinnere ich mich nicht mehr) seine Telefonnummer notiert hatte. Eigentlich maß ich dem Gespräch nicht allzu viel Bedeutung bei und hatte es auch bald vergessen.

Irgendwann sprach ich mit meiner Frau darüber. Sie war der Ansicht, dass ich die Sache dem Landratsamt melden sollte, auch wenn ich sie nur von einem Dritten wusste. Ich setzte das Landratsamt davon in Kenntnis und dachte bald nicht mehr daran.

Einige Zeit später erhielt ich einen Anruf vom Landeskriminalamt. Man wollte mich besuchen und mit mir über das radioaktive Fass sprechen. Warum auch nicht? Kurz darauf erschien eine Hauptkommissarin mit ihrem Kollegen, die mich in dieser Angelegenheit vernahmen. Ich schilderte die Geschichte, wie sie sich zugetragen hatte. Weshalb man sich so sehr dafür interessierte, erfuhr ich nun ebenfalls.

Die Justizbehörden unterhalten eine eigene Ermittlungsabteilung für „spektakuläre öffentliche Fälle". (Die anderen Umweltschweinereien, wie die Müllkippe auf dem Grund des Sees oder das von mir aufgedeckte Fischsterben im Inn bei Mühldorf waren anscheinend nie „spektakulär" genug.)

Abschließend wollte man gern die Telefonnummer des Tauchers haben. So sehr ich auch suchte, ich konnte sie nicht mehr finden. Nachdem ich der ganzen Sache damals keinerlei Bedeutung zugemessen hatte, hatte ich wohl das Papier weggeworfen. Telefonnummern von guten Tauchern hatte ich mehr als genug. Damit, so dachte ich, sei die Angelegenheit erledigt. Das war sie jedoch beileibe nicht.

Am Abend des 29. Juli rief mich ein Mann an, der sich als Staatsanwalt ausgab. Er sprach mich auf das radioaktive Fass an und fragte, ob ich am nächsten Tag nicht zu ihm ins Büro nach München kommen könnte, da er mir noch ein paar Fragen dazu stellen wollte. Dies alles, so betonte er, sei selbstverständlich rein freiwillig. Ich willigte ein und wir verabredeten uns für den nächsten Morgen um 11 Uhr vormittags.

Der 30. Juli war ein brütend heißer Tag. Am Abend zuvor fiel mir siedend heiß ein, dass am nächsten Tag einer jener Familientage war, die ein Ehemann besser nicht vergessen sollte. Der Termin beim Staatsanwalt würde sich aber bestimmt verschieben lassen.

Es war Freitagmorgen, 10 Uhr. Ich rief im Büro des Staatsanwaltes an, um einen neuen Termin zu vereinbaren. Es schien ein ganz anderer Mann am Ende der Leitung zu sitzen. „Die Sache duldet keinen Aufschub, Sie setzen sich jetzt augenblicklich ins Auto und kommen hierher", bellte er mich an. Ich konnte mir nicht gut vorstellen, dass über das Wochenende noch viel passieren würde, und erklärte ihm die

Situation. Ich sagte ihm, ich käme am Montag gleich in der Früh. „Das ist mir alles egal, ich habe Sie gestern Abend offiziell vorgeladen. Wenn Sie nicht innerhalb einer Stunde hier sind, lasse ich Sie durch die Polizei vorführen!" Was waren das für Töne! In einem demokratischen Rechtsstaat! Ich hatte nun die Nase voll von so viel Selbstherrlichkeit und erwiderte ihm, dass das so nicht funktioniere.

Ich wollte nun erst einmal meinen Anwalt konsultieren. Dieser fragte mich, ob ich ihn verulken wolle. So etwas gebe es in unserem Rechtsstaat nicht. Er wollte dem Staatsanwalt per Telefax einen gemeinsamen Termin vorschlagen. (Dieses Telefax wurde nie beantwortet, was zeigt, wie wenig sich manche Rechtsorgane um die Rechtsstaatlichkeit kümmern).

Kurze Zeit später läutete das Telefon. Wieder der Herr Staatsanwalt. Diesmal wurde er noch massiver. „Wenn Sie nicht bis spätestens 15 Uhr hier in meinem Büro sind, lasse ich Sie von der Polizei vorführen!" Er setzte noch einen drauf: „Heute ist Freitag, da könnte es natürlich sein, dass ich dann nicht mehr hier bin, um Sie anzuhören [er sagte tatsächlich: „anzuhören"]. Sie müssten das Wochenende dann in Arrest verbringen." Angesichts dieser Töne verschlug es mir die Sprache. Ich war meiner staatsbürgerlichen Pflicht gefolgt, hatte eine Umweltsauerei den Behörden gemeldet und wurde nun behandelt, als wollte ich ein Loch ins Kernkraftwerk bohren! Ein Staatsanwalt drohte mir massiv mit Freiheitsentzug, ohne mich schriftlich geladen zu haben, und zwang mich nun, bei 34 °C Hitze gegen meinen Willen nach München zu fahren. Eine Tortur, die ich persönlich als Körperverletzung empfand.

Zähneknirschend und mit einer immensen Wut im Bauch fuhr ich nach München ins Büro des Staatsanwaltes. Dort saß genau der Typ, den ich aufgrund der Telefonate erwartet hatte. Jung, rücksichtslos und karrieregeil. Der Karrieremensch blitzte ihm richtig aus den Augen. Außerdem war zugegen die nette Hauptkommissarin, die ebenso wie ich unter der Hitze zu leiden schien. Auf der Herfahrt hatte ich in den Nachrichten gehört, dass man am Walchensee seit gestern nach einem ominösen radioaktiven Fass suche. Zwei Stunden dauerte die Vernehmung, während der der junge, karrieresüchtige Staatsknecht erkennen musste, dass ein Zeuge noch kein Atomfass macht. Immer wiederkehrende Vorhaltungen, dass ich den Zettel mit der Telefonnummer des Tauchers weggeworfen hatte, bestimmten die „Anhörung", die mittlerweile in ein solides Verhör ausgewachsen war. Ich hoffe, der gute Mann hat mittlerweile zur Kenntnis genommen, dass es auch in Bayern weder gegen die Verfassung noch das Gesetz verstößt, wenn man Schmierzettel wegwirft! Falls nicht, dann sollte man dies im Lehrplan für angehende Staatsanwälte eventuell berücksichtigen.

In der „Süddeutschen Zeitung" konnte ich dann lesen, dass die Vernehmungen noch keine weiteren Ergebnisse erbracht hätten. Die Presse zu unterrichten hat man dann diesem forschen Staatsanwalt doch nicht zugetraut – der Oberstaatsanwalt verkündete der renommierten „Süddeutschen Zeitung" Zweifel an meiner Aussage.

Später, als wiederum die „Süddeutsche Zeitung" berichtete, dass sich „aufgrund der Ermittlungen einiger weiterer Zeugen die Hoffnung des Oberstaatsanwalts, das Fass könnte eventuell nur in meiner Fantasie existieren", nicht erfüllte, „vergaß" der Herr Oberstaatsanwalt, sich öffentlich bei mir zu entschuldigen, wie es eigentlich erforderlich gewesen wäre.

Während meiner Vernehmung trieb die Staatsanwaltschaft eine Posse nach der anderen bei der bisher vergeblichen Suche nach dem Fass: So wurde eine Suche durchgeführt, die in Fachkreisen herzhaftes Gelächter auslöste. Die Freiwillige Feuerwehr, ausgestattet mit fast schon fossilen Gerätschaften, ruderte zum Beispiel kreuz und quer auf dem See herum, angewiesen durch Handzeichen eines Helfers am Ufer. Man verzichtete auf mein gut gemeintes Angebot, freiwillig und kostenlos an der Suche mitzuwirken, ebenso wie auf mein Angebot, mit modernsten Mitteln zu versuchen, das Fass zu orten. Ein völlig neuartiges Ortungssystem, das sogar eine Gammasonde beinhaltete, die auf Radioaktivität anspricht und in der Lage ist, solche Fremdkörper aufzuspüren, existierte damals bereits. Stattdessen wollte man Professor Fricke und sein Mini-U-Boot in den See schicken, ohne darüber nachzudenken, dass damit das Fass noch lange nicht geborgen wäre.

Ein weiterer halbherziger Versuch, der den Steuerzahler lediglich Geld kostete, schlug ebenso fehl. Die „Dringlichkeit, die keinen Aufschub duldet" (Werbespruch des mich verhörenden Staatsanwaltes), ist längst abgeklungen. Es scheint, als setze man auf die Vergesslichkeit der Leute.

Das ominöse Fass, dessen Existenz mittlerweile mehrere Zeugen bestätigt haben, ruht noch immer auf dem Grund des Sees. Was sich darin befindet, weiß bis heute niemand. Hat man inzwischen längst den Versenker ermittelt, und besteht womöglich Grund dafür, etwas vertuschen zu wollen? Oder ist lediglich der Versuch fehlgeschlagen, schnell und billig einen Schuldigen (mich) der Öffentlichkeit zu präsentieren? Ich weiß es nicht. Jedenfalls drängt sich der Verdacht auf, dass weder der Oberstaatsanwalt noch andere Staatsorgane ernsthaftes Interesse am Auffinden des Fasses hatten. Inzwischen ließe sich sogar darüber spekulieren, ob der Walchensee nicht gar ein Depot des „erfolglosesten Geheimdienstes der Welt" ist. Den Schlapphüten vom Bundesnachrichtendienst, damals noch in Pullach ansässig, wäre eine solch fragwürdige Geschichte durchaus zuzutrauen (man könnte dann angeblich geschmuggeltes radioaktives Material „sicherstellen" und stünde als geniale Ermittler da). Wer weiß?

Was ich hingegen sicher weiß: Solange ordentliche Staatsbürger, die lediglich Missstände aufzeigen, mangels anderer Straftäter ersatzweise verhört werden, ist es für mich eine Gewissensfrage, ob ich jemals wieder so etwas melden werde. Primär werde ich künftig solche Geschichten erstmal als Märchen betrachten: Märchen sind nicht meldepflichtig und die Nichtmeldung deshalb auch nicht strafbar.

Also, überlegen Sie sich gut, was Sie in einem solchen Fall machen würden!

Falls Sie tatsächlich das Pech haben sollten, über ein solches Depot zu stolpern, dann sollten Sie auf jeden Fall versuchen, Ihre Anonymität zu wahren, indem Sie einen Anwalt Ihres Vertrauens beauftragen, den Fund für Sie zu melden. Natürlich können Sie die Meldung auch anonym machen. Sollten Sie aber in Schwierigkeiten geraten, nur weil Sie Ihrer staatsbürgerlichen Pflicht nachkommen, dann wenden Sie sich – ohne zu zögern – an die Öffentlichkeit (Zeitungen, Illustrierte oder Fernsehen). Je breiter solche Themen in der Öffentlichkeit behandelt werden, umso schneller sind sowohl Verursacher als auch Behörden zum Handeln gezwungen. Grundsätzlich aber sollte man solche Dinge von einem Anwalt erledigen lassen, da unsere Behörden leider oft der Datensammelwut verfallen sind. Kein Bürger lässt sich gern womöglich jahrzehntelang in den Computern als Verdächtiger führen, nur weil er das Pech gehabt hat, bei der Ausübung seines Hobbys über eine Sauerei zu stolpern.

Wallersdorfer Keltenschatz.

Bei Ihren Streifzügen mit dem Detektor sollten Sie sich auch angewöhnen, niemals in ausgewiesenen Grabungsschutzgebieten zu suchen. Halten Sie sich grundsätzlich fern von jeglichen frühgeschichtlichen Arealen. Damit tun Sie den Archäologen einen großen Gefallen und erschweren ihnen nicht unnötig die Arbeit.

Frühgeschichtliche Funde sind für den Privatmann meist ohne Bedeutung. Was gibt für uns schon eine zerbrochene Fibel her? Den Archäologen hingegen erzählt sie eine komplette Geschichte. In den seltensten Fällen macht man den bedeutenden Fund einer Regenbogenschüssel – jener keltischen Goldmünze, von der sich die Sage des Topfes voller Gold am Ende eines Regenbogens ableitet. Wie gesagt: selten! Ausnahmen bestätigen allerdings die Regel, wie vor Jahren in Wallersdorf/Niederbayern, wo bei Baggerarbeiten an der Kanalisation ein großer Hortfund dieser seltenen Münzen gemacht wurde. Schatzsucher werden von den Archäologen sowieso äußerst misstrauisch beobachtet, und am liebsten wäre es ihnen, unsere Suche vollkommen unterbinden zu können. Helfen Sie also mit, Ressentiments abzubauen und sie nicht aufzustauen.

Es kann leicht geschehen, dass sich bei einem Streifzug ein Signal als frühgeschichtlicher Fund entpuppt – das ist jedoch nicht Ihre Schuld.

Nichtsdestotrotz wollen die Archäologen natürlich gern wissen, was so alles gefunden wurde. So weit als möglich sollte jeder, der zufällig frühgeschichtliche Funde macht, die Fundstelle vermerken und den oder die Funde dem zuständigen Landesamt für Boden und Denkmalpflege vorlegen bzw. melden. Der Fundort und die Fundumstände geben den Archäologen Aufschluss über eine mögliche Besiedelung des Gebietes oder über spezifische Besonderheiten. Allerdings sollten Sie bei der Vorlage oder Meldung entsprechende Umsicht walten lassen – dazu gehört auch, sämtliche vorgelegten Stücke zu fotografieren und penibel aufzulisten. Nur so ist sichergestellt, dass Sie auch alles wieder komplett zurückbekommen. Archäologen sind natürlich keine Diebe, aber in Ämtern kann doch leicht einmal etwas verloren gehen. Falls Interesse besteht, wird man Ihnen gegebenenfalls ein Angebot unterbreiten, den Fund anzukaufen.

Leider haben sich in jüngster Zeit die Methoden gewandelt. Mittlerweile ist es oft Sitte, ehrliche Melder zu verfolgen wie dereinst die Christen unter Kaiser Nero. Leider wird Findern oft unterstellt, dass die Meldestelle nicht die Fundstelle sei oder dass nicht alles abgegeben oder gemeldet worden wäre. Dass nebenbei versucht wird, Finder zu betrügen, ist ebenfalls inzwischen fast eine Selbstverständlichkeit geworden!

Viele bedeutende Funde und Erkenntnisse sind allein Schatzsuchern zu verdanken, wie beispielsweise die berühmte Himmelsscheibe von Nebra. Zugegeben: Das Verhalten der Finder kann nur als kriminell bezeichnet werden, weil sie den Fund unterschlagen hatten und auf dem Schwarzmarkt verhökern wollten. Trotzdem lässt sich nicht wegdiskutieren, dass es keine Archäologen waren, sondern nur Hobbysucher, denen der Jahrhundertfund gelungen ist.

Deshalb kann es nicht schaden, wenn man ein wenig Einblick in die Arbeitsweise der Archäologen bekommt. Wer etwas lernen möchte, kann ohne Weiteres im zuständigen Landesamt anfragen, ob Grabungshelfer benötigt werden. Bei gemeinsamer Arbeit bekommt jede Seite ein Gefühl des Verständnisses für die Belange der anderen.

Sie werden sich sicherlich wundern, dass ich gelegentlich den Bogen zur „anderen Seite" so streng spanne, andererseits aber eine Lanze für die Archäologie breche. Nun, das ist leicht erklärbar: Es gibt – wie leider in der Gilde der Schatzsucher auch – in den Reihen der Archäologen schwarze Schafe, die Wasser predigen und selbst Wein trinken. Hardliner, die am liebsten den Spruch

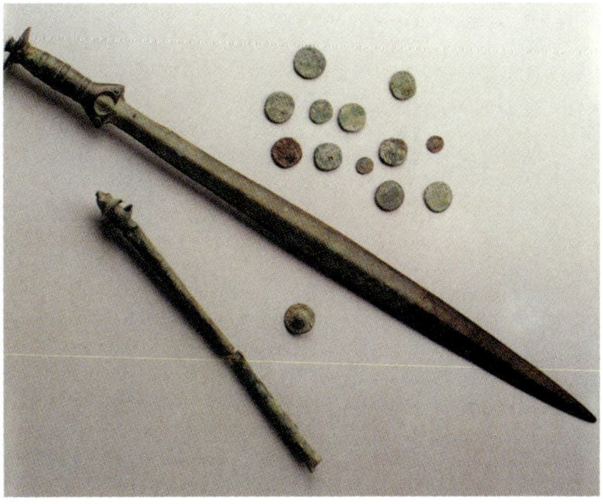

Das keltische Opferschwert, das 1984 bei der Suche nach dem Kurfürstensilber in Mühldorf gefunden wurde.

aus Amerikas Pioniertagen abwandeln würden, der besagte, dass „nur ein toter Indianer ein guter Indianer ist". Solche verbohrten und engstirnigen „Wissenschaftler" hat keine Gesellschaft verdient.

Andererseits habe ich aber selbst erlebt, dass mittlerweile eine neue Generation von Archäologen heranwächst, die nicht mehr blindlings allen Hetztiraden glaubt. So lernte ich beispielsweise 1993 einen jungen Archäologen kennen, der in Regensburg studiert hatte und mir wortwörtlich sagte:

„Auch bei uns in der Universität wurde Ihr ‚Handbuch für Schatzsucher' als abschreckendes Beispiel benutzt. Als wir uns dann etwas intensiver damit auseinandersetzten, stellten wir fest, dass vieles, was Sie darin schreiben, der Wahrheit entspricht und man lediglich versucht, in uns Aversionen und Emotionen zu wecken. Ich werde sicher mit Schatzsuchern zusammenarbeiten." Ein großer Hoffnungsschimmer am Horizont!

Im Verlauf der Suchaktion nach dem Silber des Kurfürsten fand ein Taucher in den trüben Fluten des Inn im Kiesgeröll einer Furt ein keltisches Opferschwert. Obwohl das Schwert rund 3500 Jahre im Flussbett gelegen hatte, war der Erhaltungsgrad erstklassig. Nach Vorlage beim Landesamt, wo das Schwert bestimmt und untersucht wurde, unterbreitete man dem Entdecker ein Angebot, ihm das Schwert abzukaufen. Er stimmte selbstverständlich zu. Das Prunkstück befindet sich heute in der prähistorischen Staatssammlung in München.

Streifzugfund: Perkussionsvorderladergewehr.

Alle diese angesprochenen Fälle sind bei Streifzügen mit dem Detektor möglich. Doch sind diese Beispiele in den meisten Fällen nicht die Ursache von Ärgernissen. Die häufigsten Gründe sind Schlamperei und grenzenlose Dummheit. Wer Löcher gräbt, sollte auch in der Lage sein, diese wieder zu verschließen. Ich habe Areale gesehen, die an einen Granateneinschlag erinnerten! Loch an Loch reihte sich aneinander, und zwischendurch konnte man glauben, ein Tiefbaureferat sei auf Betriebsausflug! Wer so gedankenlos vorgeht, darf sich nicht wundern, dass Grundstückseigentümer, Bauern und Förster nach Knüppeln suchen, wenn diese Sorte „Schatzsucher" auftaucht. Gewöhnen Sie sich grundsätzlich an, das Gelände wieder so zu verlassen, wie sie es vorgefunden haben.

In den Vereinigten Staaten von Amerika und Großbritannien, wo es weit mehr Schatzsucher gibt als hier in Deutschland, hat man sich schon vor Jahren einen Kodex auferlegt, an den sich seltsamerweise fast alle Schatzsucher halten. Liegt es daran, dass Amerikaner oder Engländer mehr Disziplin besitzen oder intelligenter sind als wir Deutschen? Oder liegt es einfach daran, dass unsere Überheblichkeit oder „Nach-mir-die-Sintflut"Mentalität schuld daran ist, dass uns alles egal ist? Es gibt nun mal Bereiche, in denen Fingerspitzengefühl und Sensibilität wichtiger sind als bei Bayern München die Trainerfrage.

Streifzugfunde liegen selten tiefer als 20 cm, sodass oftmals schon ein Spatenstich genügt, um sie auszugraben. In Laubwäldern dagegen liegen die Gegenstände meist sogar nur unter einigen Schichten Laub. Hier reicht es oft, mit dem Stiefel das Laub wegzuscharren.

Man kann durchaus einen kleinen Gegenstand bergen und das Loch wieder unkenntlich schließen, ohne gleich eine Grube auszuheben. Sie brauchen nur mit einem Messer den Boden rund auszustechen, und schon können Sie den Erdpfropf herausnehmen. Nach Entnahme des Objektes lässt sich der Pfropf wieder perfekt einsetzen, sodass kaum etwas zu sehen ist.

Sie haben sich mittlerweile wahrscheinlich einige Male gefragt, wozu eigentlich der Kleinteiledetektor dient? Ganz einfach! Kleinere oder gar ganz kleine Gegenstände wie Münzen, Ringe oder Kettenglieder sind im Boden nur sehr schlecht zu erkennen. Punktgenaue Lokalisierung ist nur in den seltensten Fällen auf Anhieb möglich. Auch wenn Sie beim Ansetzen des Spatens den Punkt zu kennen glauben, ist es möglich, den Ort des kleinen Teilchens aus der Erinnerung zu verlieren. In diesem Fall nehmen Sie entweder eine Handvoll Erde und prüfen diese über der Spule, oder Sie lokalisieren Ihren Fund mit dem Kleinteiledetektor im Loch. Besonders geeignet ist er für schwer zugängliche Stellen – etwa unter Wurzelwerk oder unter Steinen.

Wie erfolgreich Streifzüge mit dem Detektor letztlich enden, liegt an Ihnen. Allein die Häufigkeit Ihrer Streifzüge entscheidet, ob Sie mit der Zeit einen kleinen Schatz anhäufen oder nicht. Die Rechnung ist relativ einfach: Wer einmal im Monat loszieht, hat pro Jahr zwölfmal die Chance, fündig zu werden. Wer dagegen pro Woche mindestens einmal unterwegs ist, vervielfacht seine Chance. Schatzsuche ist ähnlich wie Lottospielen – wer niemals spielt, kann auch niemals etwas gewinnen. Aber anders als beim Lotto können Sie die Chance manipulieren – nämlich mit der Häufigkeit der Suche und der Auswahl des Geländes. Wer beim Kauf eines Detektors fragt: „Wie oft muss ich suchen, bis sich das Gerät bezahlt gemacht hat?“, dem kann ich nur antworten: „Lassen Sie es sein und spielen Sie lieber Lotto!“

So unscheinbar eine kleine Bronzeschelle sein mag:
Alles hat seinen ganz eigenen Wert.

SCHATZ ODER „SCHÄTZCHEN“?

KLEINVIEH MACHT AUCH MIST

In den seltensten Fällen werden Sie das Glück haben, die ersehnten eisenbeschlagenen Kisten als Großgebinde heimzuschleppen. Deshalb brauchen Sie aber nicht verbittert zu sein. Eine alte Schatzsucherweisheit besagt, dass viele kleine „Schätzchen“ zusammen einen großen Schatz ergeben. Außerdem ist es wesentlich einfacher, häufig kleinere Funde zu machen, als über die besagte Kiste zu stolpern. Das hat den Vorteil, dass sich auch der Aufwand für Recherchen in Grenzen hält.

Um lukrative Plätze auszukundschaften, genügt es in der Regel, sich mit der lokalen Heimatgeschichte auseinanderzusetzen. Gute Ansatzpunkte liefert beispielsweise die „heimatkundliche Stoffsammlung“ (die aber überhaupt nichts mit irgendwelchen ländlichen Textilien zu tun hat), die als Lerngrundstoff in jeder Hauptschule vorhanden ist. Ebenfalls wertvolle Hinweise enthalten die Ortschroniken, von denen mittlerweile fast jedes Dorf mit mehr als drei Häusern eine hat. Meist kann man sie bei der Gemeindeverwaltung oder in Sparkassen und Banken des Ortes erwerben. Fast immer enthalten sie Hinweise auf Burgen, Schlösser, Wehranlagen, Befestigungen, Schanzen und sonstige geschichtlich bedeutende Anlagen und Ereignisse. Ein Blick auf die Topografie der Gegend genügt meist, und schnell hat der fachkundige Schatzsucher mit geübtem Blick jene Bereiche herausgefiltert, an denen die Suche lohnt. Wie gesagt: Es warten kaum Truhen voller Gold und Geschmeide – hauptsächlich sind es Gebrauchsgegenstände oder Dinge des täglichen Lebens. Gürtelschließen, Gefäße, Armbrustbolzen, Pfeilspitzen und gelegentlich einmal ein Dolch oder ein Schwert.

Durchaus des Öfteren ist dem Schatzsucher auch das Glück hold, indem es ihm immer wieder Münzen beschert.

Ebenso kann es sich lohnen, Wanderwege und alte Pfade zu untersuchen. Dinge werden seit Menschengedenken verloren. Vielfach sind einzelne Münzen und kleinere Schmuckstücke die Ausbeute. So sammelt sich im Laufe der Zeit eine ansehnliche Menge verschiedenster Stücke an, die –

zusammengenommen – einen ordentlichen Schatz darstellen.

Auch kommt es vielfach darauf an, wo man sucht. Mittlerweile ist es so, dass sich viele Schatzsucher auf ein bestimmtes Gebiet spezialisieren und gezielt Sammlungen aufbauen, die teilweise enorme Werte erreichen.

Ein befreundeter Schatzsucher hat sich zusammen mit seiner Frau auf die Suche nach Medaillons und Amuletten spezialisiert. Gezielt fahnden die beiden nach Ruinen von Wallfahrtskapellen, Kirchen und Klöstern. Im Laufe von nur drei Jahren ist die Sammlung auf mehr als 100 Stücke angewachsen – zum Teil sind sehr seltene und ausgefallene Teile dabei.

Ein weiterer Schatzsucher hat sich auf die bäuerlichen Abfallgruben spezialisiert. Eines Tages fand er mitten im Wald eine solche Grube, die seit annähernd 200 Jahren von Bauern regelmäßig bestückt worden war. Zwischen alten mundgeblasenen Flaschen, Flakons und bäuerlichem Hausrat entdeckte er ein wahres Prachtstück von einem Emaille-Reklameschild mit dem Schuhcreme-Frosch. Allein das Schild erbrachte auf einer Auktion einen Erlös von 800 Euro!

Seither recherchiert er bei den Einheimischen immer wieder alte Abfallgruben. Zwar nennen ihn manche Kollegen und Freunde „Müll-Schliemann”, aber darüber kann er nur lachen.

Ein anderer Sucher in Berlin hat sich auf die Schutthalden spezialisiert, die nach dem Zweiten Weltkrieg rund um Berlin angehäuft wurden und aus dem Bombenschutt stammten. Zu DDR-Zeiten war es kaum möglich, mit einem Detektor und Spaten diese Halden anzugehen, weil es Privatleuten verboten war, Metallsuchgeräte zu besitzen. Nach

Einzelfunde ergeben zusammen ein ansehnliches Bild.

dem Mauerfall aber bekamen diese Halden eine völlig neue Bedeutung. Ein paar gewitzte Sucher sondierten diese – mittlerweile überwachsenen – Hügel, die allesamt in unmittelbarer Nähe von Bahnlinien lagen (da der Schutt mit der Eisenbahn abtransportiert wurde). Einer von ihnen – „Flaschen-Bernhard" wurde er genannt – besorgte sich einen Kleinbagger mit Anhänger und grub sich gezielt in diese Hügel hinein. Was er fand, überstieg alle seine Erwartungen. Als man den Schutt damals nach dem Krieg wegfuhr, wurde nämlich alles mit aufgeladen, was sich darunter befand: Küchengerätschaften, Geschirr, Spielzeug, Wertgegenstände – einfach alles.

„Flaschen-Bernhard" fand Hunderte Puppen und Puppenköpfe aus Porzellan, Emailleschilder, Uhren, Geschirr und Flaschen. Letztere trugen ihm seinen Beinamen ein, da er so ziemlich die größte Sammlung alter Flaschen zusammengetragen hat. Mit eiserner Disziplin fuhr er jeden Morgen zu seiner „Baustelle" und abends wieder nach Hause. Jedes Mal mit reicher Beute. Kein Wunder: Rund um Berlin gibt es 27 Schutthügel aus Kriegsschutt. Sein Gespür hat „Flaschen-Bernhard" zu einem wohlhabenden Mann gemacht.

Einen Nachteil bringt solches Finderglück naturgemäß am Rande mit sich: das Platzproblem. Schließlich hat nicht jeder einen Anbau, den er zu einem privaten Museum umfunktionieren kann. Deshalb stellt sich für viele erfolgreiche Schatzsucher immer wieder die Gretchenfrage: Verkaufen oder sammeln? Und wenn verkaufen – was?

Man möchte kaum glauben, wie schwer es sein kann, sich von einem Stück zu trennen.

Letztendlich aber kommt man selten darum herum. Die meisten, die sich Sammlungen anlegen, stellen bald fest, dass die Funde die wohnräumlichen Nähte zu sprengen drohen. Dann hilft nur eines: eine klare Linie in das Sammelsurium zu bringen.

Grundregel: Erst einmal alles sammeln, bis der Grundstock für eine Sammlung vorhanden ist. Hat man dann den Mittelpunkt seiner Sammlung gefunden, ist es Zeit, „klar Schiff" zu machen, wie es so schön heißt, und so viel wie möglich von dem zu verkaufen, was sowieso nur Platz wegnimmt. Die Veräußerung bringt Geld, was wiederum notwendig sein kann für verschiedene andere Anschaffungen. Bedenken Sie: Egal, ob Sie als Amateur die Schatzsuche betreiben oder als Profi hinter dem Reichtum herspüren, die Suche soll sich schließlich selbst tragen. Topo-Karten, Kompanten, Ausrüstungszubehör und nicht zuletzt hochwertige Detektoren kosten viel Geld.

Aber – und dies ist wichtig – verkaufen Sie niemals an den Erstbesten, der Ihnen ein Angebot macht. Verkaufen Sie auch nie, wenn Sie dringend Geld benötigen. Prüfen Sie Angebote und vergleichen Sie gründlich. Wer in Geldnot verkauft, verkauft sich meist selbst. Ausgefuchste Händler riechen förmlich, wenn jemand „klamm" ist.

Neben dem angesprochenen Platzproblem stellt sich manchem Schatzsucher die Frage: Was habe ich da eigentlich gefunden? Viele Fundstücke sind im Fundzustand nicht eindeutig erkennbar – aber manche lassen den Finder auch nach der Reinigung oder Restaurierung weiter rätseln. Abgesehen von der Zuordnung taucht auch immer wieder die Frage nach dem Alter und der Herkunft auf. Oft hilft zwar das Wälzen von Auktionskatalogen, doch das Problem dabei ist, dass die Objekte über viele Kataloge verstreut sind.

Seit einigen Jahren gibt es aber Gott sei Dank fachkundige Hilfe in Form von Nachschlagebüchern, die sich gerade der Fundbestimmung von Blankwaffen, Pfeil oder Lanzenspitzen widmen. Auch für das reiterliche Handwerk existiert mittlerweile ein solches Nachschlagewerk, und ein drittes widmet sich den Alltagsgegenständen. Jedes dieser Bücher von Björn und Karl Heinz Steinmann, die im Pressel Verlag erschienen sind, ist mit rund 500 Abbildungen versehen, wobei die Besonderheit darin besteht, dass so gut wie alle Abbildungen handgezeichnet sind und Details daher wesentlich genauer dargestellt werden, als es ein Foto jemals könnte. Es fehlt auch nicht die Texterklärung, sodass man schnell vergleichen kann, aus welcher Zeit welches Stück stammt. Drei Nachschlagewerke, die ich wirklich jedem Sucher wärmstens empfehlen kann!

Im Laufe der Zeit füllen sich Vitrinen mit Einzelfunden und werden komplexe Sammlungen.

WAS EMPFIEHLT SICH ZU SAMMELN, UND WIE?

Der Vorteil einer gezielt angelegten Sammlung ist, dass diese ständig an Wert zunimmt. Je kleiner die Gegenstände einer Sammlung sind, desto eher hat man auch die Möglichkeit, mehrere Sammlungen parallel anzulegen. Am allerschönsten ist jedoch, dass man für die persönliche Sammlung so gut wie kein Geld ausgeben muss. Der Sammler, der seine Stücke ankaufen muss, ist zu bedauern.

Die Sammelgebiete sind so breit gefächert wie die Vielfalt der Fundstücke. Gott sei Dank sind wir nicht in der Verlegenheit der amerikanischen Kollegen, die mangels ausreichender Geschichte ihre Sammlungen hauptsächlich auf Stacheldraht (da brauchen Sie nicht zu lachen, das ist Tatsache), Bierdosen und ähnlichen Schrott beschränken.

Das soll nun natürlich nicht heißen, dass ich Sie vom Sammeln von Kronenkorken oder Ziehlaschen abhalten will!

Auch alte Flaschen sind bei Sammlern äußerst beliebt.

Hierzulande bieten sich Flaschen, Gürtelschließen, Amulette, Münzen, alte Werkzeuge, Pfeil und Armbrustspitzen, Blankwaffen (wie Dolche, Messer, Säbel), Lanzenspitzen, Ringe, Fibeln, Emailleschilder, Blechdosen, Orden und Ehrenzeichen, Feuerzeuge oder Knöpfe an. Für beinahe jedes Sammelgebiet gibt es mittlerweile Fachlektüre, und Sie glauben nicht, zu welchen Preisen diverse Einzelstücke gehandelt werden. Auf Antiquitäten- und Sammlerbörsen hat man zusätzlich die Möglichkeit, Doppelstücke zu tauschen oder zu verkaufen. Es gibt nichts, was nicht gesammelt wird!

EIN PAAR WORTE ZUM SAMMELN VON MILITARIA

Eines der in Deutschland beliebtesten Sammelgebiete stellen Militaria dar. Das Spektrum ist so unendlich groß, dass man als Laie kaum mehr einen Überblick hat. Die Sammler- und Interessentengemeinde wird ständig größer. Es gibt bereits beinahe jeden Monat irgendwo in Deutschland eine Militariabörse, und einige Auktionshäuser haben sich ebenfalls darauf spezialisiert. Da bleibt es nicht aus, dass sich auch Schatzsucher dafür interessieren (wobei ich persönlich mir aus diesem Zeug nichts mache).

Ebenfalls ein Sammlergebiet: Orden und Ehrenzeichen, die allerdings nicht jedermanns Geschmack sind.

Zwangsläufig haben diese Sammelgebiete aber seit geraumer Zeit auch die üblichen Stänkerer im Schleppwirbel, die sich an jeden Trend anzuhängen scheinen. In zunehmendem Maße werden Sammler von Militaria als „Neonazis“ abgestempelt, als „Ewiggestrige“, die den zackigen Marschmusiktönen nachtrauern. Ich halte es für eine traurige Zeiterscheinung, wenn freie Bürger eines freien Landes, die sich nicht für das Gedankengut, sondern rein für Orden oder andere Fundstücke interessieren, nicht mehr ihrer Sammelleidenschaft und ihrem Hobby frönen dürfen, ohne den Diskriminierungen irgendwelcher „Gralshüter“ ausgesetzt zu sein. Wo bleiben denn die Mahner, wenn es um echte Nationalsozialisten geht? Stattdessen prügelt man auf kleine Sammler ein, die lediglich versuchen, etwas Wertbeständiges zu schaffen, indem sie Gegenstände für die Vitrine zu Hause sammeln. Mein Rat deshalb: Behandeln Sie das Zeug als das, was es ist, zeitgeschichtliches Dokumentations- und Anschauungsmaterial ohne jeglichen ideologischen Wert.

„FLIEGENDE FUNDE“

Seit einigen Jahren zeichnet sich der Trend ab, Teile von abgestürzten Flugzeugen zu sammeln. Was im ersten Moment als ausgemachter Blödsinn erscheint, hat durchaus Sinn. In den letzten Jahren haben sich immer mehr Gruppen gebildet, die technik- und flugzeugbegeistert sind. Nicht wenige davon versuchen, eine dieser alten Jagdmaschinen entweder ganz oder zumindest in Teilen zu rekonstruieren. Nur: Woher sollen die einzelnen Teile kommen? So ist man auf das angewiesen, was sich zum Großteil noch im Boden befindet. Hauptsächlich Armaturen und Instrumente, aber auch Aggregate, wie Motoren, Getriebe und vieles mehr, sind für Sammler von Bedeutung.

Ich selbst habe vor etwa 20 Jahren in einem Wald drei große, tiefe Löcher entdeckt. Die gesamte Umgebung war übersät mit Aluminiumfetzen und kleinen Metallteilen. Am meisten überrascht war ich aber, als ich feststellte, dass in den Löchern die Motoren einer Ju 52 steckten.

Hoher Stellenwert bei Sammlern: Flugzeugteile. Hier eine Kanzel der Me 262.

Als ich vor nunmehr zwei Jahren beschloss, mich dem Flugzeugtrend anzuschließen, musste ich zu meinem Bedauern zur Kenntnis nehmen, dass inzwischen andere Liebhaber diese Motoren gefunden hatten!

Sicher wird Ihnen niemand böse sein, wenn Sie eine solche Absturzstelle von diesem Schrott säubern. Aber bedenken Sie dabei zwei wichtige Punkte: Erstens könnten sich im Boden der Absturzstelle noch Überreste des oder der Piloten befinden. Dies hieße, den Suchdienst des Roten Kreuzes zu benachrichtigen, damit die sterblichen Überreste geborgen und identifiziert werden können. Auf diese Weise können Sie dazu beitragen, bislang ungeklärte Pilotenschicksale aufzudecken. Als zweiten wichtigen Punkt sollten Sie bedenken, dass sich im Boden ebenfalls noch Bordwaffen und Munition befinden können. Dies ist ein Fall für das Sprengkommando. Ich rate dringendst davon ab, solche Waffen mitzunehmen, da dies nach dem gültigen Gesetz ein Verbrechen ist!

Ansonsten aber spricht kaum etwas gegen das Suchen und Sammeln von Flugzeugteilen.

BERGUNG VON FUNDEN

VORSICHTSMASSNAHMEN

Die wichtigsten Vorarbeiten, um vergrabenen und verborgenen Schätzen auf die Spur zu kommen, sind Recherche, Zwischenrecherche, Vorlokalisierung, Kartenarbeit und letztendlich die Suche vor Ort. Die Bergung des tatsächlich vorhandenen Objektes ist dann sozusagen nur noch die „Vollstreckung" – das verdiente Ergebnis detailgetreuer Kleinarbeit, der Lohn für alle Arbeit und Mühen.

Jedes Herausholen eines Objektes aus seinem Versteck ist eine Bergung. Wer eine Münze ausgräbt, birgt diese. Der Taucher, der eine korallenüberwachsene Kanone vom Meeresgrund hebt, birgt diese.

Die Tatsache der Bergung bleibt grundsätzlich bestehen. Lediglich die Methoden sind im Einzelnen unterschiedlich. Wo der Taucher mit immensem technischen Aufwand arbeiten muss, kommt der Schatzsucher an Land, der Kleinteilen auf der Spur ist, mit einem Minimum an Technik und Gerätschaft aus.

Das Verhältnis zwischen Örtlichkeit, Objekt und Umständen muss auch immer entsprechend ausgewogen sein. So wäre es beispielsweise Blödsinn, einem kleinen Kästchen mit einem Kran zu Leibe zu rücken, wie es ebenso lächerlich wäre, eine eiserne Kriegskasse mit einem Messer und einem Klappspaten bergen zu wollen.

Damit soll nun nicht gesagt werden, dass die Bergung von Kleinteilen nicht ebenso kompliziert sein kann. Ein altes Schmuckstück, das jahrhundertelang im Boden gelegen hat, kann ein paar Stunden Arbeit bedeuten.

Vor allem erkennbar beschädigte Funde bedürfen einer ausgesuchten Sorgfalt, um die Zerstörung nicht noch zu vergrößern. Hier muss mit äußerster Vorsicht zu Werke gegangen werden – erst gräbt man alles um das Objekt herum mit einer kleinen Fugenkelle, wie sie von Stuckateuren benutzt wird, ab. Dann wird mit einem weichen Pinsel der Schmutz weggebürstet. Erst wenn man das gesamte Ausmaß der Beschädigung erkannt hat, kann man den Fund aus dem Boden holen. In diesem Stadium ist es besonders wichtig, den Gesamtzustand auf einem Bild festzuhalten. Das geschieht entweder durch Fotografieren oder durch eine Skizze, die man an Ort und Stelle anfertigt. So wird gewährleistet, dass sich der Fund auch originalgetreu restaurieren lässt.

Gesucht und gefunden – doch nun folgt erst die „richtige“ Arbeit.

Es sind kleine Unachtsamkeiten, die wertvolle Kleinfunde unter Umständen für immer zerstören oder zumindest folgenschwer beschädigen können. Deshalb soll man sich grundsätzlich bei jeder Art von Bergung Zeit lassen und nichts überstürzen. Hastiges Pickeln oder aufgeregtes Wühlen mit Grabungswerkzeugen führt in den meisten Fällen zu irreparablen Schäden. Antike und alte Münzen aus Silber oder Bronze bekommen oft tiefe Kratzer und Scharten ab, die den Wert erheblich mindern. Goldmünzen behalten zwar den Metallwert, aber besonders Sammler, die bereit sind, weitaus mehr zu zahlen als nur den Metallwert, scheuen vor dem Ankauf zerkratzter Münzen zurück.

Bei Gebrauchsgegenständen aus nicht edlen Metallen sind ein paar Kratzer weniger schlimm. Meist sind diese Funde stark von Rost angegriffen, sodass eine gründliche Restaurierung unerlässlich ist. Ausgenommen davon sind Schlamm- oder Lehmfunde, also aus Fundbetten, die so gut wie keinen Sauerstoff durchlassen.

Wenn das Objekt zu stark beschädigt ist, bleibt manchmal nur noch die Ausgussmethode. In diesem Fall wird Gips flüssig angerührt und über das gesamte Objekt gegossen. Nach dem Hartwerden des Gipses lassen sich Bett und Fund problemlos herausnehmen.

Die Bergung von Holzkisten ist meist eine diffizile und besonders riskante Angelegenheit. Holz, das lange Zeit im Boden gelegen hat, ist morsch und brüchig. Starke Belastungen sind deshalb zu vermeiden. Nehmen wir an, eine Holzkiste, mit zwei Eisenbändern beschlagen, lag seit 200 Jahren im Waldboden. Wir wissen mit Sicherheit, dass der Inhalt aus acht Goldbarren und 60 Gold- und Silbermünzen besteht. Mit hoher Wahrscheinlichkeit wird der Boden der Kiste durchbrechen, sobald auch nur der Versuch des Anhebens gemacht wird, das heißt: falls der Boden überhaupt noch vorhanden ist.

In solch einem Fall muss entschieden werden, ob man die Kiste überhaupt mitnimmt oder nicht besser an Ort und Stelle ausräumt. Falls es sich nicht um eine besonders wertvolle Kiste handelt, ist das sofortige Ausräumen eher empfehlenswert. Im anderen Fall muss man versuchen zu retten, was noch zu retten ist. Versuchen Sie, die Kiste an einer Seite wenigstens 10 mm anzuheben. Nun müssen Sie versuchen, ein Stück Plane oder ersatzweise Ihren Poncho oder Ähnliches darunterzulegen. Wenn Sie dann die Kiste anheben, fällt der Boden nicht heraus. Am sinnvollsten wäre die Verwendung einer Bergungsmatte. Damit hat man gute Chancen, die Kiste komplett und ohne Beschädigung zu heben.

Die Bergung einer Eisenkiste gestaltet sich – zumindest was das Material betrifft – sicher weitaus weniger schwierig, aber es treten Probleme auf, die aus dem Gewicht resultieren. Eisenkisten sind so ziemlich das Stabilste, was es gibt. Ein hervorragender Erhaltungsgrad ist garantiert, allerdings treten auch Schwierigkeiten auf. Bereits in dem Moment, in dem Sie erkennen, dass es sich bei Ihrem Objekt um eine Eisenkiste handelt, müssen Sie Ihr Bergungsverhalten entsprechend anpassen.

Das Loch, das Sie ausheben, muss an den beiden Stirnseiten ein Drittel größer sein als an den Breitseiten. Sie benötigen wesentlich mehr Bewegungsfreiheit, um mit der Kiste hantieren zu können. Vor allem, wenn Sie allein zugange sind, ist eine solche Bergung äußerst schwierig. Vergessen Sie auch nicht: Je tiefer das Loch ist, desto mehr Bewegungsfreiheit benötigen Sie. In eine zwei Meter tiefe Grube muss man hineinsteigen können!

Bei aller Vorfreude darf man jedoch nicht die erforderlichen Vorsichtsmaßnahmen außer Acht lassen. Je tiefer das Loch wird, desto besser muss es abgestützt werden. Nachrutschendes Erdreich hat schon manchen Schatzsucher das Leben gekostet. In verschiedenen Grabhügeln hat man zum Beispiel die Überreste von Grabräubern entdeckt, die einen Tunnel in die Ruhestätte graben wollten und dann durch einstürzendes Erdreich selbst begraben wurden.

Eine schwere Eisenkiste anzuheben, ist mit Sicherheit eine große Nummer. Verwenden Sie deshalb eine Brechstange, die Sie als Hebel benutzen können. Nur so gelingt es, das Hebezeug bzw. die Seile unter dem Objekt durchzuziehen.

Eine ausgezeichnete Methode, schwere Objekte zu heben, ist die Vergurtung. Dazu benötigt man Sicherheitsgurtband mit 5 cm Breite, davon insgesamt vier Stücke von je 3 m Länge. An jedes Ende wird eine Schlinge geknotet, die als Befestigung für das Seil dient. Wer eine Hebung allein durchführen will, kommt notgedrungen nicht ohne Flaschenzug aus. Nun ist dies kein Beinbruch, weil sich ein Flaschenzug relativ leicht herstellen lässt, selbst wenn man keine Rollen und Blöcke dabeihat. Wesentlich schwieriger ist es, geeignete Befestigungspunkte zu finden, die dem erwarteten Gewicht standhalten. Wer Bäume in unmittelbarer Umgebung hat, darf sich glücklich schätzen, andernfalls bleibt nur die Lösung der Eigenkonstruktion. Entweder Sie suchen sich drei oder – noch besser – vier ordentliche Stämme, die Sie an einem Ende zu einem Drei- bzw. Vierbein zusammenbinden und über dem Loch platzieren, oder Sie legen einen soliden Stamm quer über die Grube. Bleibt dann noch die Frage, wie man die Kiste wegschaffen kann. Zwangsläufig müssen Sie dies mit dem Auto bewerkstelligen. Falls Sie keines haben oder das Heranfahren nicht realisierbar ist, bleibt auch in diesem Fall nur das Ausräumen übrig. Dies wäre allerdings schade, da solche Truhen allein schon einen ordentlichen Wert darstellen.

FEUCHTBODEN-BERGUNG

Diese Art der Bergung ist eine schwierige Angelegenheit, egal ob im Schlamm eines Gewässerufers oder in einer Wiese. Nur wenige Zentimeter kann man graben, bis das Sickerwasser die Bemühungen zunichtemacht. Sicher: Auch in solchen Pfützen ist es möglich, mit Spaten und Hacke vorwärts zu kommen – nur eben denkbar schlecht! Der nasse und zähe Boden hat zudem die Eigenschaft, sich bei jedem Spatenstich anzusaugen und die Arbeit zu erschweren. Soll das Loch größer werden, bleibt nur noch die Lösung, es mit einer Art von Spundwänden zu versehen und das Wasser abzupumpen. Dies setzt aber wiederum den Einsatz von Motorpumpen oder zumindest eines Generators voraus. Solche Bergungsarbeiten sind schon nicht mehr durchführbar, ohne aufzufallen.

Spundwände lassen sich leicht aus Wellblechstücken herstellen; Pumpen aufzutreiben, ist prinzipiell auch kein großes Problem. Solche Vorgehensweisen sollten aber mit dem jeweiligen Grundstückseigentümer oder der zuständigen Stelle in Einklang gebracht werden. Übrigens sollte sich die Sache dann aber auch lohnen – der Einsatz von Maschinen ist fast immer eine kostspielige Angelegenheit.

Während des Dreißigjährigen Krieges wurde die Kirchenglocke der kleinen Ortschaft Scharrell in Niedersachsen von den Bewohnern vor schwedischen Truppen in Sicherheit gebracht. Die schlauen Scharreller versenkten die Glocke auf den Kopf gestellt im „Krätseldobben", einem kleinen Teich. Nachdem die Glocke mit den Wertsachen und dem Schmuck der gesamten Dorfbevölkerung angefüllt war, legte man eine Felsplatte obenauf, um die Glocke zu „verschließen". Nachdem bereits 1770 und 1846 Bergungsversuche fehlgeschlagen waren, versuchte man sich 1959 nochmals daran. Der Fortschritt der Technik gestattete den Einsatz von Baggern, mit denen man der Glocke samt ihrer Füllung zu Leibe rücken wollte. Das Ergebnis war, dass der Bagger im Schlamm des Tümpelufers zu versinken drohte und der zweite Bagger, der zur Bergung herbeigeholt wurde, in die gleiche Gefahr geriet. Daraufhin wurden die Versuche aufgegeben. Die nicht gerade geringen Kosten für den Bergungsversuch wurden auf der Verlustseite gebucht, wie dies in solchen Fällen oft geschieht.

BERGUNG AUS SCHÄCHTEN UND HÖHLEN

Bergungen aus Schächten, Höhlen und Gängen sind eine Angelegenheit, die sehr gut überlegt werden muss. Selbst eingefleischte Einzelgänger tun gut daran, wenn sie hierbei wirklich auf ihren Grundsatz verzichten.

Zumindest sollte man noch eine zweite Person mitnehmen, die im Notfall Hilfe rufen kann, da Handys innerhalb von Höhlen nicht funktionieren werden.

In Gängen, Höhlen und Gruben besteht immer die Gefahr, dass sich aufgrund unzureichender Luftzirkulation Grubengas bilden kann. Das Einatmen dieser Gase führt sehr schnell zu Bewusstlosigkeit und dann unweigerlich zum Tod. Grubengase lassen sich mithilfe einer offenen Flamme (Kerze) feststellen, da infolge mangelnden Sauerstoffs die Flamme erlischt.

Es besteht aber nicht nur die Gefahr der Vergiftung durch Gase, sondern auch die Verschüttungsgefahr ist ungleich höher als bei jedem anderen Objekt. Alte und morsche Stützpfeiler in Stollen sind riesigen Druckbelastungen ausgesetzt. Jede – und sei es noch so geringe – Erschütterung kann einen Einsturz auslösen, bei dem Hunderte, ja sogar Tausende Tonnen Gestein über dem unvorsichtigen Schatzsucher zusammenbrechen. Wer in solchen Situationen allein und unter Umständen sogar auch noch verletzt zwischen Geröll- und Erdmassen begraben ist, hat kaum noch eine Chance, das Tageslicht jemals wiederzusehen!

In solchen Situationen muss man unbedingt Ruhe bewahren, selbst wenn es noch so schwerfällt. Jede Art von Panikreaktion verschlimmert die Lage zusätzlich. Zudem kostet jede Anstrengung wertvolle Kräfte und Sauerstoff. Geben Sie mit einem Stein oder einem Werkzeug, falls Sie eines bei sich haben, in regelmäßigen Abständen

Klopfzeichen, damit sich eventuelle Hilfstruppen orientieren können, in welcher Richtung Sie zu finden sind. Dreimal kurz, dreimal lang, dreimal kurz (... — — — ...) ist das internationale Notsignal SOS.

Eine weitere Gefahr in Gängen und Stollen ist, sich zu verirren. In verzweigten Anlagen wissen Sie schon nach wenigen Metern nicht mehr, wo Norden und Süden sind. Es ist lebensgefährlich, in verzweigte Stollensysteme und Höhlen zu steigen, ohne sich anzuseilen oder den Weg zu markieren.

Wenn Sie Gänge, Höhlen und Stollen begehen wollen, besorgen Sie sich phosphoreszierende Sprühfarbe im Farbenhandel. Überall, wo Quergänge abzweigen, sprühen Sie einen Pfeil in Richtung Ausgang und versehen ihn mit einer Nummer. Solche Farbe ist selbst im Schein eines Streichholzes noch sichtbar. Alternativ können Sie auch einen Markierungsstift für UV-Farbe benutzen. Diese Markierungen sind dann nur mithilfe einer UV-Lampe sichtbar zu machen. In diesem Fall jedoch sollten Sie immer eine Ersatzbatterie für die Lampe dabeihaben. Ich warne ausdrücklich davor, sich auf technische Hilfsmittel wie Handfunkgeräte oder Handys zu verlassen. Die Abschirmung innerhalb von Gängen und Stollen ist so stark, dass nach einigen Metern die Verständigung so gut wie unmöglich wird.

Gewarnt sei auch ausdrücklich vor „Schlüpfen". Die unerschrockensten und wildesten Kerle haben schon Todesängste erlebt, als sie auf dem Bauche kriechend das Gefühl der Beklemmung zu spüren bekamen. Der Eindruck, eingeklemmt zu werden und keine Luft mehr zu bekommen, kann in solche Panik versetzen, dass man glaubt, wahnsinnig zu werden.

Hilferufe sind meist sinnlos, da enger Fels – zumal der Durchschlupf durch einen selbst verschlossen ist – alle Laute schluckt und dämpft. Sicherheit gibt ein Seil, das um Brust oder Hüfte geknotet wird und dessen Ende eine Hilfsperson am Einstieg in Händen hält. Per Ruck und Zug am Seil lassen sich so Zeichen geben, die man vor dem Einstieg unbedingt absprechen sollte. Die Seilsicherung ist fraglos die beste Rückendeckung, da allein schon das Wissen um eine bestehende Verbindung psychischen Halt gewährleistet. Unverzichtbar ist sie, wenn in senkrechten Schächten gegraben wird. Jeder noch so tiefe Schacht ist mühelos versperrbar, wenn Äste, Holz, Erde und Schutt hineinfallen. Schnell entsteht der Eindruck eines festen Bodens, und nur zu leicht wird man sorglos. Graben und Herumtrampeln lösen zwischen Schutt und Ästen kleine Erdrutsche aus, bis plötzlich alles mit einem Ruck hinabstürzt.

Wer sich ohne Seilsicherung im Schacht aufhält, kann sich verabschieden! Wer sich nicht sicher ist, wie gefährlich oder ungefährlich diese Situationen sind, dem rate ich, einen Kurs in Speläologie (Höhlenkunde) mitzumachen. Denn Höhlenforschung und richtiges Bewegen in Gängen und Stollen lassen sich ebenso lernen wie jede andere Tätigkeit auch.

Nach diesem kurzen Abstecher in extreme Bergungsörtlichkeiten kehren wir wieder zurück an die Erdoberfläche, wo mit Sicherheit mehr Funde und Objekte auf uns warten als in der Unterwelt.

ACHTUNG, GEFAHR! FRÜHERKENNUNG VON GEFÄHRLICHEN FUNDEN

Alles, was wir ausgraben, wurde einmal verloren oder absichtlich vergraben. Nicht immer handelt es sich um harmlose Objekte. Gerade bei Streifzügen mit dem Detektor ist die Fundvielfalt besonders groß – sie reicht von der Cola-Dose bis zum Goldbarren und vom Motorblock bis zur Fliegerbombe. Hacken Sie also nicht ungestüm drauflos, sondern gehen Sie behutsam vor.

Grünlich schimmerndes Metall ist zum Beispiel entweder Kupfer oder Bronze. Kupferne und bronzene Gegenstände sind meist frühgeschichtliche Fundstücke, also ein Fall für die Archäologen.

Rötliche oder rotbraune Flecken, die bereits im Erdreich erkennbar sind, deuten dagegen auf Rost und verrostetes Eisen hin. Bei bröckeligem Rost ist wenig Gefahr vorhanden, da der Korrosionsprozess schon sehr weit fortgeschritten ist. Dies ist meist bei gewöhnlichem Eisen der Fall. Mischlegiertes Eisen hält sich wesentlich länger und ist deshalb an der festen, rostbraunen Narbenstruktur zu erkennen.

Gehen Sie vor allem mit gewölbten Funden, deren Größe nicht genau erkennbar ist, sehr vorsichtig zu Werke. Graben Sie außen am Rand, um das Volumen feststellen zu können. Zylinderförmige Gegenstände, Kugelförmiges und mehrkantige Funde sind mit Argwohn und besonderer Vorsicht zu betrachten – insbesondere, wenn noch Zäpfchen, Knöpfe, Ringe oder Hebelchen zu erkennen sind. Lassen Sie solche Gegenstände liegen und rühren Sie diese möglichst nicht an. Informieren Sie umgehend die Polizei vom Vorhandensein solcher Funde, sie wird alles Nötige veranlassen. Wenn Sie Angst haben, Repressalien ausgesetzt zu werden, können Sie die Behörden auch anonym informieren. Das Räumkommando kümmert sich anschließend um gefährliche Funde.

Ich bitte Sie, solche Funde grundsätzlich zu melden. Stellen Sie sich vor, Sie decken den Fund wieder zu und lassen ihn liegen. Das Objekt stellt eine außerordentlich große Gefahr für spielende Kinder, Spaziergänger und auch für Ihre Schatzsucherkollegen dar, die vielleicht weniger Glück als Sie haben.

Bronzemünzen sehen im Fundzustand oft nur wie ein grüner Klumpen aus.

[...] bereits dreißig Minuten warteten wir auf unseren Freund. So sehr wir auch riefen und pfiffen, er gab keine Antwort. Allerdings hatten wir bisher auch keinen Knall gehört. Was uns beunruhigte, war die Tatsache, dass die ganze Gegend voll mit Granaten und Sprengmitteln war. Dann hörten wir plötzlich Schritte auf dem Kiesweg und unser Freund näherte sich uns mit fröhlichem Pfeifen. Was uns den Atem stocken ließ, war weniger sein falsches Trillern, sondern mehr die verrostete, dreißig Zentimeter lange Flak-Granate, die er lässig in der Rechten schwang [...]

Die überaus große Gefahr besteht hauptsächlich in der Unkenntnis über die Brisanz und Wirkung von Kampfmitteln. Wer weiß schon, dass ein Schlag beim Graben ausreicht, um die Bombe oder Granate zur Explosion zu bringen? Wer weiß schon, dass es so heimtückisches Zeug wie Wipp- oder Säurezünder gibt? Allein das Aufheben einer alten Patrone oder Granate kann ausreichen, das Ding hochgehen zu lassen. Im Laufe der Jahre wird der Inhalt – meist Nitrokörnung oder -halme – kristallin, das heißt: Es bilden sich winzige Kristalle. Wird nun die Hülse bewegt, reiben die Kristalle aneinander, was zur unbeabsichtigten Zündung führen kann.

Kaum etwas Teuflischeres hätte geschehen können als die Erfindung von Schießpulver und Sprengstoff. Schätzungsweise 3000 bis 5000 Tonnen hochbrisanter Kampfmittel liegen noch in deutscher Erde verborgen – eine Zeitbombe, wie sie gigantischer nicht sein könnte. Umwelteinflüsse nagen an diesen Relikten der jüngsten Kriege und machen sie von Tag zu Tag gefährlicher. Zu einem Teil tragen die Behörden mit die Schuld, dass diese Bomben immer noch in der Erde liegen, da die meisten verseuchten Gebiete ihnen durchaus bekannt sind. Trotzdem wird oft aus Kostengründen auf eine konsequente Räumung verzichtet oder aus Phlegma ganz einfach nichts unternommen. In einem beliebten und stark frequentierten Ausflugs-, Wander- und Touristikgebiet nahe Garmisch-Partenkirchen fand ich an Wanderwegen Werfergranaten, Handgranaten und zentnerweise Gewehrmunition. Als ich an einem regnerischen Tag wiederkam, um die Stellen für das Räumkommando zu markieren, stellte ich mit Entsetzen fest, dass die Gegend plötzlich „sauber" war. Das Räumkommando war nicht dafür verantwortlich, wie ich mit einem Anruf feststellen konnte.

Lassen Sie die Finger von solchen Funden, ehe Sie sie sich verbrennen! Versuchen Sie niemals, solch brisante Entdeckungen zu entschärfen. Jedes dieser Kriegsgeräte hat Tücken, die oft sogar den Experten zu schaffen machen. Zudem ist der Besitz von Kampfmitteln nach dem Waffengesetz strengstens verboten. Selbiges gilt auch für Waffenfunde wie Gewehre, Pistolen oder Revolver. Selbst noch so verrostete Waffen, auch wenn sie eindeutig als nicht mehr brauchbar zu erkennen sind, fallen unter dieses Gesetz, sobald das Teil einzelne – oder alle – Bestandteile einer Waffe aufweist.

Und Unwissenheit schützt bekanntlich nicht vor Strafe. Zur Früherkennung hier einige Merkmale besonders brisanter „Schätze".

BRISANTE „SCHÄTZCHEN"

Bomben

Wenn Bomben nach dem Abwurf nicht explodiert sind, der Zünder aber möglicherweise beschädigt wurde, können sie bei der geringsten Berührung explodieren. Zudem hatten sie die Eigenschaft, sich in den Boden zu wühlen und in einer gewissen Tiefe wieder umzudrehen, sodass der Zünder nach oben zeigt. Manchmal sind die Bombenhäute der Länge nach aufgeplatzt. Die Gefahr ist dann besonders groß, da Regen und schädliche Einflüsse den nun offenliegenden Zündern arg zusetzen.

Brandbomben (Stabbrand- oder Phosphorbomben)

Äußerst gefährlich sind diese sechseckigen Zylinder, deren Hülle aus Beton besteht, weil sich im Inneren ein Phosphorgemisch befindet, das in Verbindung mit Luft bzw. Sauerstoff sofort entflammt. An einem Ende befindet sich ein Knopf – der Zünder –, der etwa 2 cm aus dem Zylinder ragt.

Wefergranaten

Werfergranaten sind etwa 20–30 cm lang und besitzen vorn einen birnenförmigen Kopf, der nach hinten immer schmaler wird. Am Ende der Werfergranate sitzen meist drei oder vier kleine Flügel, die das Geschoss in der Luft stabilisieren. Um vorzeitige Explosionen zu vermeiden, wurden die Granaten erst 20–30 m nach dem Abschuss scharf. Versehen sind diese mit einem Drallzünder, der während des Fluges infolge der Eigenrotation scharf wird. Wenn sich der Zündmechanismus beim Aufschlag verklemmte oder das Geschoss in ein weiches Ziel traf (zum Beispiel in eine Schneewehe), explodierte es nicht, blieb aber trotzdem scharf. Lassen Sie solche Granaten auf jeden Fall liegen, auch wenn Sie glauben, dass diese kleinen „Raketen“ recht dekorativ auf dem Wohnzimmerschrank aussehen würden!

Stielhandgranate

Mit diesen Explosivkörpern verhält es sich ähnlich wie mit Werfergranaten. Auf keinen Fall dürfen Sie sie berühren oder gar aufheben. Die alten Dinger, die ohne Stiel aussehen wie verrostete Konservendosen, sind hochempfindlich, weil meist der Sicherungsstift durchgerostet ist.

Artilleriemunition ist als Blindgänger ebenso hochbrisant ...

... wie Kugelbomben.

Blindgänger von Werfergranaten sind lebensgefährlich.

Eine Stielhandgranate – im hohlen Stiel befindet sich der Abreißzünder.

Deutsche Eierhandgranaten

Sie unterscheiden sich von ihren US-Pendants in Größe und Aussehen. Sie sind bauchiger und haben eine rundere Form. Außerdem ist die Außenwand glatt und besteht aus etwas dickerem Blech. Diese Blechgranaten haben zwar keine so verheerende Wirkung wie die US-Eierhandgranaten, reichen aber trotzdem aus, um Menschen schwer zu verletzen oder gar zu töten.

Anstelle des Abzugsringes und des Bügels besitzen diese deutschen Eier einen Abzugsknopf am oberen Ende. Sollten Sie doch einmal aus Versehen beim Pickeln den Knopf einer Blechgranate abschlagen, werden Sie höchstwahrscheinlich erst einmal ein Zischen hören. Werfen Sie sich sofort flach auf den Boden und rollen Sie sich so schnell wie möglich von der Stelle weg.

Typisches Merkmal der amerikanischen Handgranaten – die „Splitterfelder" in Würfelform.

Amerikanische Eierhandgranate (Splittergranate)

Sie sind durch die einzelnen Rippen in der Außenhaut leicht zu erkennen. Außerdem sind sie etwas schlanker als die deutschen Granaten. An der Wölbung der Granate liegt der Bügel an, der am oberen Ende mit einem Abzugsring gesichert ist. Die US-Granaten sind nicht ganz so empfindlich, falls sie einmal zufällig einen Schlag abbekommen, da sie wesentlich dickwandiger sind und deshalb auch nicht so schnell durchrosten. In Wirkung und Gefährlichkeit allerdings übertreffen sie die deutschen Artgenossen bei Weitem, da sie aufgrund ihrer Rippen und ihrer Würfelung gezielt splittern und weit streuen.

Panzerfaust

Die Panzerfaust besteht aus einem Rohr, das etwa einen Meter lang und mit einem Abzugsbügel versehen ist. Am vorderen Teil des Rohres sitzt ein doppelkonischer Kopf aus Metall, der eigentliche Sprengkörper. Der Kopf selbst ist weniger gefährlich, da er mittels Treibladung im Rohr verschossen wurde. Somit war eine hohe Aufprallenergie nötig, damit die Ladung ihre Wirkung entfalten konnte. Regen und Korrosion aber lassen auch eine Panzerfaust brisant werden. Die größere Gefahr geht allerdings vom Abschussrohr aus, da die Treibladung einen wahren Feuersturm entfachen kann. Der Feuerstrahl, der aus dem hinten offenen Rohr kommt, kann bis zu fünf Meter lang sein!

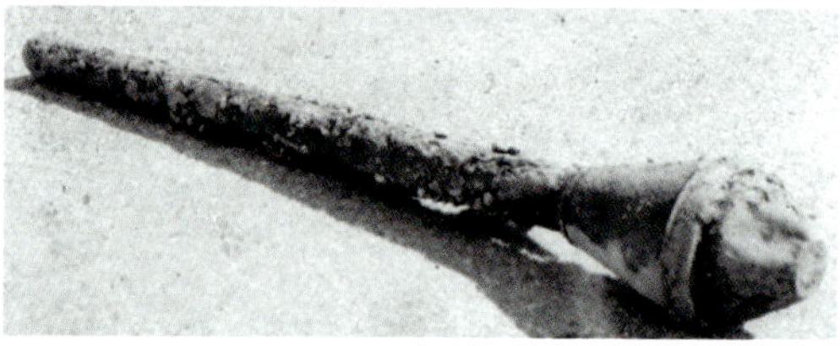

Panzerfaust: Abschussrohr mit dem doppelkonischen Sprengkopf.

Minen

Die verbreitetste Art ist die Boden- oder Tretmine. Sie ist rund, hat etwa 20 cm Durchmesser und ist ungefähr 10 cm dick. Die Tretmine ist ausgelegt auf das Durchschnittsgewicht eines menschlichen Körpers. Die Panzermine ist dagegen etwas größer und auf ein weitaus höheres Gewicht abgestimmt. Daraus resultierend ist jedoch ihre Wirkung weitaus schlimmer als die ihrer kleinen Schwester.

Munition

Leider neigen viele Schatzsucher zu der Unart, Patronen zu sammeln. Dass sich darunter nicht wenige Modelle befinden, die ihren großen Kollegen in nichts nachstehen, weder in Gefährlichkeit noch in Sprengkraft, wissen die wenigsten. Besonders Patronen und Munition mit Sprengköpfen entwickeln eine außerordentliche Wirkung. Vielfach enthalten die Geschosse Phosphor, TNT und andere empfindliche Stoffe. Mit Sicherheit eignen sich diese Kriegsrelikte nicht als Schmuckstücke für die heimische Vitrine.

Munition ist ein brandgefährliches Souvenir, das keinesfalls in den Wohnzimmerschrank gehört.

Was viele nicht wissen: Auch Munition fällt unter das Waffen und Kriegswaffenkontrollgesetz. Die Strafe für den illegalen Erwerb (und Fund ist ebenfalls Erwerb) kann unter Umständen genauso hoch sein wie für den eines Maschinengewehrs. Und das ist die Sache sicher nicht wert.

Die Anzeige des Detektors war enorm! In etwa zwanzig Zentimetern Tiefe schimmerte massives Eisen. Vorsichtig gruben wir weiter, und da entdeckten wir, dass es sich um ein trommelförmiges Gebilde handelte. Der Größe nach zu urteilen war es eine Panzermine. Ganz vorsichtig, um dem Ding möglichst keinen Anlass zu einer verärgerten Reaktion zu geben, grub ich mit den Händen noch etwas weiter, während mich meine Freunde, aus Gründen der Rationalisierung hinter dicken Bäumen hervorlugend, beobachteten. Aufatmend traten sie aus der Deckung hervor, als ich Entwarnung gab. Eine Lkw-Bremstrommel kann Gott sei Dank nicht explodieren ...

Nicht immer sind es explosive Gegenstände, auf die man stößt. Vielfach macht man aber jene Sorte Funde, die nicht weniger Brisanz aufweisen.

Schon öfter ist es mir passiert, dass der Detektor flächenweise Metall signalisierte. Was nur wenige Zentimeter unter der Grasoberfläche schlummerte, war nicht weniger skandalös als Bomben und Granaten. Kanisterweise Altöl, Reifen, halb volle Farbeimer und weiß der Teufel welch Dreck sonst noch. Illegale Müllkippen kann man inzwischen fast in jeder Region entdecken. Im Grunde sind dies auch Zeitbomben – wenn auch „nur" ökologische! Meist wissen die Gemeinden und Ämter, was sich alles an Unrat und Giftmüll in ihrem Gebiet befindet. Auch hier sind es oft wieder Kostengründe, die dem Schlendrian Vorschub leisten.

In solchen Fällen hilft nur eines: den Herren Feuer unter dem Bürostuhl machen. Mit einer offiziellen Meldung an die Naturschutzbehörde im zuständigen Landratsamt kann man die Behörde mehr oder weniger zum Handeln zwingen. Auch eine Mitteilung an den jeweiligen Abgeordneten der Grünen wirkt oft wahre Wunder. Allein schon aus Profilierungssucht wird dieser ein Herrmännchen machen. Obendrein interessieren sich auch die lokalen Zeitungen für solche Schweinereien, weil diese Themen immer gut für Aufmerksamkeit sind. Damit haben Behörde und Gemeinde den Schwarzen Peter und müssen tätig werden. Das kostet natürlich Geld aus dem Staats- und Gemeindesäckel, aber es ist nicht einzusehen, weshalb nur immer der kleine Mann seinen Müll richtig entsorgen soll. Außerdem ist die Ausgabe für diesen Zweck besser angelegt als für eine Diätenerhöhung oder eine neue Luxuslimousine für den Bürgermeister oder Abgeordneten. So können wir Schatzsucher unseren Beitrag zum Umweltschutz leisten.

WEITERVERARBEITUNG UND VERWERTUNG VON FUNDEN

GEFUNDEN, ABER WAS NUN?

Nicht jeder Fund entpuppt sich als brisantes „Schätzchen“. Trotz alledem kann eine gesunde Portion Vorsicht nie schaden. Umso größer ist dann die Erleichterung, wenn aus dem vermeintlichen Stielgranatenkopf dann doch eine verrostete Blechdose wird, die noch dazu bis obenhin mit Schmuck gefüllt ist. Bei manchen Schatzsuchern tauchen aber gerade in diesem Fall erst die Probleme auf. Was tun?, lautet die Gretchenfrage. Dem Grundstückseigentümer Bescheid sagen? Mit ihm teilen? Den Fund vor dem Kumpel verheimlichen? Oder die Klunker schnell unter der Jacke verstecken und dann ab nach Hause brausen?

Erwarten Sie nicht, dass ich Ihnen die Verantwortung abnehme. Diese Frage muss jeder mit sich und seinem Gewissen ausmachen. Falls Sie sich für eine Verheimlichung des Fundes entscheiden, dann tun Sie sich selbst den Gefallen und halten Sie den Mund. Schon so mancher glückliche Finder hat im Überschwang der Euphorie über seinen Fund der falschen Person davon erzählt. Gerade der Neid auf das Glück anderer Mitmenschen lässt oftmals die besten Freunde zu Verrätern werden.

Bedenken Sie: Je größer der Fund ist, desto eher tauchen Menschen auf, die die Früchte Ihrer Arbeit ernten wollen. Es findet sich immer einer, der frech genug ist, sein Recht auf eine Beteiligung (auch wenn ein solches überhaupt nicht besteht) vor Gericht durchsetzen zu wollen. Die Früchte des Erfolges genießt letztendlich nur, wer den Mund hält und den Fund mit Köpfchen umsetzt.

SCHATZSUCHER, BLEIB EHRLICH!

Trotz dieser Ausführung möchte ich nicht versäumen, zu den oben angeführten Hypothesen meine ureigene Meinung darzutun. Es ist durchaus menschlich, wenn jemand in Anbetracht eines fetten Fundes unlautere Gedanken hegt. Nur: Diese lediglich zu hegen oder dann tatsächlich umzusetzen sind zwei paar Schuhe. Wie kämen Sie sich vor,

Gesucht – gefunden – geborgen.
Aber wie soll es nun weitergehen?

wenn Sie Ihrem Partner und Kumpel, der Sie immer zuverlässig bei Ihrer Suche begleitet hat, aus reiner Habgier einen Fund im Wert von 100.000 Euro unterschlagen würden? Eine Grundregel lautet: Von Anfang an eine klare Abmachung treffen!

Ich halte es so, dass ich – egal, mit wem ich unterwegs bin – mit dem jeweiligen vereinbare, dass grundsätzlich jeder Fund über 1000 Euro Wert nach Abzug des Anteils für den Grundeigentümer geteilt wird. Dies ist nämlich ein weiterer wichtiger Punkt des allgemeinen Kodex, dass es sich erstens nicht gehört, den Grundeigentümer (auch ohne dessen Wissen) zu betrügen, und zweitens derlei strafbar ist. Schon mancher Schatzsucher handelte sich großen Ärger ein – nicht etwa, weil er gesucht und gefunden hat, sondern lediglich deshalb, weil er den Grundeigentümer um seinen Anteil betrogen hat. Fundunterschlagung und Diebstahl sind zwei Delikte, deren Auswirkung man leicht vermeiden kann. Wie übel so etwas ausgehen kann, zeigt folgendes Fallbeispiel:

1990 fand ein Schatzsucher in einem Wald bei Utting (Bayern) einen Goldschatz, bestehend aus 24 keltischen Regenbogenschüsseln. Der Freistaat Bayern kaufte den Fund für 120.000 Mark an. Dem Grundbesitzer bot der Finder 2500 Mark – die Hälfte des ihm zustehenden Anteils für eine Münze. Nachdem aber bekannt geworden war, dass der gesamte Schatzerlös weitaus höher war, ereilte den betrügerischen Schatzsucher das Schicksal in Form eines Strafverfahrens wegen Unterschlagung und Betrugs. Die Quittung vom Gericht: 15.000 Mark Geldbuße und eineinhalb Jahre Gefängnis, die zur Bewährung ausgesetzt wurden!

Bedenken Sie immer: Jeder Fund, egal, welchen Wert er hat, ist ein Geschenk. Hätten Sie ihn nicht entdeckt, könnten Sie ihn auch nicht verwerten. Was macht es da aus, wenn Sie die Hälfte an den Grundeigentümer abtreten? Was macht es da aus, wenn Sie ehrlich und anständig mit Ihrem Kumpel teilen? Unter diesem Aspekt betrachtet ist wohl jeder Erlös ein Geschenk.

SCHATZSUCHER, QUO VADIS?

Verkaufen Sie niemals etwas, wenn Sie dringend Geld brauchen. Lassen Sie Ihre Verkaufsabsichten auch niemals zu sehr durchblicken. Bieten Sie anfangs niemals etwas zu offenkundig zum Verkauf an, sondern erkundigen Sie sich lediglich nach dem eventuellen Wert. Der Händler muss Ihnen dann ein Angebot machen, und das drängt ihn bereits in die Defensive! Gehen Sie immer zu mehreren Händlern, um sich verschiedene Wertschätzungen anzuhören, die Preise unterscheiden sich meist gewaltig. Dann haben Sie in etwa eine Ahnung vom Wert Ihres Fundes und können auf dem freien Markt ein Maximum an Gewinn erzielen.

Dies gilt allerdings nicht für frühzeitliche Funde. In diesem Fall ist der beste Weg, den Fund zu melden. Falls Interesse besteht, wird man Ihnen ein Angebot unterbreiten. Ich vertrete die Meinung, dass zufällig gemachte ausgefallene frühgeschichtliche Fundstücke nicht in irgendwelchen privaten Sammlungen verschwinden sollten, sondern der Allgemeinheit in Museen zugänglich sein müssen. Leider scheuen sich immer mehr Finder, solche Unikate zu melden und vorzulegen, aus (nicht ganz unberechtigter) Angst vor Repressalien und Unannehmlichkeiten. Wenn die Denkmalbehörden dies endlich einsehen würden, würden wohl viel mehr wertvolle und seltene Funde in öffentliche Sammlungen gelangen.

Funde, an denen kein Ankaufinteresse besteht, kann man auf Antiquitätenbörsen oder über Auktionshäuser (lassen Sie aber die Finger von Ebay!) veräußern (entsprechende Anschriften finden Sie im Anhang).

Grundsätzlich sollten Sie ein wenig Überblick haben, wie hoch in etwa die Tarife liegen. Den erhalten Sie am einfachsten, indem Sie Auktionskataloge durchforsten. Sinnvoll ist es, Kataloge zu abonnieren. So gibt das Auktionshaus Schloss Auingen (ehemals Stauffer Auktionen) zweimal jährlich einen Katalog heraus, in dem alle Objekte der Herbst- bzw. Frühjahrsauktion aufgelistet sind. In einer Ergebnisliste kann man dann nachsehen, welchen Ertrag einzelne Stücke erbracht haben. Gleiches gilt auch für Münzen, wobei ich in diesem Fall die Münzhandlung Gorny & Mosch in München empfehle (die Anschriften der beiden Auktionshäuser finden Sie im Anhang).

Achten Sie bei Münzen allerdings darauf, nicht alle auf einmal anzubieten, falls es sich um größere Mengen handelt. Ein großer Posten jagt die Preise in den Keller. Auch ist bei Münzen deren Erhaltungsgrad von Bedeutung. Obgleich ein bestmöglicher Zustand mehr Erlös garantiert, können verschiedene Arten im Urzustand durchaus mehr wert sein. Kommen Sie niemals auf die Idee, von Bronzemünzen die grünliche Patina wegzupolieren oder Silbermünzen blankzuputzen. An der Patina erkennt man, dass die Münzen wirkich alt sind, was ihren Wert steigert.

… „Mein Onkel", erzählte der Wirt der kleinen Dorfwirtschaft, „hatte vor ein paar Jahren im Kellerboden seines Hauses in Passau einen irdenen Krug gefunden. Bis an den Rand gefüllt mit alten Silbermünzen, insgesamt mehr als dreihundert Stück. Leider waren sie alle blauschwarz angelaufen und wirklich nicht mehr sehr ansehnlich. Tage- und nächtelang schuftete nun mein Onkel, um die einzelnen Münzen mit Stahlwolle wieder blank zu bekommen. Als alle wieder in neuem Glanz erstrahlten, bot er sie zum Kauf an. Seine Verwunderung war groß, als man ihm eine im Vergleich lächerliche Summe dafür bot. Als er erzählte, wie viel Arbeit es bedeutet hatte, die Münzen wieder auf Hochglanz zu bringen, erlebte er ein Gelächter, wie er es noch nie gehört hatte …"

Besser besorgen Sie sich für solche Fälle erst einmal entsprechende Literatur und informieren sich, welche Münzen wie zu handhaben sind. Andere Funde, eiserne Münzen zum Beispiel, bedürfen mit ziemlicher Sicherheit einer Restaurierung. Nun ist dies beinahe schon eine Wissenschaft für sich – allein schon von den verschiedenen Behandlungsarten her.

Ohne entsprechende Behandlung wird kaum jemand gesteigertes Interesse an etwaigen unansehnlichen Rostklumpen zeigen. Letztendlich ist bei einer Veräußerung nur das Resultat, also der zu erzielende Höchstgewinn, wichtig. Dabei braucht niemand Angst vor dem Finanzamt zu haben. Schatzfunde bzw. der Erlös daraus sind in Deutschland und der Schweiz steuerfrei! Wie das in Österreich gehandhabt wird, war vom österreichischen Finanzministerium leider nicht zu erfragen, da auf diesbezügliche Anfrage per E-Mail nicht geantwortet wurde. Ich empfehle Schatzsuchern in Österreich, diese Frage einem Steuerberater zu stellen oder aber beim zuständigen Finanzamt nachzufragen. Im Steuergesetz der Bundesrepublik Deutschland sind lediglich sieben Grundsteuerarten enthalten. Schatzfunde fallen nicht darunter, da sie als „zufälliger Zugewinn“ – also wie ein Lottogewinn – behandelt werden.

Allerdings ist es damit auch unmöglich, Aufwendungen und Kosten absetzen zu können. Denn wo es kein offizielles Einkommen gibt, existieren auch zwangsläufig keine Betriebsausgaben. Trotz alledem ist Vorsicht geboten: Nach Ablauf eines Jahres wird der Ertrag aus solchen Gewinnen mit Vermögenssteuer belegt, so wie eine Lottomillion nach einem Jahr als Vermögen betrachtet wird. Dies gilt zumindest in Deutschland. All diese Details sollte man sich bereits vor einer Bergung durch den Kopf gehen lassen und sich bei den zuständigen Behörden erkundigen, zumindest um sich geistig gegen die Tücke des Objekts zu wappnen.

FUNDRESTAURIERUNG UND -KONSERVIERUNG

Fundstücke und Schatzfunde, wie man Sie in Auktionshäusern und Museen präsentiert bekommt, vermitteln nur allzu leicht den Eindruck: „Aus dem Boden frisch auf den Tisch.“ In den allerwenigsten Fällen sind Funde „verkaufsfertig“, und in der Regel ist deshalb eine gründliche Restaurierung und anschließende Konservierung notwendig. Auch wenn es noch so schön aussieht: Den Abbildungen in Katalogen ist nicht anzusehen, wie viele Stunden ein Restaurator daran gesessen hat und in welch mühevoller Kleinarbeit ein Stück wiederhergestellt wurde.

Das Restaurieren und Konservieren ist eigentlich eine Wissenschaft für sich. Grundwissen zu besitzen ist sicherlich gut – andererseits gehören jahrelange Erfahrung und eine Reihe von Kniffen und Tricks zu diesem Handwerk. Darüber hinaus sollte man sich auch mit den einzelnen Materialien beschäftigen, deren Herstellung sowie den Reaktionen auf die Verbindung mit unterschiedlichen Substanzen. Selbst Restauratoren, die schon jahrzehntelang ihren Beruf ausüben, lernen immer wieder hinzu und sind oft gezwungen, mit den verschiedensten Mitteln zu experimentieren, bis ein Stück so aussieht, wie sie es sich vorstellen.

Je weicher das Metall – so möchte man zumindest meinen –, desto größer der Zerstörungsgrad. Aber selbst harte Materialien wie Eisen weisen oft einen erheblichen Grad an Erosionsspuren auf und sind zuerst einmal einer gründlichen Behandlung zu unterziehen. Je länger Eisen im Boden gelegen hat, desto schlimmer ist meist der Zustand. Nicht weniger desolat sind Eisenstücke, die der Luft ausgesetzt waren (besonders tückisch sind solche Eisenfunde, die aus Höhlen oder Stollen stammen).

In jedem Fall gilt, Fundstücke – egal von welcher Art und aus welchem Metall – einer gründlichen Untersuchung zu unterziehen und, falls eine Restaurierung nicht allzu spezielles Fachwissen erfordert, eventuell selbst zu restaurieren. Vernünftigerweise sollte man dies jedoch erst einmal an einem Übungsobjekt versuchen, ehe man sich an hochwertige Fundstücke oder gar an Schmuck und Münzen wagt.

Eisen

Eisen ist mit Sicherheit das am häufigsten anzutreffende Material in den unterschiedlichsten Erhaltungsgraden. In der Regel jedoch sind Eisenfunde starker Korrosion ausgesetzt und meist überhaupt nicht auf Anhieb zu bestimmen, vor allem wenn in den äußeren Schichten der Rost weich und bröselig ist, was hauptsächlich bei lockeren und feuchten Böden vorkommt. Bezähmen Sie Ihre Neugier und verzichten Sie darauf, die Rostschicht abzuklopfen oder mit Gewalt zu entfernen. Die Struktur des Metalls ist oft stark angegriffen, und ein kleiner Schlag kann genügen, um es zu zerbrechen. Empfehlenswert ist, das Stück in ein Tuch

Erst nach dem Restaurieren eignen sich solche mittelalterlichen Funde für die Vitrine.

einzuwickeln und bis zur Restaurierung kühl und trocken zu lagern (wenn die Restaurierung nicht unmittelbar bevorsteht, kann man das Fundstück auch einfrieren).

Ursprünglich habe ich die „Essigmethode“ empfohlen, die nach wie vor durchaus anwendbar ist. Im Laufe der Jahre hat sich jedoch eine andere, wesentlich sauberere und schnellere Restaurierungsmethode für Eisen durchgesetzt, das elektrolytische Verfahren oder „negative Anodisieren“.

Essigmethode

Grundsätzlich muss jedes Eisenfundstück erst einmal unter dem Wasserstrahl mit einer harten Bürste vom Schmutz gesäubert werden, dies geschieht am besten mit einer Handbürste. Damit lässt sich die weiche Schicht leicht entfernen. Um die harte Rostkruste zu entfernen, muss das Stück eingelegt werden.

Falls Sie sich für die „Essigmethode“ entscheiden, gehen Sie folgendermaßen vor: Füllen Sie einen Kunststoffbehälter mit Obstessig, sodass das Fundstück darin untertaucht. Obstessig enthält einen Säureanteil, der den Rost löst und den Eisenkern nicht zerstört, sofern man das Fundstück nicht zu lange darin liegen lässt. Die Prozedur dauert einige Tage, wobei man die Eisenlake (Suppe) immer wieder kontrollieren muss. Sobald obenauf eine Rostschicht schwimmt, muss der Essig gewechselt werden. Ist das Eisen vom Rost weitgehend befreit, folgt der nächste Schritt.

Das Eisen wird in kochendes Wasser gelegt, mit dem zusammen es dann abkühlen muss. Dabei entsteht ein „Dehnungseffekt“, der die verbliebene Rostschicht abplatzen lässt.

Nun wird der Fund mit Spiritus vom letzten Rest Fett befreit. Mit einer Topfbürste kann man nun das Eisen schrubben, bis der letzte Rest Rost und Schmutz weg ist.

Abschließend entweder mit Klarlack konservieren oder mit Paraffin behandeln. Ich persönlich koche Eisenstücke etwa 20 Minuten in Leinölfirnis und reibe sie nach dem Erkalten mit einem Tuch ab.

Will man den „Museumseffekt“ erzielen, muss das Stück weiter bearbeitet werden. Mit grobem Schmirgelpapier wird so lange geschmirgelt, bis die erhabenen Stellen blank sind. Die Vertiefungen bleiben dunkel. Nun wird mit immer feinerem Schmirgelpapier gearbeitet, bis keine oder kaum mehr Riefen zu sehen sind. Anschließend mit Paraffin versiegeln. Edler gehts nicht!

Zur oben beschriebenen „Essigmethode noch eine Anmerkung: Essig entwickelt Dämpfe, die besonders in geschlossenen Räumen aggressiv auf Metalle wirken können. Vermeiden Sie die „Essigmethode“ in der Garage, da sonst der Lack ihres Autos Schaden nehmen könnte.

Auch im Heizungskeller ist die Methode nicht sonderlich ratsam, da die Wasserrohre ebenfalls darauf reagieren. Am besten ist es, den Behälter mit Essig im Freien, zum Beispiel im Garten, aufzustellen.

Eine weitere alternative Methode zur Essigkur bietet dieses Rezept: 4 g Weinsäure und 100 g Zinnchlorid auf je einen Liter Wasser. Beide Lösungen dann zusammenschütten. Nachdem man einen Esslöffel Indigokarminpulver dazugegeben hat, wird der Gegenstand eingelegt, wo er 24 Stunden verbleibt. Die weitere Behandlung erfolgt wie beschrieben.

Mittelalterliche Hellebarde – häufig im Bereich von Burgen auffindbar.

Elektrolysebad

Nun aber zu der von mir bevorzugten Behandlung von Eisenfundstücken: Sie benötigen einen Kunststoffbehälter, der groß genug ist, das Fundstück aufzunehmen, aber noch Platz bietet für ein Stück Edelstahl, das Sie ebenfalls mit hineinlegen (Abfall vom Schrott oder aus der Schlosserei). Füllen Sie mit einem Messbecher so viel Wasser in das Gefäß, dass Fundstück und Edelstahl völlig bedeckt sind. Pro Liter Wasser, deshalb der Messbecher, geben Sie einen Esslöffel Speisenatron dazu (gibt es im Supermarkt).

Was Sie nun noch brauchen, ist ein leistungsstarkes Batterieladegerät (oder eine Autobatterie) mit möglichst hoher Amperezahl (bei 12 V). Die Minusklemme befestigen Sie nun am Fundstück, die Plusklemme am Edelstahl. Erst jetzt sollten Sie das Gerät (im Falle eines Ladegerätes) ans Stromnetz anschließen. Nach kurzer Zeit können Sie beobachten, wie die Ströme vom Fundstück zum Edelstahl fließen. Dies bewirkt das Natron, das als Leitermedium fungiert. Je nach Zustand des Objektes dauert es 12–14 Stunden, und das Fundstück ist weitgehend vom Rost befreit. Es folgt die gleiche Prozedur wie beschrieben, um den restlichen Schmutz und Rost zu entfernen.

Das Elektrolysebad lässt sich auch bei anderen Metallen anwenden – ich habe es zum Beispiel schon mit Aluminium erfolgreich durchgeführt. Der Vorteil des Verfahrens liegt darin, dass es absolut sauber, geruchs- und dämpfefrei abläuft (notfalls können Sie die Wanne sogar unter dem Ehebett deponieren).

Kupfer

Kupfer entwickelt im Laufe der Jahre und Jahrzehnte eine Patina, die aus einem grünen Belag besteht. Entgegen der grünen Edelpatina von Bronze ist die Kupferpatina nicht sonderlich erhaltenswert. Allerdings ist dies Ansichtssache. Auf jeden Fall sollte der Grünspan entfernt werden, wenn er Kristalle bildet.

Dazu legen Sie ihn in 5%ige Ameisensäure (die bekommen Sie in der Apotheke), bis sich der Belag gelöst hat, und reiben das Stück anschließend unter lauwarmem Wasser mit „Akopads" (= Stahlwollschwämmchen, die mit Seife versetzt sind) ab. Abschließend erhält das Stück einen Schutzfilm aus Klarlack oder wird mit Paraffin behandelt.

Nickel

Nickelfunde legt man etwa sieben Minuten in 25%ige Schwefelsäure und anschließend einige Minuten in Salpetersäure. Danach wird der Gegenstand unter lauwarmem Wasser ebenfalls mit „Akopads" abgerieben. Gehen Sie aber vorsichtig mit den Säuren um, da sonst der Jeansverbrauch stark steigt. Unbedingt eine Schutzbrille und Handschuhe verwenden.

Messing

Messing (Gelbkupfer) besteht aus einer Kupfer-Zink-Mischung und verhält sich in feuchter Umgebung ähnlich wie Kupfer – es läuft erst an und bekommt allmählich eine grünliche Patina. Diese Patina ist nicht erhaltenswert und lässt sich entfernen, indem man den Gegenstand in einer Titriplexlösung kurz kocht und anschließend in 30%ige Salpetersäure taucht.

Sobald Blasen aufsteigen, wird der Fund herausgenommen und unter klarem, lauwarmen Wasser abgespült. Auch Messing bekommt eine Schicht aus Klarlack.

Bronze (Kupfer-Zinn-Mischung)

Anders als bei Kupfer oder Messing ist die Bronzepatina unbedingt erhaltenswert. Die Patina ist meist dunkelgrün bis schwärzlich grün (Edelpatina). Diese Patina darf niemals entfernt werden.

Falls doch einmal das Missgeschick passiert und ein Bronzegegenstand aufgrund von Unkenntnis behandelt wird, dann bleibt nur noch der Trick, den mancher Antiquitätenhändler verwendet und der auch bei Fälschern äußerst beliebt ist: Das Aufbringen einer künstlichen Patina.

Dies geschieht unter Zuhilfenahme von „Schwefelleber" (Kaliumsulfat), das in der Apotheke erhältlich ist. Die Schwefelleber kommt in ein Glas, das groß genug ist für das Fundstück. Dieses wird mithilfe eines Fadens hineingehängt und das Glas verschlossen. Die Dämpfe der Schwefelleber bilden auf dem Metall einen Belag, den man als künstliche Patina bezeichnet.

Silber

Silber, das längere Zeit im Boden lag, ist in der Regel blauschwarz angelaufen. Dies stellt auch eine Art Patina dar. Silbergegenstände (außer Münzen) kann man von diesem Belag befreien, indem man den Gegenstand in eine Alufolie wickelt und in einer 15–20%igen Sodalösung erhitzt. Dabei ist darauf zu achten, dass das Erhitzen nicht zu schnell geht. Infolge des Erhitzens weicht das Sulfid auf und kann dann mit einer Handbürste entfernt werden. Will man den Gegenstand blank haben, erfolgt dies mit einem Silberputztuch oder einem Silberputzmittel.

Weitaus dekorativer aber sind Silbergegenstände (besonders Becher, Teller und Kannen), wenn Sie gelblich angelaufen sind. Dies lässt sich mühelos erreichen, indem man den Silbergegenstand in die Nähe von Blumen stellt. Nach einer Dauer von ca. drei bis fünf Monaten nimmt das Silber einen schönen antiken weichen Glanz an.

Gold

Die Königin der Metalle benötigt in der Regel keine Behandlung. Selbst nach Jahrtausenden hat Gold seinen edlen Glanz und nichts von seiner Schönheit eingebüßt. Im höchsten Fall kann es sein, dass es etwas angelaufen und eine kleine Politur fällig ist. Dies geschieht entweder im Ultraschallbad oder mit einem mit Spiritus getränkten Tuch. Voilà!

Holz

Ein äußerst diffiziles Material ist Holz. Erd- bzw. bodengelagertes Holz ist faserig, spröd und oft schwammig. Je feuchter Holz ist, desto heikler ist die Restaurierung, da es an der Luft schnell schrumpft und zerfällt. Deshalb sollten Holzfragmente sofort nach der Bergung (siehe „Bergung von Funden“, S. 169) in feuchte Tücher geschlagen werden. Die weitere Behandlung ist meist ein langwieriger Vorgang. Da die archäologischen Techniken dem Laien in der Regel nicht zur Verfügung stehen, bleibt nur der Behelf. Trotzdem möchte ich der Vollständigkeit halber die Holzkonservierungsmethode der Profis anreißen, wobei ich dafür aus Günter Lanitzkis Buch „Flaggschiff Kronan“ auszugsweise zitiere, da er sich wesentlich mehr mit Holzfunden und der Konservierungsmethode befasst hat als ich.

In den Lagerräumen kamen die angelieferten Artikel sofort in mit Wasser gefüllte Behälter. [...] Nach dem Reinigen wurden die Holzgegenstände in enthärtetem bzw. entionisiertem Wasser gebadet (bei Verwendung von normalem Trinkwasser mit seinen Metallionen und Härtebildnern – Sulfate, Phosphate, Karbonate von Magnesium und Kalzium – würde sich auf der Oberfläche ein neuer Belag bilden). Das Problem lag nun darin, das Holz zu entwässern, ohne dass es schrumpfen oder sich verformen konnte.

Bei kleineren Objekten kann man dies mit der Gefriertrocknung erreichen. Größere Holzteile behandelt man ausschließlich mit PEG (Polyäthylenglykol). Sie lagen drei bis vier Monate im Konservierungsbad. In dieser Zeit drang das PEG langsam in die feinen Poren des Holzes ein, verdrängte das Wasser und erstarrte.

All die wissenschaftlichen Lösungen und Imprägniermittel stehen dem Schatzsucher selten in benötigten Mengen zur Verfügung. Als Behelf lässt sich auch eine Zuckerwasserlösung verwenden, wobei der Zuckeranteil im Wasser sich allmählich im Holz festsetzt und dieses konserviert. Ich habe gelegentlich schwammiges, feuchtes Holz in Ballistol (Waffenöl) getränkt und – indem ich den Vorgang immer wiederholte – die Feuchtigkeit verdrängt. Große Beschädigungen lassen sich schichtweise mit Holzkitt ausbessern. Die ausgebesserten Stellen kann man dann nach Belieben mit Holzwachs polieren.

Münzen

Münzen bestehen zwar allesamt aus Metallen unterschiedlichster Art, die Restaurierung der alten Zahlungsmittel aber mit der Restaurierung übriger Metallgegenstände gleichzusetzen ist unmöglich.

Im Gegensatz zu allgemeinen Metallgerätschaften sollten Münzen nämlich möglichst in ihrem Zustand belassen werden. Bei Silbermünzen sieht eine behutsame Restaurierung folgendermaßen aus: Vorsichtig unter lauwarmem Wasser mit einem weichen Spülmittel reinigen. Dann die Münzen entweder in ein kurzes Tauchbad in Silberputzmittel legen und anschließend mit einem Silbertuch abreiben. Dabei bleibt die Patina weitestgehend erhalten. Wenn Sie die Münze lieber blank möchten, dann träufeln Sie etwas Saft aus einer Zitrone darauf, säubern sie mit einem Ohrputzstäbchen und waschen sie anschließend ab (allerdings sei gesagt, dass Münzhändler und -sammler die Münzen lieber im ungereinigten Fundzustand wollen).

Goldmünzen bedürfen lediglich einer Politur mit einem weichen Tuch oder Watte.

Kupfer- und Bronzemünzen sind mit einem grün schimmernden Belag überzogen. Diese Patina von Münzen darf auf keinen Fall entfernt werden. Die Patina ist Kupferkarbonat, das sich sozusagen als Schutzschicht gebildet hat.

Blanke Münzen glänzen zwar schön, sind aber als Sammelobjekte nicht viel wert und auch nicht besonders begehrt.

Münzen – egal welcher Art – sollte man nicht über längere Zeit in den Ordnermappen aus Plastik aufbewahren, da diese zu „schwitzen“ beginnen können und an den Münzen Schaden entsteht.

Empfehlenswerter sind Sammelschuber, in denen die Münzen in Samt gebettet sind. Es hängt in erster Linie von der Behandlung Ihrer Funde und Fundstücke ab, ob diese als Prachtstücke in der Vitrine präsentiert werden können. Nur dann lassen sie den wahren Wert erkennen und erzielen bei eventuellen Auktionen oder beim Verkauf wirklich den besten Preis.

Auch wenn es schwerfällt: Bei Münzfunden sollte man seine Neugier zügeln und die Münze(n) erst zu Hause einer gründlichen Untersuchung unterziehen. Auf gar keinen Fall sollten Sie sich zu der unter Schatzsuchern weitverbreiteten Unsitte verleiten lassen und die Münze mit Spucke zwischen Daumen und Zeigefinger reiben. Dabei werden die Münzoberflächen von Staub und kleinen Sandpartikeln verletzt, die dem Metall hässliche Kratzer zufügen und den Wert erheblich mindern.

Eine ebensolche Wertminderung stellen Befestigungen in Form von Haken und Ösen dar, die manchmal angelötet werden, um die Münze an einer Kette um den Hals tragen zu können. Wenn Sie Freude an Ihrem Fund haben wollen, sollten Sie diesen entsprechend vorsichtig behandeln. Vergessen Sie niemals: Solange Funde unbehandelt sind, gelten sie lediglich als Schrott! Erst die richtige Behandlung macht sie zu Raritäten.

HILFSMITTEL UND ANDERE NÜTZLICHE DINGE

LOKALISIEREN UND ORTEN VON KLEINTEILEN

Kleinteiledetektor („Pin Pointer“)

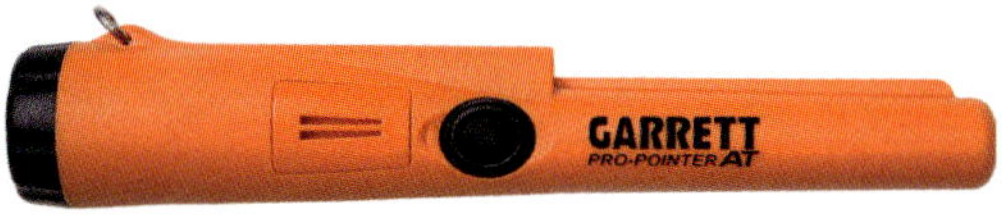

Der Garrett Pro-Pointer AT – bis zu 6 Metern wasserdicht.

Ein unverzichtbares Hilfsmittel für die Suche ist der Kleinteiledetektor („Pin Pointer“). Die Suchtiefe beträgt um die 10 cm, was ausreicht, um auch kleinste Gegenstände im Erdreich zu orten, nachdem sie von der Sonde angezeigt wurden. Selbst an schwer zugänglichen Stellen, etwa unter Wurzeln oder in schmalen Löchern, leistet dieses Gerät wertvolle Hilfe.

GRABUNGSWERKZEUGE

Wer glaubt, um ein Loch zu graben, gebe es nur den Spaten, der irrt gewaltig. Im Laufe der Zeit wird jeder auf „sein“ Werkzeug schwören. Zudem kommt es immer auf das Vorhaben an. Um Kleinfunde auszugraben, empfiehlt sich eine Kleinhacke, die – an der Schneide scharfgeschliffen – jede noch so harte Schicht durchdringt. Auch lassen sich damit problemlos kleine Wurzeln durchtrennen.

Klappspaten

Zwei Arten von Klappspaten sind im Handel erhältlich: zum einen der zweifach klappbare Spaten, zum anderen der dreifach klappbare. Der dreifach klappbare Spaten lässt sich zwar klein zusammenlegen, trotzdem rate ich davon ab, weil das Spatenblatt nämlich mit drei Nieten am Stiel befestigt ist, die leicht ausreißen, vor allem wenn es sich um Billigware aus Taiwan handelt.

Als das robusteste hat sich ein Modell erwiesen, das einen Metallschaft besitzt, der sich teleskopartig ausziehen und mit einer Klemmschraube arretieren lässt. Sinnvollerweise befindet sich im Inneren des Schaftes eine stabile und äußerst scharfe Säge.

Auf den Metallfund folgt die Handarbeit: Ohne sinnvoll zusammengestelltes Werkzeug kommen Sie Ihrem Schatz kaum näher.

Schürfhacke

Eines der besten Grabungswerkzeuge überhaupt ist die Schürfhacke. Der Stiel besteht aus Eschenholz und widersteht selbst schweren Hebeleinsätzen.

Outdoorbekleidung und Zubehör

Es empfiehlt sich, speziell an die Suche angepasste Bekleidung zu wählen. So bewähren sich bei mir seit Jahren Cargohose (mit abtrennbaren Beinteilen und geräumigen Taschen), Mulitfunktionsweste und stabiles Schuhwerk. Ebenfalls immer dabei: Multitool-Messer, Klappfernglas und ein Teleskop-Trinkbecher. Lassen Sie sich einfach einen Gesamtkatalog über Outdoor- und Trekkingzubehör zusenden. Dann finden Sie sicher Ihre persönliche Ausrüstung.

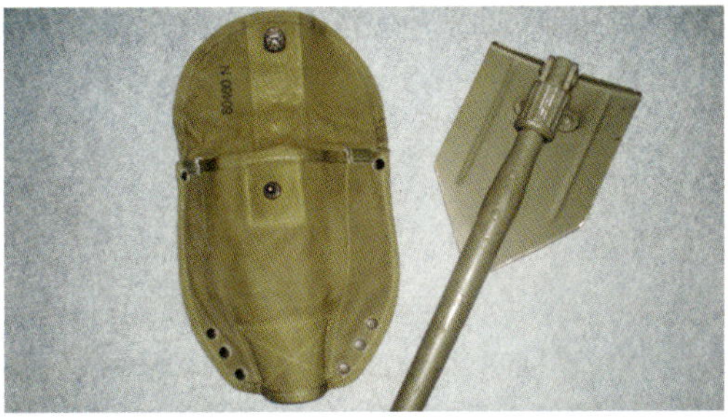

Der klassische Klappspaten, mittlerweile oft auch mit zusätzlicher Sägefähigkeit erhältlich.

Kurz und kräftig – der Schürfpickel.

REINIGEN UND RESTAURIEREN

Es gibt so gut wie kein Fundstück, das sofort „vitrinengeeignet“ ist. Jedes dem Boden entnommene Teil bedarf erst einmal einer Reinigung oder sogar einer Restaurierung, ehe es würdig ist, zur Schau gestellt (oder verkauft) zu werden.

Wie schon erwähnt bedürfen besonders Münzen einer schonenden und vorsichtigen Behandlung. Dafür eignen sich am besten Ultraschall-Reinigungsgeräte. Das Funktionsprinzip dabei ist folgendes: Nichtwahrnehmbare Schallwellen werden in einer Edelstahlwanne mit Reinigungsflüssigkeit erzeugt. Diese Schallwellen „beschießen“ sozusagen den eingelegten Gegenstand und lösen Fett und Schmutz durch diese Vibrationen. Diese Geräte gibt es bereits ab ca. 50 Euro.

Reinigungssysteme

Die Firma NOVUS VIA – Jörg Rupp hat ein schonendes Reinigungssystem für Billonmünzen, Silbermünzen sowie Silberschmuck entwickelt.

Laut Herstellerangaben werden poröse und rissige Strukturen einer filigranen Bodenfundmünze aus z. B. Billon aufgrund der höheren Viskosität der Gele weniger intensiv belastet als beispielsweise bei einem konventionellen Silber- oder Säuretauchbad.

Ein enormer Vorteil bei stark kupferhaltigen Münzen. Durch die gelartige Konsistenz muss lediglich ein dünner Film auf die zu reinigende Münze aufgetragen werden. Das Gel eines Reinigungsvorganges kann mehrfach verwendet werden.

Ein weiterer Vorteil des NOVUS-VIA-Gels besteht darin, stark verunreinigte Bereiche eines Gegenstandes aus Billon oder Silber präzise und lokal begrenzt zu behandeln, um ein natürliches Erscheinungsbild zu wahren.

Sämtliche Reinigungsutensilien sind im Set enthalten, nach Abnutzung können die Applikatoren ausgetauscht werden.

Nach abgeschlossener Reinigung ist von NOVUS VIA noch eine passende Schutzwachspaste erhältlich. Diese verleiht den gereinigten Münzen den letzten Feinschliff, und sie können ab in die Vitrine.

Mini-Bohrmaschinen

Verunreinigungen, Verkrustungen und Schmutz, die nicht mehr mit Ultraschall zu entfernen sind, rückt man am ehesten mit gröberem Geschütz zu Leibe.

Hierfür bieten sich Mini-Bohrmaschinen an, die im Fach- und Heimwerkerbedarf erhältlich sind. Mit einer biegsamen Welle versehen lassen sich mit den universellen Einsätzen wie Stahl- und Messingbürstchen Metallstücke säubern.

Bodenfund – noch nicht gereinigt.

Lupen

Restaurierungsarbeiten von kleinen und filigranen Teilen sollten unter einer Großlupe vorgenommen werden, unter der selbst minimalste Details gut erkennbar sind. Aber Vorsicht: Diese Lupen dürfen Sie niemals ohne Schutzdeckel in Fensternähe stehen lassen, da einfaches Sonnenlicht die Lupe zu einem gigantischen Brennglas machen kann, sodass – ratzfatz – die kleine feine Hütte abgefackelt ist.

Großlupen sind bereits ab 25 Euro in Elektronikfachgeschäften erhältlich.

Stirnlupen

Eine Nummer (und damit auch einige Preisklassen) kleiner geht es natürlich auch: Mit einer Stirnlupe, die einfach auf den Kopf aufgesetzt wird, hat man beide Hände frei, um sich dem Werkstück zu widmen.

Die Reinigungsschritte im Einzelnen …

Aquamarine

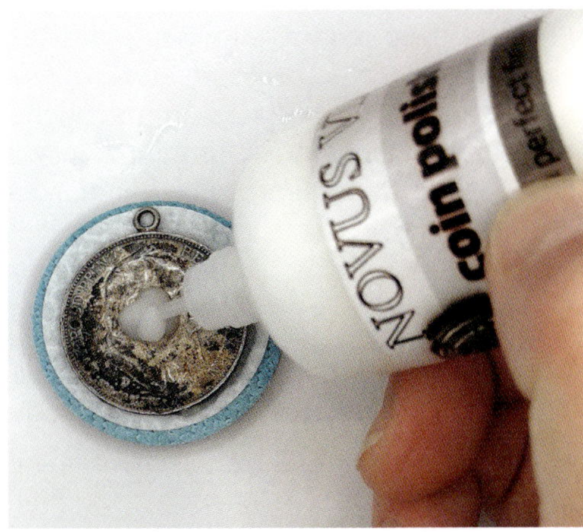
NOVUS
coin polish

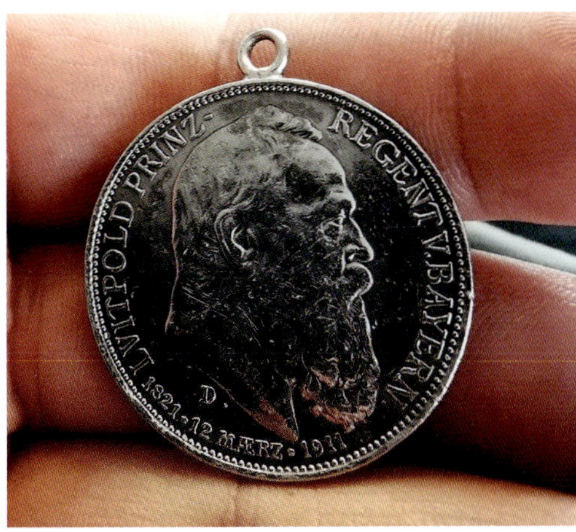
LVITPOLD PRINZ-REGENT V.BAYERN
D
1821-12 MÆRZ-1911

UNENTBEHRLICH FÜR DIE SUCHE IN GEWÖLBEN, KELLERN, GEMÄUERN UND STOLLEN – DIE UV-LAMPE

Neben dem Metalldetektor, der verborgene und vergrabene Metalle aufspürt, gibt es ein weiteres elektronisches Gerät, das untrügliche Spuren geheimer Verbergungen ans Licht bringt – im wahrsten Sinne des Wortes. Verschlossene und vermauerte Verstecke, die wertvolle Schätze enthalten, lassen sich nicht so ohne Weiteres erkennen. Unter dem Licht der Ultraviolett-Lampe aber sind solche Spuren deutlich erkennbar.

Wie jedermann weiß, ist Licht nicht gleich Licht. Je nach Wellenlänge gibt es verschiedene Unterscheidungen für diese Energiestrahlung. Für das menschliche Auge sichtbar ist Licht im Bereich von 380 bis 780 nm (Nanometer). Ein Nanometer entspricht 1/10.000 cm. Sobald die Wellenlänge des Lichtes über dem sichtbaren Bereich von 780 nm liegt, wird es „infrarotes Licht" genannt. Liegt aber die Wellenlänge unter 380 nm, ist dies „ultraviolettes Licht". Dabei wird wiederum unterschieden zwischen langwelliger und kurzwelliger Strahlung. Die langwellige Strahlung liegt bei 366 nm, während die kurzwellige lediglich 254 nm erreicht.

UV-Lampe.

Besonders eine Eigenschaft aber ist es, die das UV-Licht so attraktiv macht: die sogenannte Fluoreszenz! In bestimmten Bereichen ruft diese Eigenschaft Leuchteffekte hervor, die Abweichungen in Zusammensetzung und Konsistenz verschiedener Materialien deutlich sichtbar machen.

Beim Aufspüren möglicher Schatzverstecke in Mauerwerk und Gebäuden lässt sich dieser Fluoreszenzeffekt hervorragend zunutze machen. Sobald man damit eine gemauerte Wand bestrahlt, die irgendwann einmal verändert oder ausgebessert wurde, sticht diese Stelle hervor und hebt sich deutlich erkennbar vom umgebenden Mauerwerk ab. Unter normalen Umständen und bei normalem Licht wäre dies niemals erkennbar – unter UV-Licht aber ragt sie regelrecht heraus.

Wenn also in einer solchen Wand einmal ein Versteck angelegt wurde, geschah dies sehr wahrscheinlich nachträglich, und es wurden andere Materialien zum Verschließen verwendet. Dies allerdings lässt sich nur bei „nackten" Wänden anwenden und erkennen; tapezierte Wände abzusuchen ist sinnlos.

Des Weiteren hilft UV-Strahlung auch bei Ziegelwänden, Fliesen und Ähnlichem. Mörtelfugen, die nachträglich gezogen wurden, geben sofort ein verräterisches Bild ab. Der große Vorteil der UV-Lampe ist, dass auch Schätze aus nichtmetallischem Material auf diese Weise aufgefunden werden können.

Die Arbeit mit der UV-Lampe ist denkbar einfach: In etwa 20 cm Entfernung wird diese an der Wand entlanggeführt. Unter dem UV-Licht, das in violettem Ton strahlt, heben sich Abweichungen als dunkle Schatten deutlich erkennbar ab. Deutlich größere Veränderungen sind auch noch aus größerer Entfernung gut erkennbar. Die handliche Form und das geringe Gewicht von ca. 1,5 kg lassen eine ermüdungsfreie Suche zu. Inzwischen gibt es schon Taschenversionen, die in jeder Brusttasche Platz finden.

Mit der UV-Markierungsfarbe, ähnlich einem Filzschreiber, kann man auch gut geheime Markierungen anbringen, die nur unter dem Schein der UV-Lampe zu sehen sind. Der Lichtschein strahlt allerdings nicht nur unsichtbare Wellen ab, sondern auch sichtbare. Deshalb ist es unerlässlich, bei der Arbeit mit UV-Licht eine Schutzbrille zu tragen. Längere Bestrahlung der Netzhaut wirkt sich nämlich schädlich aus, vergleichbar mit starker Sonnenreflexion im Winter, die zur sogenannten Schneeblindheit führen kann. Eine entsprechende Schutzbrille ist deshalb kein Luxus, sondern dient einzig und allein dem Schutz der Augen.

Die Stromversorgung solcher Lampen erfolgt entweder über Batterien oder über ein Ladegerät (je nach Ausführung und Modell). Die Batterien reichen für ca. zehn Stunden.

Für den Anwendungsbereich Schatzsuche empfehle ich die UV-Handlampe, Typ B, 6 W kurzwellig, mit 12-V-Batteriebetrieb und Netzgerät. Der Preis liegt etwa bei 120 Euro für die Lampe, bei etwa 30 Euro für das Ladegerät und um die 10 Euro für die notwendige Schutzbrille. Die Taschenausführungen sind zwar wesentlich billiger, aber eben als Zweitgeräte gedacht, die man immer bei sich tragen kann. Preis dafür: ca. 25 Euro.

STIRNLAMPEN

Eine gute Erfindung, diese Dinger. Man kann sie immer dabeihaben, und beim Gebrauch hat man die Hände frei. Vor allem in Stollen, Schächten, Höhlen und was weiß ich wo noch. Selbst auf das Bedienteil des Detektors lässt sich die Stirnlampe schnallen, wobei das Licht dann direkt auf bzw. vor die Spule fällt. Also, auch wenn es mal düster ist, ist die Lampe ein praktisches Hilfsmittel.

Die einfache Version kostet um die 10 Euro, während es auch noch eine absolut wasserdichte Ausführung gibt, die sogar zum Tauchen geeignet ist.

DOKUMENTATIONSTECHNIK

Recherchen in Archiven und Bibliotheken fördern oft umfangreiches Material ans Licht. Leider werden diese Unterlagen in den seltensten Fällen ausgeliehen, was auch verständlich ist. Je älter Dokumente und Folianten sind, desto schwieriger ist es, davon Kopien anzufertigen. Sicherlich könnte man, wie in früheren Zeiten, die Texte abschreiben und die Bilder abzeichnen. Aber dies ist eine mühsame Angelegenheit. Fotokopieren scheidet oftmals aus, da die alten Blätter nicht der Hitze eines Kopiergerätes ausgesetzt werden dürfen. Für solche Zwecke verwende ich einen Kamerakuli, der unauffällig in der Hemdtasche Platz findet. Selbst kurze Videos lassen sich damit machen.

HEBELSEILZUG „JOCKEY"

Um schwere Lasten zu bewegen, ist ein Greifzug das geeignete Gerät. Dabei sind Greifzüge im Handel erhältlich, die mehrere Tonnen zu bewegen in der Lage sind. Selbst der Zwerg in der Seilzugfamilie – der „Jockey" – kann bei einfacher Zugkraft gut 500 kg heben, und mit einer Umlenkung verdoppelt sich die Zugkraft. Dabei wirkt das Gerät selbst eher unscheinbar. Mit einer Abmessung von ca. 30 x 15 cm findet es fast überall Platz.

Ein Stahlseil wird durch den „Jockey" gefädelt, von dem ein Ende mit Hilfe eines Seilschlupfs (Stahlseilschlinge) um das zu bewegende Objekt gelegt wird, während das andere Ende als Gegenlager an einem Baum oder Felsen befestigt wird. Mit der mitgelieferten Hebelstange wird nun das Seil Stück für Stück durch das Gerät gehebelt und das Objekt so bewegt.

Aber Vorsicht: Man muss dabei unbedingt aufpassen, dass beide Befestigungen festen Sitz haben, da es sonst passieren kann, dass eine Schlinge rutscht und sich unter dem Zug löst. Das Stahlseil kommt dann wie eine Peitsche geflogen und kann schwerste Verletzungen verursachen.

Bezugsquelle: Werkzeugfachgeschäft. Preis: ca. 150 Euro.

WATHOSE

Die Suche in Flüssen und Bächen oder im Uferbereich von Seen und Teichen kann viele interessante Funde zu Tage fördern. Für solche Zwecke eignet sich eine Wathose hervorragend. Durchgehend aus gummiertem Gewebe, die Gummistiefel mit der Hose verschweißt, ist sie ein absolut wasserdichtes Kleidungsstück, das bis über die Brust reicht und ein Arbeiten im Wasser ermöglicht. Ebenso komfortabel sind Fischerstiefel, die bis zur Hüfte hinaufreichen. Fragen Sie beim Kauf im Fachhandel nach Hosen bzw. Stiefeln der Fa. ESSKA in Hamburg, diese sind besonders strapazierfähig.

SUCHWESTE

Der gute alte Suchgürtel, der im alten Handbuch vorgestellt und mittlerweile hundertfach nachgebaut wurde, hat ausgedient. Abgelöst wurde er von der „Suchweste", die mit ihrer multifunktionalen Taschenvielfalt nicht nur Platz für die UV-Taschenlampe bietet, sondern mit Leichtigkeit von der Topo-Karte über den Kompass und das Taschenmesser diverse Kleinteile und Fundstücke aufnimmt. Die große Rückentasche bietet sogar Platz für die Reservespule.

INDIVIDUELLE HILFSMITTEL IM EIGENBAU

Heutzutage kann man alles kaufen – glaubt man jedenfalls. Sicher: Metallsuchgeräte beim Händler oder im Laden zu erstehen ist kein Problem. Spaten und Hacke gibt es auch an jeder Ecke. Wo aber bekommt man spezielle Hilfsmittel her, welche die Schatzsuche erleichtern helfen?

Wer Ansprüche stellt, will diese auch befriedigen. Nirgends steht geschrieben, dass man sich seine Sache nicht so leicht wie möglich machen darf. Jeder Trick und jeder Kniff ist erlaubt, der hilft, unnötige Schweißausbrüche zu verhindern. Was beim Verbergen galt, gilt bei der Suche erst recht. Es ist nicht immer hochtechnisches Zeug, auf das es ankommt, sondern oft kommt es auf einfache Dinge an, die sich ohne Schwierigkeiten selbst herstellen lassen. Schatzsuche ist kein Metier, in dem man an jeder Ecke einen Zubehörladen findet. Zu gering ist der Bedarf, als dass es sich rentieren würde, eine gigantische Produktionsmaschinerie anzuwerfen (in den USA sieht es anders aus, dort gibt es Shops, die unseren Baumärkten von der Größe her in nichts nachstehen). Für alle nachfolgend beschriebenen Gerätschaften und Hilfsmittel benötigen Sie weder ausgefallenes Zubehör noch irgendwelche speziellen Werkzeuge. Solange Sie handwerklich halbwegs geschickt sind, Kreativität besitzen und gewillt sind, den Gebrauchsgegenstand auf Sie selbst zuzuschneidern, haben Sie die Chance, Ihre Ausrüstung für wenig Geld um einige nützliche Dinge zu erweitern.

Zu jedem Gegenstand gibt es eine genaue Anleitung zur Herstellung und eine Material- und Werkzeugliste, lauter Dinge, die in jedem halbwegs gut sortierten Werkzeugschrank und -kasten vorhanden sind. Falls doch einmal etwas Spezielles gefordert ist, dürfte das auch kein Beinbruch sein, da fast in jeder Familie ein „Daniel Düsentrieb“ vorhanden ist, der einspringen kann. Bei Gerätschaften, die im Handel erhältlich sind, sind die Bezugsquelle und auch der Preis für das Gerät angegeben. Sie werden schnell merken, dass es sich durchaus lohnen kann, selbst Hand anzulegen. Außerdem sind Bastelarbeiten meist ein gutes Winterprogramm, wenn die Suche jahreszeit- und wetterbedingt ruht. Man ist seinem Hobby nahe und hat das Gefühl, die Zeit bis zur Suchsaison verkürzen zu können. Es ist also überlegenswert, ob Sie nicht ab und an Ihr Improvisationstalent etwas in Anspruch nehmen – allein schon, um Ihre Fähigkeiten auf dem Laufenden zu halten. Aus wenig Vorhandenem das Maximum herauszuholen zeichnet den erfahrenen Schatzsucher nämlich aus.

HERSTELLUNG EINER STRICKLEITER

Bei der Suche in Brunnenschächten, Höhlen oder Stollen ist oftmals Klettern angesagt, wofür eine Strickleiter gute Dienste leistet. Sicher: Es gibt im Handel alle möglichen Varianten dieser Aufstiegshilfen. Aber haben Sie sich schon einmal die Preise angesehen? Für eine 3 m lange Leiter zahlen Sie gut und gerne um die 100 Euro. Für das Geld mache ich 30 m Leiter selbst. Ganz einfach.

Ohne Strickleiter keine Chance: Abstieg über eine 36 Meter hohe Felswand auf der Cocos-Insel.

Benötigte Materialien

Je nach gewünschter Länge Kernmantel-Reep, 8–10 mm, Hartholzstäbe, Zahl nach gewünschter Länge, Durchmesser 25 – 30 mm, Länge ca. 30 cm.

Werkzeug: Bohrmaschine, Bohrer 10 mm, Lötkolben.

Arbeitsweise

Bei jedem Holzstab werden vom Rand aus 20 mm gemessen und an jeder Seite ein Loch mit 10 mm Durchmesser gebohrt (Bohrer langsam laufen lassen, da sonst die Temperatur zu hoch wird und der Bohrer ausglüht). Nun wird an ein Ende jedes Seils eine Schlinge geknotet. Vom Knoten dieser Schlinge messen wir 25 cm ab und markieren an dieser Stelle das Seil.

Nachdem das Kernmantel-Reep durch die Holzsprosse gefädelt ist, wird an der Sprossenunterseite ein Knoten geschlagen. Von diesem Knoten aus messen wir wieder 25 cm . So geht es weiter, bis alle Sprossen aufgefädelt sind. Die andere Sprossenseite wird ebenso behandelt, sodass nach und nach die Leiter entsteht. Am Ende wird nach der letzten Sprosse wieder eine Schlinge geknüpft und das verbleibende Seilstück abgeschnitten. Die ausgefranste Schnittstelle wird mit dem heißen Lötkolben verschweißt. Wenn die Länge von 5 m nicht ausreicht, kann die Strickleiter beliebig weiter verlängert werden, indem man mit Karabinern weitere Elemente ansetzt.

Anfertigung einer Strickleiter

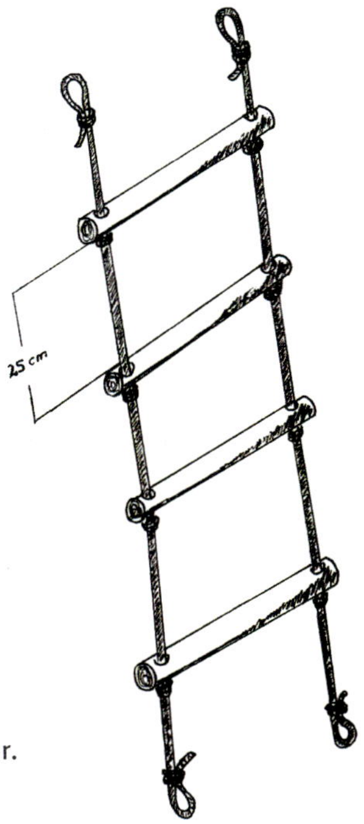

Leicht selbst anzufertigen: die Strickleiter.

RESTAURIEREN MIT DER SANDSTRAHL-TISCHKABINE

Mit der Böhler Tischkabine lassen sich Fundstücke selbst im Wohnzimmer sauber reinigen. Die Abmessungen: 260 x 220 x 150 mm.

Dieses Gerät eignet sich zum Reinigen, Mattieren, Entlacken, Restaurieren oder Altern der unterschiedlichsten Materialien.

Die Kabine funktioniert ohne Kompressor. Die notwendige Energie liefert ein gewöhnlicher Staubsauger, wie er in jedem Haushalt zu finden ist.

Das zum Patent angemeldete Verfahren arbeitet mit Unterdruck, wodurch auch empfindliche Teile und Strukturen schonend gestrahlt werden können. Es wurde speziell für den Modellbaubereich entwickelt und findet damit überall dort Anwendung, wo kleine Teile bearbeitet werden sollen.

ORTUNGSBOHRER/ERDBOHRER

Bei der Suche nach großen Objekten, zum Beispiel Kisten, ist ein Aufschlussbohrer (Ortungsbohrer) äußerst hilfreich. Dieser lässt sich leicht bis zu einer Länge von zwei Metern selbst herstellen.

Ich habe dafür zwei 10-mm-Gewindestangen und fünf dazu passende Gewindebuchsen im Baumarkt besorgt.

Die Gewindestangen haben eine Länge von jeweils 1 m und werden in der Mitte mithilfe einer Eisensäge geteilt. Dafür muss unbedingt eine Mutter aufgedreht werden, damit an der Mutternkante dann die Gewindestange abgesägt werden kann. Damit wird verhindert, dass das Gewinde beschädigt wird.

Eine 50 cm lange Stange wird nun in den Schraubstock eingespannt und am Ende mithilfe einer Feile vierkantig gefeilt, damit sie später gut im Bohrmaschinenfutter sitzt.

Auf die Enden kommen nun die Gewindebuchsen, die mit Superkleber festgeklebt werden. In eine Buchse kommt am anderen Ende ein Bohrer, den man sich am besten bei einem Schlosser festschweißen lässt.

Mit einem starken Akkuschrauber kann man nun mühelos in den Boden bohren und mit den 50-cm-Teilen auf bis zu 2 m verlängern. Mit etwas Gefühl lässt sich dann ein Objekt im Boden ziemlich genau orten.

Aus einem handelsüblichen Akkubohrer bauen Sie sich im Handumdrehen ein wertvolles Hilfsgerät.

Aufschlussbohrung mit dem Erdbohrer.

SUPERMAGNET

Ein geradezu faszinierendes Werkzeug bzw. Hilfsmittel bei der Suche nach Eisengegenständen in Brunnen, Seen und Flüssen ist der Supermagnet.

Im Gegensatz zu den früheren herkömmlichen Magneten, die teilweise recht groß und klobig waren, stellt die neue Magnetgeneration aus Neodymium geradezu eine Revolution dar.

Neodymium ist ein äußerst seltenes Mineral mit hohem Eigenmagnetismus. Bereits kleinste Magnete aus diesem Material heben unglaubliche Gewichte.

Mit einem solchen „Superzwerg“ von nur 5 cm Höhe und 3 cm Durchmesser lassen sich Eisenobjekte mit einem Gewicht bis zu 60 kg heben! Selbst die Spitze eines Dolches oder eine 20 kg schwere Kanonenkugel bleiben an diesen Wunderzwergen haften – und dies bei einer Kontaktfläche von der Größe dieses (O) Buchstabens!

Der Supermagnet hebt mühelos drei Glieder einer Ankerkette, aber auch einen Dolch an der Spitze, wo so gut wie keine Auflagefläche vorhanden ist.

GPS

Karte und Kompass – schön und gut. Ganz darauf verzichten wird man wohl nie können. Aber seit die GPS-Technik teilweise in 3D-Darstellung topografische Details zeigt, werden diese Teile immer wichtiger.

Jede Fundstelle lässt sich präzise festhalten, sogar der Weg dorthin.

Die sogenannten GPS-Handys sind kleinste, leichteste Wunderwerke. Und mit Preisen zwischen 150 und 500 Euro durchaus erschwinglich.

Orientierungslosigkeit war einmal – mit GPS findet man jeden Punkt wieder!

UNENTBEHRLICH: DIE SCHWEIZER TASCHENWERKSTATT

Wenn ich das Haus verlasse, dann versichere ich mich jedes Mal, ob sich an meinem Gürtel auch wirklich zwei Etuis befinden. Das eine ist jenes mit dem Schweizer Messer, das (fast) alle Funktionen beinhaltet, die unvorhergesehene Pannen zur Lappalie werden lassen – das andere ist der „Werkzeugkasten“ für den Gürtel, das „Swiss Tool“. Eine optimale Ergänzung zum Messer, mit dem sich selbst kleine Reparaturen am Auto durchführen lassen.

Während sich im Messer-Etui neben Kuli, Pinzette und Nadel zum Nähen der geplatzten Hose auch ein Lineal mit Wasserwaage, Lupe und Thermometer befindet, bietet das „Swiss Tool“ eine handliche und stabile Kombizange sowie alle diversen Werkzeuge, die man garantiert braucht, wenn man das Teil vergessen hat. Selbst eine kleine Ratsche mit den entsprechenden Aufsätzen fehlt nicht.

So nackt, wie sich im Wilden Westen der Cowboy ohne Colt fühlte, so nackt fühle ich mich ohne meine Gürteltools. Im Laufe der vielen Jahre hatte ich einige dieser Helfer, meist Billigzeug aus dem Baumarkt. Alle gingen den Weg des Gelumpes. Bis ich endlich meinen Geiz überwand und in höchste Schweizer Markenqualität investierte. Seither weiß ich: Ich kann mich auf meine kleinen Helfer blind verlassen.

Werkstatt für die Hosentasche: das Victorinox Multitool.

Viele nützliche Helferlein befinden sich im Schweizer Taschenmesser. Hier das Victorinox Climber Lite in einer Special Edition.

Klar, dass da wieder diese Frage auftaucht: Wer hat's erfunden? – Natürlich die Schweizer!

Original Victorinox Swiss Tool

Und das ist alles drin: Kombizange, Schraubendreher 2 mm, Schraubendreher 3 mm, Drahtschneider für dünne und weiche Drähte bis 40 HRc, Schraubendreher 5 mm, Kapselheber, Schraubendreher 7,5 mm, Klinge, 3.03 23 Klinge, Wellenschliff, Schere, Metallfeile, Metallsäge, Holzsäge, Stech-Bohrahle, Phillips-Schraubendreher 1 + 2 15. Holzmeißel/Schaber, Kistenöffner, Drahtbieger, Drahtabisolierer, Drahtschaber, Dosenöffner, Maßstab (23 cm), Maßstab (9 Zoll), Hülsenpresser, (Elektro-)Hartdrahtschneider, Befestigungsöse, 12 separate Federn, Entriegelungsschieber, Bit-Halter, Bit-Schlüssel, Bit Hex 3 (Inbus), Bit Hex 4 (Inbus), Bit Phillips, Bit Phillips 3 Bit Torx®, 10 Bit Torx® 15, Steckschlüssel für Hex ¼, Platz für zusätzliche Bits, Korkenzieher und Mini-Schraubendreher.

Bezugsquelle: Fachhandel.

© unsplash.com / Efe Yağız Soysal)

Auf der Suche erwarten Sie nicht nur Schätze – Sie lassen auch den Alltag hinter sich.

SCHATZSUCHE ALS THERAPIE

Die Suche nach verborgenen und verschollenen Dingen ist für viele ein spannendes Hobby, das plötzlich einen hohen Stellenwert einnimmt. Je nach Veranlagung wird dieser Freizeitbeschäftigung der eine mehr, der andere weniger Zeit widmen. Ich kenne Schatzsucher, die völlig in ihrem Hobby aufgehen und gelegentlich schon mal ihren Job vernachlässigen. Eine völlig neue Erkenntnis für mich aber war, dass sich über das Hobby der Schatzsuche negative Charaktereigenschaften nicht nur abschwächen, sondern sogar völlig verschwinden können.

Ich konnte dies mehrmals schon an den unterschiedlichsten Charakteren mit den verschiedensten Neigungen erleben und habe dann auch einige Male bewusst solche Entwicklungen gefördert und unterstützt.

Kurz nach Erscheinen des ersten „Handbuchs für Schatzsucher“ kam ein junger Mann zu mir, der das Buch gelesen hatte und einen Detektor wollte. Er erzählte mir, dass er – obwohl noch jung – schon einige Male im Gefängnis war, jedes Mal wegen Delikten, die er selbst seiner Unbeherrschtheit zuschrieb. Wenn er ein Bierchen zu viel getrunken hatte, hatte er die Beherrschung verloren und war immer wieder in schlimme Prügeleien geraten, die ihm einige Verfahren wegen Körperverletzung eingebracht hatten. Nachdem er mit seinem Detektor glücklich abgezogen war, hörte ich einige Zeit nichts mehr von ihm, bis er mich eines Tages überraschend anrief und mir freudestrahlend erzählte, dass er einen Münzschatz gefunden habe. Auf meine Frage hin, wie es ihm sonst ginge, bekam ich zu hören, dass er sich sehr zusammengenommen habe und nun sehr viel Zeit mit der Suche zubringe.

Wieder verging annähernd ein Jahr, bis wir uns zufällig einmal trafen. Er war sehr erfreut und lud mich auf einen Kaffee ein. Zu meiner Freude hatte er sich sehr zum Positiven verändert. Mittlerweile hatte er einen festen Job, eine Freundin, die seine Leidenschaft für die Suche teilte, und jede freie Minute verbrachte er allein oder mit ihr in der Natur bei der Suche. „Ich habe nun den richtigen Weg gefunden“, sagte er. „Jedes Mal, wenn ich mich über irgendetwas fürchterlich geärgert habe, verkneife ich mir Reaktionen wie früher, ich versuche, meine Gefühle zu kontrollieren, und spare sie mir auf, bis ich nach der Arbeit im Wald bin. Dann schreie ich mir meine Wut heraus, und anschließend kann ich in Ruhe suchen und mich auf das Hobby konzentrieren.“ Ich freute mich über seinen Erfolg und hoffte, dass diese Entwicklung sich weiterhin so positiv fortsetzen würde.

Es dauerte sieben Jahre, bis ich ihn wieder traf. Er rief mich an, da er einen neuen Detektor kaufen wollte. Ich war wirklich gespannt auf ihn. Als er mir gegenüberstand, war ich aufrichtig erfreut, was aus ihm geworden war: Er hatte es tatsächlich geschafft, sich ein komplett neues Leben aufzubauen. Er hatte eine solide Arbeitsstelle (die gleiche wie vor sieben Jahren), die gleiche Freundin, und seine einzige Leidenschaft war die Suche nach verborgenen Dingen. Das Hobby, so erzählte er mir, sei die Therapie gewesen, die ihn aus dem Strudel gerettet hatte.

Ein Einzelfall? Keineswegs. Wo sich hier Alkoholmissbrauch und Jähzorn bändigen ließen, hatte ein anderer, ebenfalls sehr junger Mann ein weitaus größeres Problem: die Spielsucht!

Ein alter Freund, der ebenfalls schon sehr lange mit dem Detektor auf der Suche ist, kam eines Tages zu mir und klagte mir sein Leid. Der Bruder seiner Freundin sei der Spielsucht verfallen. Bereits am Morgen ziehe es ihn unwiderstehlich in Spielhallen und -höllen, wo er den Rest des Tages wie besessen bis zu drei Automaten gleichzeitig mit Kleingeld füttere. Das allein war schon schlimm genug, aber die Steigerung folgte, als er keinen Cent mehr zum Verzocken hatte.

Eines Tages stellte seine Mutter fest, dass ein höherer Geldbetrag, den sie zurückgelegt hatte, um sich ein Auto zu kaufen, plötzlich verschwunden war. Mit dem Geld war gleichzeitig auch der Sohn verschwunden und blieb es auch knapp zwei Wochen lang. Als er wieder auftauchte, abgerissen und völlig fertig, war das Geld längst verspielt. Die Familie beschloss, zu versuchen, seine Leidenschaft in andere Bahnen zu lenken. Man legte zusammen und kaufte für ihn ein Metallsuchgerät. Nach den ersten beiden gemeinsamen Suchtagen fand der Junge Gefallen an dem Hobby, und immer häufiger wollte er zusammen mit meinem Freund losziehen. Das Problem bestand aber nun darin, dass dieser als Selbstständiger sich vorrangig um sein Geschäft zu kümmern hatte. Die Familie befürchtete, der Junge könne nun auf die Idee kommen, den Detektor zu verkaufen und das Geld wieder in Automaten zu stecken. Um das zu verhindern, zog fast jeden Tag ein anderes Familienmitglied mit ihm los.

Nach knapp vier Wochen war es soweit, dass er selbstständig und allein zur Suche ausrückte und nun keinen Gedanken mehr an seine Spielleidenschaft verlor. Mein Freund half ihm, die Grundbegriffe der Schatzsuche zu erlernen, und allmählich machte er auch viele nette Funde. Inzwischen – es sind seither etwa 15 Jahre vergangen – hat der junge Mann einen gut dotierten Job, auf den er sich konzentriert, und in seiner Freizeit pflegt er sein Hobby – die Suche nach verlorenen und verborgenen Gegenständen.

Beispiele solcher Art könnte ich noch viele aufführen – so beispielsweise den Gymnasiallehrer, der seine 28 Schüler mit einem Bus zu mir karrte, woraufhin wir einen Tag lang zusammen auf die Suche gingen. Er wollte seinen Schülern zeigen, dass es sinnvolle Hobbys gibt, die mehr Spaß bereiten als in der Gegend herumzuhängen. Oder den Mann, der seine Ehe damit rettete, indem er zusammen mit seiner Frau die Freizeit bei der gemeinsamen Suche verbrachte.

Ich halte die Therapie mit dem Detektor für weitaus besser und sinnvoller, als einmal gestrauchelte Jugendliche in Strafanstalten zu stecken, wo sie den letzten Schliff zu perfekten Kriminellen bekommen. Die Schatzsuche ist kein Allheilmittel, dessen bin ich mir durchaus bewusst; jedoch kann sie durchaus ein Gefühl der Faszination wecken, das in der Lage ist, manches zu überbrücken.

PLANUNG UND PFLEGE DES ARCHIVS

Das größte auftauchende Problem bei der ganzen Sammlerei von Daten, Unterlagen, Informationen und Material ist die Frage: Wohin damit, was tun damit?

Im Laufe der Zeit sammeln sich Unmengen an Informationen und Unterlagen an, denen auf einfache Art und Weise kaum mehr beizukommen ist. Verschiedenartige Komponenten wie Ausschnittarchiv, Loseblattsammlung, Dokumentation aus Archiven, Karten, Plänen, Büchern, Zeitschriften, Videos und sonstige Informationen bilden irgendwann einen unüberschaubaren Wust an Material. Das Nachsuchen wird regelrecht zu einer endlosen Wühlerei, bei der viel kostbare Zeit verloren geht. So wie jedes große zeitgeschichtliche Archiv oder jede Bibliothek bedarf auch das private, spezialisierte Archiv einer ordentlichen Gliederung und Pflege.

Dabei ist wichtig, erst einmal eine grobe Gliederung zu schaffen, also Oberbegriffe, in denen jeweils dann mit Unterbegriffen einzeln und detailliert aufgegliedert wird. Im Gegensatz zu früher, als alles noch mühsam per Hand geordnet werden musste, tut sich der heutige Archivar leicht. Im Zeitalter des PCs ist es ein Kinderspiel, ein Archiv zu hegen und zu pflegen.

Nicht minder interessant ist der Aspekt der Datenbankrecherche via Internet. Mittlerweile lassen sich vom heimischen Schreibtisch aus alle möglichen Archive von Instituten, Zeitschriftenverlagen oder Universitäten per Datenleitung durchforsten. Darüber hinaus besteht die Möglichkeit, weltweit mit Schatzsuchern Kontakte zu unterhalten. All das ist leicht und preiswert mit einem PC möglich, wobei ein „No-Name"-Gerät den Anforderungen durchaus genügt.

Nun ist es aber leider so, dass ein Computer allein nicht mehr Nutzen hat als ein leerer Kühlschrank. Um tatsächlich effizient damit arbeiten zu können, bedarf es der entsprechenden Software, also der Programme. Da diese einzeln teuer werden können, rate ich zum Kauf eines Paketes, also zu Angeboten, die neben der Hardware gleich auch noch die Programme erfassen. Falls Sie eine Datenbank aufbauen wollen, gibt es dafür ebenfalls hervorragende Software.

Ehe jedoch die eigentliche Arbeit beginnt, sind einige kleine organisatorische Schritte erforderlich. Vorausschauend auf den weiteren Ausbau und das künftige Anwachsen des Archivs sollte man bei der Dateizumessung nicht allzu kleinlich sein. Legen Sie

Zurück an den Schreibtisch: Ohne systematische Archivarbeit wird die Suche nach verborgenen Schätzen schnell zum Chaos.

eher mehrere Untergruppen für einzelne Bereiche an, als themenfremde Unterlagen aus Bequemlichkeit zusammenzufassen. Beim Vorhandensein eines umfangreicheren Bucharchivs beispielsweise unterteilen Sie schon im Vorfeld die einzelnen Sparten.

Dies könnte dann eventuell so aussehen: Bücher, in denen direkt über Schätze und Schatzsuche berichtet wird, gehören zur „Primärliteratur". Diese wiederum ist unterteilt in Fachliteratur, die nach Themen aufgelistet wird. Das Bucharchiv bereitet etwas mehr Arbeit als das restliche Archiv. Um sich künftige Arbeit zu erleichtern, rate ich dazu, den Anhang, also Bibliographien und Inhaltsverzeichnisse, zu scannen und gesondert in Dateien abzulegen.

Geben Sie jeder Archivliste einen Namen, listen Sie Titel, Autor und eventuell Verlag auf, und geben Sie jedem Buch eine Nummer. Falls Sie wollen, können Sie unterschiedliche Themen mit Farben bezeichnen – die einzelnen Bücher sollten Sie dann jedoch auf dem Buchrücken ebenfalls mit einem kleinen entsprechenden farbigen Punkt kennzeichnen. Auf diese Weise haben Sie blitzartig Zugriff auf benötigte Informationen.

Mit dem restlichen Archivmaterial verfahren Sie ähnlich. Jedes Thema erhält einen Archivtitel, wie zum Beispiel „Burgen", „Schlachtfelder", „Dreißigjähriger Krieg" etc. Falls Sie im PC lediglich eine Dateiliste anlegen, das Blattarchiv aber separat führen, müssen Sie Archivblätter bzw. Kennstreifen anfertigen, um abgelegte Unterlagen schnell aufzufinden. Diese Kennstreifen erhalten alle erforderlichen Merkmale, die Sie auch in der PC-Datei haben. Dies sieht dann so aus:

Archiv-Nr.
Datum
Quelle
Manfred Muster
Dokumentation
Archiv-Nr.
Datum
Quelle
Manfred Muster
Dokumentation

Diese Streifen kleben Sie am Rande des entsprechenden Dokumentes auf und versehen sie mit den erforderlichen Daten, wie zum Beispiel: „Manfred Muster Dokumentation", der Quelle, aus der das Dokument stammt, zum Beispiel „STERN Mai/2007", und der Archivnummer, unter der Sie das Dokument in Ihre Datei aufgenommen haben. Sie sollten zu den einzelnen Daten unverwechselbare Kürzel hinzufügen, das erleichtert das Auffinden und verhindert Verwechslungen mit ähnlich klingenden Stichworten.

In der Bücherdatei sind Querverweise auf andere Titel bzw. Abhandlungen sinnvoll. Damit lässt sich alles zu einem Thema Erschienene komplett auf einen Blick erfassen. Eine solche Datei sieht folgendermaßen aus:

Mühldorf – Kurfürstensilber			
Inhalt	Quelle	Datum	Archivierungsnummer
90 Mann tauchen nach …	Bild	7. 9. 1984	KFS_1
Vollgriffschwert aus dem Inn	L_DPF	1985	KFS_2

Die Liste lässt sich beliebig lang fortsetzen. Für kleine Textabschnitte fertigen Sie einfach ein DIN-A4-Blatt an, das als Kopfzeile einen Kennstreifen hat. Auf diese Art legen Sie alle Informationen in entsprechenden Datenblättern ab. Ganz zum Schluss sollte man dann eine Indexliste erstellen, auf der sämtliche Dateien mit Titel und Kürzel aufgeführt sind. Damit schränken Sie jede Einsichtnahme ins Archiv auf nur noch drei Schritte ein:

- Datei-Index,
- entsprechende Dateiliste,
- gesuchtes Archivblatt.

Falls Sie die Archivblätter oder Unterlagen per Scanner eingelesen haben, folgt als Schritt vier der Aufruf des Dokuments.

Zugegeben: Es bedeutet schon einigen Aufwand, auf diese Weise ein umfangreiches Archiv aufzubauen. Dafür ist aber dann die Verwaltung und Pflege kaum mehr arbeitsintensiv.

Selbstverständlich ist diese Art der Archivverwaltung auf alle Bereiche anwendbar, die irgendwie systematisch erfasst werden müssen. Beliebig lässt sich die Verwaltung nach Bedarf ausdehnen, und das Archiv wächst kontinuierlich mit. So können Sie nach eigenem Bedarf Datenblätter erstellen, beispielsweise für Personenrecherchen, oder Infoblätter für eine Schatzgeschichte.

Auch die Erstellung eines aufwendigen Bildarchivs ist somit möglich. Steht das Datenarchiv erst einmal, dann können Sie beginnen, effizient damit zu arbeiten. Daten lassen sich vergleichen, Grafiken auswerten, Karten einblenden und bearbeiten und vieles mehr.

SCHATZSUCHER UND ARCHÄOLOGEN

Bei der Vorbesprechung zu diesem Buch bat mich der Verlag, auch auf die besondere Situation zwischen Schatzsuchern und Archäologen einzugehen. Nun, das ist ein heikles Thema – etwa so, als würde man das Feuer bitten, eine Laudatio für das Wasser zu halten.

Um eines vorwegzunehmen – ich selbst habe nichts gegen die Archäologie. Ich habe lediglich etwas gegen selbstherrliche einzelne Archäologen, die ihre Vormachtstellung missbrauchen, um eine ganze Volksgruppe (nämlich diejenigen, deren Detektor ihr Hobby ist) pauschal zu verunglimpfen und zu diffamieren.

Woher kommt diese Antipathie, wie berechtigt ist sie, und was lässt sich dagegen machen? Der erste Punkt der Frage ist leicht zu beantworten: Archäologen halten sich – allein schon wegen ihrer Ausbildung – für etwas Besseres. In ihren Augen kann und soll es nicht sein, dass jemand, der nicht studiert hat, eine Tätigkeit ausübt, die ihrer gleicht, auch wenn es nur als Hobby erfolgt.

Diese Ansicht ist allein schon deshalb Blödsinn, weil es genügend Sondengänger gibt, die sich als Autodidakten all das selbst beigebracht haben, was auch die Archäologen befähigt. Beim zweiten Punkt was die Berechtigung betrifft – sieht es bereits ein bisschen anders aus – leider!

Beleuchten wir einmal die Gesamtsituation der staatlichen Wühlmäuse: Die Archäologie ist insgesamt das Stiefkind der Wissenschaft bzw. der staatlichen akademischen Interessen. Wenn es um wissenschaftliche Erkenntnisse für die Rüstungs- bzw. Kriegsindustrie geht oder um Forschungsvorhaben, die vordergründige Interessen des Staates berühren, dann ist die Archäologie die erste Abteilung, die dies finanziell zu spüren bekommt. Kontinuierlich werden Jahr für Jahr die Budgets der Altertumsforschung zusammengestrichen und gekürzt. Die Archäologen stecken im Dilemma: Einerseits haben sie ihren Forschungsauftrag, andererseits ihre selbst gegrabene Grube in Form des „Deutschen Archäologischen Instituts“.

Ursprünglich war der Gedanke der 1829 von den Herren Stackelberg, Panofka, Gerhard und Kestner gegründeten Institution, auch im Ausland Ausgrabungen durchzuführen, wobei damals sicherlich nicht unbedingt der Forschung das Hauptaugenmerk galt,

Archäologen pflegen ihre ganze eigene Herangehensweise – da gibt es schnell Auseinandersetzungen.

sondern eher augenzwinkernd das „Abräumen“ von antiken Fundstücken im Vordergrund gestanden haben mag.

Zu einer Zeit also, in der deutsche Kaufleute ihre Vermögen in Ausgrabungen steckten, wobei wiederum die Forschung nicht unbedingt oberstes Ziel war, sondern eher die Sammelleidenschaft. Verständlich die Wissensgier – immerhin waren fundierte und solide wissenschaftliche Erkenntnisse eher die Ausnahme.

Kaiser, Könige und sonstige Adlige hatten ein Faible für die Antike, und so verwundert es kaum, dass das DAI schnell unter der Schirmherrschaft des preußischen Königshauses stand. Nichts dagegen einzuwenden – immerhin finanzierte das Königshaus einen Großteil der Aktivitäten (wenn auch bereits damals allmählich die Untertanen mit ihren Steuern zu Sponsoren mutierten).

Ehe man sich versah, hockten in allen bedeutenden Metropolen der Antike Ableger des DAI und gruben, bis die Spaten glühten. Im Laufe der Jahrzehnte erwuchs daraus ein großes Unternehmen, das weltweit tätig ist. Natürlich muss ein solcher Moloch irgendwie finanziert werden. Und wer oder was könnte diese Gelder aufbringen? Richtig: der Steuerzahler!

Heutzutage liegt das DAI als Bundesanstalt im Zuständigkeitsbereich des Auswärtigen Amtes, mit Präsident, Vizepräsident, Sekretär und allem, was zu einer ordentlichen großen Institution gehört.

Die vielen weltweit existierenden Niederlassungen füttern ebenfalls jede für sich eine Menge Amtsträger und sind so etwas wie eine Versorgungsanstalt geworden.

All das kostet richtig viel Geld, das natürlich in wirtschaftlich schlechten Zeiten hierzulande den Archäologen fehlt, sodass es kaum mehr Mittel für Ausgrabungen gibt, ge- schweige denn für langfristige Forschungsvorhaben. Die weniger hoch gereihten Archäologen müssen sich mit unbeliebtesten Tätigkeiten herumschlagen, während ein paar auserwählte Promi-Archis rund um den Erdball Renommierausgrabungen durchführen dürfen. Prestigeobjekte wie Troja, Maya-Tempel in Yucatán oder Fengtai in China werden gern vor den Kameras präsentiert, wenn die „archäologische Marketenderin“ (so ein verärgerter führender Landesarchäologe über eine Filmemacherin) mit ihrem Kamerateam rund um den Erdball bei Ausgrabungen auftaucht (auch diese Dame reist gern mit Sendergeld).

Überall auf diesem blauen Planeten sind deutsche Archäologen gern gesehen (vor allem, wenn sie die Ausgrabungen großzügig finanzieren) – bis auf Ägypten, wo ein selbst ernannter „Indiana Hawass“ wie ein Derwisch beinahe jede noch so kleine Ausgrabung persönlich durchführen möchte und eine Mauer nach der anderen bauen lässt. Dieser „Mister 10.000 Dollar“ – wie ihn manche deutschen Kollegen bezeichnen – duldet keine fremden Götter neben sich.

Dies alles müssen die deutschen Archäologen zähneknirschend zur Kenntnis nehmen. Und nun kommen SIE mit ihren Detektoren! Ja, genau, SIE meine ich! SIE sind aber eigentlich gar nicht das große Problem der Archäologen. Das große Problem sind eigentlich DIE, nämlich jene, die zwar auch mit Detektoren kommen, aber keine Rücksicht auf archäologisch bedeutsame Stätten nehmen. Ohne Rücksicht auf Grabungsschutzgebiete. Ohne Rücksicht auf

Ausgrabungsstätten, von denen die Archäologen wertvolle Erkenntnisse erhoffen. DIE kommen meistens nachts – im Schutz der Dunkelheit und im Tarnmantel des Nebels. DIE zerstören gnadenlos jede noch so sorgsam gepinselte Grube. DIE durchwühlen rücksichtslos das gesamte Terrain und machen die Arbeit von Wochen, wenn nicht sogar von Monaten kaputt! Wegen ein paar lächerlicher Bronzefibeln, vielleicht einiger Silber-, allenfalls ein paar Goldmünzen – wenn überhaupt.

Stellen Sie sich vor, Sie haben über Monate in mühevoller, schweißtreibender Arbeit einen schmucken Garten angelegt und freuen sich bereits auf das kommende Frühjahr, wenn dann alles blüht. Eines Morgens dann, wenn sie aus dem Fenster sehen, stellen sie erschüttert fest, dass alles zerstört ist, weil nächtens eine Rotte Wildschweine durchgepflügt ist oder sich ein Unbekannter mit einem geklauten Bagger ausgetobt hat! In Ihren Augen: kriminell.

Ziemlich genauso empfinden Archäologen es, wenn sie morgens ihre zerstörte Grabungsstelle vorfinden.

Nun ist die Feststellung getroffen: kriminell! So wie in Ihren Augen künftig alle Baggerfahrer Kriminelle oder nur tote Wildschweine gute Wildschweine sind, so sind in den Augen von Archäologen nun auch alle Sondengänger Kriminelle.

Und nun haben SIE einen Detektor, mit dem sie gelegentlich (oder regelmäßig) durch die Wälder streifen.

> Seien wir ehrlich: Hauptsächlich haben wir es den schwarzen Schafen der Zunft zu verdanken, dass alle über einen Kamm geschoren werden.

Das heißt nun nicht, dass es die fachliche Archäologenzunft berechtigt, Sondengänger auf fast die gleiche Stufe mit Mördern zu stellen und zu vergleichen – wie vor Jahren geschehen, als ein Archäologe während einer Podiumsdiskussion den Ausspruch tat, dass „es keine guten Sondengänger gibt, genauso wenig, wie es gute Mörder gibt“!

Solange sich die archäologische Fakultät nicht eindeutig von solchen Idioten distanziert, muss sie sich allerdings auch nicht wundern, wenn auf der Gegenseite ebenfalls der Hass wächst, was auch verständlich ist: Wenn jeder grundsätzlich kriminalisiert wird, tritt irgendwann der Trotzeffekt ein, und manch einer wird sich sagen: „Wenn mir das dauernd unterstellt wird, dann können sie es auch haben.“ Die jahrelange Volksverhetzung (etwas anderes ist es nicht) kann nämlich durchaus zum Bumerang werden!

Was den Archäologen besonders zu schaffen macht, ist die „Fundverschleppung“. Seit Jahren beklagen sie, dass viele Funde hauptsächlich in Ländern ohne Schatzregal (siehe S. 239) gemacht werden. Dabei hegen sie den Verdacht, dass diese Funde absichtlich in diese Länder verlegt werden, um Schwierigkeiten aus dem Weg zu gehen – wobei sie höchstwahrscheinlich nicht ganz falsch liegen, aber im Grunde selbst die Schuld tragen. Das jahrelange archäologische Gezeter hat den Gesetzgeber in vielen Bundesländern veranlasst, das Schatzregal einzuführen. Welche Konsequenz daraus entstehen würde, war für logisch denkende Zeitgenossen klar. Nun, da diese tatsächlich eingetreten ist, wird abermals ein Geheule angestimmt. Auf welch dünnem Eis sie sich mit ihren Schatzregalen befinden, hat bereits das Verwaltungsgericht Wiesbaden im Mai 2000 befunden:

„Die Behörde wird sich insgesamt aus dem behaglichen Areal, in dem sie bislang auf dem Gebiete der Archäologie von der Öffentlichkeit völlig ungestört arbeiten konnte, herausbewegen müssen."

Die archäologische Fakultät stellt sich den Sondengängern gegenüber gern als überlegen dar. Nun hätte sie tatsächlich die Gelegenheit, dies auch zu zeigen, indem sie eine vernünftige Zusammenarbeit mit uns Suchern anstrebt.

Dass das eine durchaus mit dem anderen vereinbar ist, beweist der Landesarchäologe von Sachsen-Anhalt, Dr. Harald Meller, seit Längerem: Sucher und Sondengänger, die tatsächlich an einer ernsthaften Zusammenarbeit nach ordentlichen Regeln interessiert sind, dürfen bei ihm auf Verständnis hoffen und werden in den Kreis der Archäologen integriert. Dabei ist Dr. Meller einer der ganz wenigen, der Metallsonden nicht von Hause aus verteufelt, sondern sie als nützliche Hilfsmittel sowie ihre seriösen Besitzer durchaus zu schätzen weiß.

Warum ist das in Sachsen-Anhalt möglich, aber in anderen Bundesländern nicht? Dass es bei Sondengängern leider auch eine kriminelle Szene gibt, ist längst kein Geheimnis mehr (die gibt es aber überall). Hier liegt es aber auch bei den anständigen Suchern, auf schwarze Schafe einzuwirken und denen klar zu machen, dass mit einem drohenden und möglichen generellen Detektorenverbot niemandem, aber auch wirklich niemandem geholfen ist!

Recherche und Kartografie sind online ein Kinderspiel.
Doch bietet das Internet nur Vorteile?

DAS INTERNET – FLUCH ODER SEGEN?

Wie nah Fluch und Segen beieinanderliegen, hat uns die Entwicklung der wohl bedeutendsten Erfindung seit der Elektrizität gezeigt. In nicht mehr als zwei Jahrzehnten hat das World Wide Web eine derartige Bedeutung erlangt, dass sich viele ein Leben ohne Internet gar nicht mehr vorstellen können.

Allein die Möglichkeit, zu jeder Stunde und Minute auf (fast) alle Informationen weltweit zugreifen zu können, hätte sich zu Beginn der 1980er-Jahre kein Sucher vorzustellen vermocht.

Benötigte man damals eine spezielle Karte, musste man in die Kartensammlung einer der Staatsbibliotheken marschieren. Nicht anders verhielt es sich mit der Recherche oder Beschaffung von Informationen.

Heute lassen sich all diese Informationen sofort via Web abrufen. Im Bereich der einschlägigen Literatur erfährt man bei Amazon, ob es etwas Neues gibt. Erscheint ein neues Detektorenmodell, informiert man sich über die einschlägigen Websites. Kontakte untereinander pflegt man in einschlägigen Foren (auch wenn man sich darin gelegentlich einige Unfreundlichkeiten um die Ohren haut). Die vielen verschiedenen Foren haben mittlerweile die alte gedruckte Fachzeitschrift fast völlig ersetzt (wer trauert nicht der guten alten „NUGGET" nach ...?). Mittels frei zugänglicher Viewer lassen sich nicht nur alle möglichen Topo-Ausschnitte herunterladen, sondern mithilfe von Satellitenaufnahmen (wie zum Beispiel via Google Earth) auch das Terrain gleichzeitig in authentischer Darstellung begutachten.

Also nur Vorteile? Mitnichten.

Die Nachteile des „neuen" Mediums sind mindestens genauso groß wie seine Vorteile. Früher waren sich Schatzsucher darüber im Klaren, dass, wenn sie zu sogenannten Treffen oder Börsen fuhren, die Archäologen bereits vor Ort warten würden, um Kfz-Kennzeichen und Teilnehmer heimlich zu fotografieren. Die Bilder mussten entwickelt, Abzüge hergestellt und per Hand (bzw. Post) verbreitet werden. Heute werden die Teilnehmer und ihre Kennzeichen digital erfasst – und ehe das Treffen vorüber ist, sind die Bilder der Teilnehmer sowie Kennzeichenlisten längst online verteilt. Einer der dümmsten Fehler, den Sucher machen können, ist, zu viel von sich in Foren preiszugeben. Schon ein kleiner Hinweis auf die Umgebung des Wohnortes oder diesen selbst kann dazu führen, dass derjenige zu einem Zielobjekt wird.

Noch dümmer sind jene, die Fundstücke (welcher Art auch immer) via Auktionsplattformen oder in Foren veröffentlichen oder zum Verkauf anbieten, oder gar profilierungssüchtige Sucher oder Detektorenhändler, welche Ihre Vitrinen mit Relikten und gar Waffen aus dem Zweiten Weltkrieg zur öffentlichen Schau stellen, ohne die erforderlichen Genehmigungen zu besitzen!

„Herr, wirf Hirn vom Himmel – aber bitte triff!“, möchte man da manchmal rufen.

In der Vergangenheit wurden einschlägige Foren bereits von Spitzeln oder Archäologen selbst initiiert, und vom einzigen noch existierenden Magazin wird sogar gemunkelt, dass Strafverfolgungsbehörden die Hand darauf hätten und jeder neue Abonnent zur Registrierung willkommen sei. Vielleicht gar nicht so abwegig, mischen doch immerhin Personen mit, deren Berufsbekleidung eine grüne Uniform ist.

Andererseits registrieren sich unzählige Leute ahnungslos in „sozialen Netzwerken“, wie Instagram oder Facebook. Bereitwillig geben sie privateste Informationen preis, obwohl bekanntlich auch der US-Geheimdienst CIA seit Ende 2006 Facebook nutzt. Persönlichste Daten wie Mailbox-Passwörter werden missbraucht, und die Betreiber versuchen, so viele Daten wie möglich von den Nutzern einzusammeln, wie die Zeitschrift „Mysteries“ in der Ausgabe 2/2009 aufdeckte.

Längst sind Schatzsucherforen im Visier von Schnüfflern, die sich für gemeinsame Suchaktionen von Forenmitgliedern interessieren – vor allem dann, wenn es um Reichsgold oder das Dritte Reich geht. Und manch einer wundert sich, dass ihm die Bude prophylaktisch gefilzt wird.

So sehr das Web auch die Recherchen zu vereinfachen hilft, so sehr ist damit wesentlich mehr Vorsicht geboten, als früher bei Archivrecherchen notwendig war.

Der Grund dafür liegt darin, dass jeder ungehemmt Informationen weiterverbreiten kann, ohne dass sich der Wahrheitsgehalt nachprüfen lässt. War dies früher schon schwer genug, ist es mit dem WWW so gut wie unmöglich geworden. Früher wurde wild abgeschrieben und Falschinformationen in Büchern weiterverbreitet. Allerdings ließen sich diese Informationen einfach gegenprüfen, indem man eben alle Bücher zu dem Thema las. Irgendwo stand die Ursprungsinformation ohne Fehler drin.

So habe ich mir zum Beispiel von Anfang an angewöhnt, in jedes meiner Bücher einen winzigen Fehler einzubauen – sei es ein Name, eine Örtlichkeit, eine Bezeichnung oder eine sonstige Kennzeichnung. Dies hatte keinen Einfluss auf die Informationen und den Wahrheitsgehalt, aber damit konnte ich jederzeit überprüfen, wann wer bei mir abgeschrieben hatte, da er automatisch auch diesen kleinen Fehler mit übernahm. Später entdeckte ich diese Fehler sogar im Internet auf diversen Websites, zum Beispiel bei Wikipedia, wo ein ganz dreister Dieb fast ein ganzes Buch von mir 1:1 veröffentlicht hatte.

Bei der Vielfalt und unübersichtlichen Menge all der Texte ist es kaum mehr möglich, Fehler und Falschinformationen aufzuspüren.

Ein weiteres Problem stellt sich bereits mit den Websites selbst. Auch wenn Sie glauben, sich auf Seite „XY“ zu befinden, können Sie sich darüber nicht sicher sein.

In den 1990er-Jahren erhielt ich plötzlich immer wieder Anrufe und Zuschriften von Lesern, die sich empörten, dass ein Detektorenhändler aus der Nähe von Hannover meinen Namen für seine dubiosen Zwecke

Der Barbarenschatz von Rülzheim

2013 war ein junger Sondler in einem Wald in Rheinland-Pfalz auf Schatzsuche. Als sein Detektor ausschlug, begann er zu graben und fand in einem halben Meter Tiefe schließlich den heute unter diesem Namen bekannten Barbarenschatz. Unter den Fundstücken waren ein antiker Klappstuhl aus dem 5. Jahrhundert (welchen er zunächst für einen Gartenzaun hielt), prachtvolle Silberteller, eine Silberschale sowie zahlreiche Schmuckstücke aus Gold. Da es in Rheinland-Pfalz das Schatzregal gibt (Funde gehören automatisch dem Staat), hätte er den Fund melden und abgeben müssen. Nachdem er ein YouTube-Video online gestellt hatte, dauerte es nicht lange, bis er Besuch von der Polizei erhielt. Ein aufmerksamer Zuschauer hatte ihn gemeldet. Der Wert des Barbarenschatzes wurde auf 425.000–575.000 Euro geschätzt. Der junge Sondler zog letztlich in dritter Instanz vor das Oberlandesgericht, welches den Fall an das Landgericht zurückgab. Die Staatsanwaltschaft und der Sondler einigten sich schließlich darauf, dass er die Besitzrechte am Schatz abtrat, 500 Euro an den Dombauverein Speyer bezahlte sowie eine Geldstrafe auf Bewährung für ein Jahr erhielt.

missbrauche. Wie sich herausstellte, hatte der Händler M. eine Website unter reinhold-ostler.de hinter meinem Rücken registrieren lassen und ins Netz gestellt. Wenn nun jemand meinen Namen in eine Suchmaschine eingab, landete er zwangsweise auf dieser Seite, die nur eine Funktion hatte: ahnungslose Besucher auf die Website des dubiosen Händlers weiterzuleiten! Dem Besucher wurde damit vorgegaukelt, Reinhold Ostler stehe hinter den Produkten des Anbieters. Der Händler scheffelte Tausende (damals noch) D-Mark mit der illegalen Verwendung eines fremden Namens. In einem Rechtsstreit unterlag dieser Händler und musste die Website bzw. den Namen an mich abgeben. Obendrein gab's noch ordentlich eins auf die Mütze.

Seien Sie also auf der Hut – eine gesunde Portion Misstrauen kann im World Wide Web nie schaden!

Falls Sie Zweifel haben oder wissen möchten, wer sich hinter einer Internetseite verbirgt, können Sie dies leicht (zumindest bei Seiten mit „.de"-Endung) überprüfen: Unter denic.de können Sie jederzeit Domains abfragen. Aber nicht nur Fehlern und Falschinformationen sind mit dem Internet Tür und Tor geöffnet. Wie heißt es so schön? „Ein Bild sagt mehr als tausend Worte!"

Auch das gehört der Vergangenheit an. Es wird gefälscht auf Teufel komm raus! Dabei beschränken sich die Faker längst nicht mehr nur auf Bilder. Wenn es sein muss, werden komplette Videos und Filmsequenzen nach Bedarf und Belieben abgeändert. Gerade Hersteller von Ortungsgeräten, die man – vorsichtig ausgedrückt – als „nicht konventionell" bezeichnet, lassen sich die Gelegenheit nicht entgehen, ihre esoterischen Feuerspucker im besten Videolicht darzustellen. Höchste Vorsicht ist geboten, wenn so zum Beispiel ein „Distanzortungsgerät" unglaubliche Funde vorgaukelt und per Video den angeblichen Beweis liefert. Nirgendwo finden sich so viele gefälschte Videos wie auf Youtube.

Galt früher der Spruch „Papier ist geduldig“, so wurde dieser längst vom Internet abgelöst. Für Konsumenten und Kaufinteressenten hat das Web sicherlich seine Vorteile: In aller Ruhe kann man nach „seinem“ Wunschdetektor fahnden und dabei mithilfe diverser Preisvergleichsportale den günstigsten Anbieter finden. Allerdings hat dies in den letzten Jahren auch zu Wildwüchsen geführt, die manchen Händler zur Verzweiflung treiben. Interessenten lassen sich stundenlang Detektoren vorführen und erklären, der Händler hofft auf einen Abschluss, und dann verabschiedet sich der Kaufinteressent mit dem Hinweis, es sich noch zu überlegen. Nachdem er um die Vorzüge und Nachteile der Geräte seiner Wahl weiß, kann er sein Wunschgerät nun beruhigt im Internet zum für ihn günstigsten Preis kaufen. Die Beratung, die er im Web niemals bekommen würde, hat er sich ja nun beim fachkundigen Verkäufer zum Nulltarif geholt.

Gerade das Online-Auktionshaus Ebay stellt eine Plattform dar, die den Markt widerspiegelt und geradezu erschreckend transparent macht. Wenn schon Importeure und Händler von teuren Markendetektoren sich in diesem virtuellen Kaufhaus eine Preisschlacht liefern (wobei sie sich selbst *ad absurdum* führen, indem sie für ein und dasselbe Modell verschiedene Preise fordern), dann ist das der Indikator dafür, dass diese Importeure und Händler auf großen Lagermengen von Geräten sitzen, die sie verzweifelt loszuwerden versuchen. Immerhin haben viele der Importeure Exklusivverträge mit Herstellern, die sie Monat für Monat zur Abnahme bestimmter Mengen zwingen. Immer den Lagerbestand im Nacken und die Gewissheit, dass der nächste Monat (und damit die nächste Großlieferung) näher rückt, sind die Importeure und Händler zur verzweifelten Verkaufsoffensive gezwungen.

Profitieren kann, wie gesagt, am Ende nur einer: nämlich der Kunde.

Das Internet ist eine Bereicherung unseres Lebens – kein Zweifel: schnelle Information weltweit, fast ohne Einschränkung. Aber trotz alledem ist es eben mit Vorsicht zu genießen.

GRATWANDERUNG IM GRENZBEREICH

DER SCHMALE GRAT DER LEGALITÄT

Seit eh und je bedarf es bei der Suche nach verborgenen Schätzen diverser Tricks und Finessen, die in gewissem Maße einer Gratwanderung gleichkommen, da hin und wieder Kniffe notwendig sein können, die – vornehm ausgedrückt – vielleicht nicht immer allseitiges Wohlwollen finden. Nun will ich keineswegs die Anwendung solcher Mittel empfehlen – im Gegenteil, ich neige eher zu der Tendenz, grundsätzlich alle erlaubten und legalen Mittel auszuschöpfen, da ich in erster Linie an das Positive im Menschen und insbesondere im Beamten glaube. Und von diesen hängt es meist ab, ob ein Vorhaben positiv ausfällt. Andererseits ist es auch durchaus verständlich, wenn jemand zu einem kleinen Trick greift, um vielleicht bereits investierte Summen nicht zu verlieren. Der Grund für solche manchmal hart an der Grenze befindlichen Einfälle ist leicht zu erklären. Da gibt es einerseits einen sturen Beamten (der zwar könnte, wenn er nur wollte, aber nicht will), dann existiert andererseits vielleicht ein verstaubtes Gesetz von anno Mumie, das zwar längst überholt ist, aber nicht geändert wird, weil es ein bisschen Schmiergeld hier oder da einbringt. An anderen Orten existiert vielleicht eine ganze „Beamtenmafia", die Gesetze interpretiert und biegt, um ihre Mitglieder versorgen zu können. Dass solche Missstände den anständigen Schatzsucher zwingen, mit den ihm zur Verfügung stehenden Mitteln zurückzuschlagen, ist nicht nur verständlich, sondern sogar fast alternativlos.

Es ist jedes Mal eine Erwägungssache, ob man lieber einige Tausend Euro investiertes Kapital aufgibt oder sich nun erst recht verbeißt. Das ist von Person zu Person verschieden. Betrachtet man jedoch die Spezies Schatzsucher, dann ist nicht verwunderlich, dass viele tief in die Trick- und Fantasiekiste greifen. Ich habe diverse ausgefallene Tricks und Kniffe gesammelt, die ich hier vorstellen möchte, damit Sie sich ein Bild davon machen können, welchen Einfallsreichtum manch einer an den Tag legt.

„Im Kampf Gerücht gegen Behörde hat bei Schatzsuchern allemal noch das Gerücht gesiegt", schrieb einmal ein Journalist in einer Reportage über Schatzsucher. Er hat es auf den Punkt gebracht, anders ausgedrückt: „Die Behörde ist der natürliche Feind des Schatzsuchers." Mögen noch so viele Hürden errichtet sein – fast immer erreichen Schatzsucher ihr Ziel.

Der eine oder andere Trick kann durchaus schneller zum Ziel führen – solange Sie nichts Verbotenes tun!

Man muss sich die Frage stellen, warum die Suche nach Schätzen so weit wie möglich unterdrückt werden soll. Die Antwort ist einfach: Die Existenz von Schätzen ist bekannt – den einzelnen Staaten aber ist es unmöglich, ihre Organe selbst mit der Suche zu beauftragen (Ausnahme hiervon waren einige frühere kommunistische Regime, wie die ehemalige DDR oder die philippinischen Despoten Imelda und Ferdinand Marcos). Der Bürger wüsste ihnen auf die Finger zu klopfen (mit Ausnahme des deutschen Bürgers, der wehrt sich nicht einmal dann, wenn er von seinen Politikern finanziell geschächtet und ausgeblutet wird). Somit versucht man zu verhindern, dass irgendjemand an verborgene Werte herankommt.

Die Marcos-Gang auf den Philippinen wusste, wie dem glänzenden Zeug beizukommen war: Die Despoten beschäftigten mehrere Teams, deren Aufgabe darin bestand, die riesigen Mengen an Gold und Platin aufzuspüren, welche die Japaner während des Zweiten Weltkrieges auf den Inseln verborgen hatten. Wie erfolgreich die Suchtrupps waren, zeigen die reichen Funde aus der Beute General Yamashitas, genannt „Tiger". Dieses Gold wurde von den Marcos' heimlich in die Schweiz geschafft.

Von solchen Möglichkeiten träumt der Otto Normalschatzsucher nur!

Ihm fehlen in der Regel entsprechende Protektionen sowie die erforderliche Unterstützung durch Museen oder archäologische Institute. Dass Protektion solcherart durchaus erfolgreich sein kann, hat Großbritannien jahrhundertelang bewiesen: Kaum eine Kultur, deren vergangene Zeugen nicht im Britischen Museum gelandet wären. Ägypten, Syrien, Jordanien, Südamerika – kaum eine Region ist der „Plünderungsarchäologie" der Briten entkommen. Im Übrigen waren die Deutschen nicht viel besser. Wobei man aber gerechterweise anmerken muss, dass diese immerhin die Wegbereiter der modernen Archäologie waren. Wie winzig wirken dagegen doch wir, die allen Launen der Mächte ausgesetzt sind. Ausgestattet mit nichts anderem als unserem Wissen, zeitaufwendig recherchiert und mühsam erarbeitet, und mit einem vergleichbaren Minimum an Ausrüstung, die oft genug mit Zähnen und Klauen gegen Willkür verteidigt werden muss! Trotzdem setzt sich der Schatzsucher meistens durch. Kein Wunder, dass wir eben mit den Mitteln kämpfen, die uns zur Verfügung stehen: Intelligenz, Einfallsreichtum und Tricks. Schatzsuche ist ein letzter Rest von Freiheit und Individualismus und damit wert, verteidigt zu werden.

Zwar wird man irgendwann einmal zu der Einsicht gelangen, dass Kooperation besser wäre als Kontroverse, aber dies dürfte wohl noch geraume Zeit dauern. Bis dahin aber werden weiterhin die Mittel dominieren, die bekanntlich der Zweck heiligt.

Dies beginnt bei der einfachen Recherche. Immer wieder bekomme ich geschildert, dass sich kleine Angestellte in Bibliotheken, Archiven oder Büchereien gebärden, als wolle man ihnen aus ihrem Wohnzimmer die Familienbibel klauen, obwohl diese Institutionen allen Bürgern offenstehen und für jeden zugänglich sind. Diskussionen mit solchen Wichtigmachern können Sie vergessen. Je mehr Sie auf Ihr Recht pochen, umso sturer und giftiger werden die Bewahrer der vergilbten Schriften. Vorher zu denken ist klüger, als nachher zu diskutieren. Schon beim Beantragen des Entleih- oder Benutzerausweises sollte dies berücksichtigt werden. Fragen nach dem „Zweck" lassen sich durchaus unterschiedlich beantworten.

Im Laufe der Jahre haben mir viele Schatzsucher ihre kleinen Geheimnisse anvertraut, und ich habe oftmals geschmunzelt über so viel Einfallsreichtum. Der eine schwor darauf, als Begründung „Recherchen für einen Fernsehfilm" anzugeben, während der andere für einen Zeitungsbericht recherchierte. Beeindruckt hat mich auch jener, der sich als wissenschaftlicher Assistent von Professor „X" ausgab. Am eindrucksvollsten jedoch (und auch am wirkungsvollsten) war für mich ein Herr mittleren Alters, der sich als Gasthörer an einer Münchener Universität einschrieb und so mit dem Studienausweis keinerlei Probleme hatte.

Durchaus hilfreich kann es sein, sich an einen Dozenten anzupirschen und dann vielleicht von diesem unterstützt zu werden.

Sicher ist: Ausweise machen Menschen. Wer mit einem eindrucksvollen Ausweis wedelt, hat meist schon halb gewonnen.

Aber zur Not wirkt manchmal auch eine Visitenkarte Wunder. Ich kenne einen Schatzsucher, der eine ganze Serie verschiedener Visitenkarten mit sich führt – alle mit unterschiedlichen Berufsbezeichnungen. „Wissenschaftlicher Berater des internationalen Förderkreises für Archäologie", lautet zum Beispiel eine. Hört sich doch gut an!

Auf eines aber sollten Sie immer achten: Führen Sie niemals einen Titel wie Dr., Prof., Dipl.-Ing. oder Ähnliches, wenn Sie ihn sich nicht reell erarbeitet haben. Das unerlaubte Führen von Titeln ist nämlich strafbar. Ebenso sollten Sie tunlichst darauf verzichten, sich als Mitarbeiter einer Behörde auszugeben. Das ist Amtsmissbrauch und wird ebenso geahndet. Ansonsten bleibt noch viel Spielraum, der Bibliothekenmaus die Muskeln zu zeigen. Einfallsreichtum ist gefragt.

Für welche Hilfe Sie sich auch immer entscheiden, denken Sie immer daran, auf dem rechten Weg zu bleiben. Einer der geradesten Pfade überhaupt ist die Mitgliedschaft in einem archäologischen Verein. Diese „Vereine der Freunde der usw." gibt es in jedem Bundesland. Erstaunlicherweise genießen diese „Freunde" oft Privilegien, von denen die nicht zahlende Mehrheit ausgeschlossen ist: Immer wieder erfahre ich von solchen Mitgliedern, dass sie Genehmigungen erhalten haben oder offiziell an archäologischen Stätten suchen dürfen. Eine ebenso gute Idee ist es, sich örtlichen Heimatmuseen anzubieten. Diese verfügen in der Regel weder über Geld noch über notwendige Gerätschaften und sind oft froh, geschichtsinteressierte Menschen zu Hilfe zu haben. Ihnen geht es weniger um das Pinseln von Lehmgruben, sondern mehr darum, interessante Funde für ihre Heimatmuseen zu bekommen.

Für den Schatzsucher bleiben aber doch die eigene Forschung, Recherche und Suche im Vordergrund. Je amtlicher die Archive sind, desto verkrusteter sind zum Teil die Strukturen. Je weiter nach oben es geht, umso schwieriger wird es. Insbesondere, was Deutschland betrifft, herrschen teilweise kuriose Verhältnisse.

So habe ich erlebt, dass ein Bekannter von mir Unterlagen aus dem Bundesarchiv benötigte, man ihm diese jedoch verweigerte, da es sich um „geheime Unterlagen" aus dem Dritten Reich handelte. Diese Akten und Dokumente seien angeblich immer noch Verschlusssache und dürften nicht eingesehen werden. (Kann man sich vorstellen, dass bloß nichts darüber an die Öffentlichkeit dringen soll, welcher Scherge aus damaliger Zeit nach dem Zweiten Weltkrieg schnell wieder ein hohes öffentliches Amt bekleidete oder welcher Konzern im Dritten Reich an besonderen Schweinereien beteiligt war.)

Gut, dass die Amerikaner alle Akten, Dokumente und Dossiers nach Kriegsende auf Mikrofilm gespeichert haben und diese nun in den Vereinigten Staaten lagern. Ohne gro- ßen Aufwand und Trara sind diese „geheimen Unterlagen" in Washington gegen Gebühr zu bestellen. Da wiehert ja der Amtsschimmel!

> In sämtlichen Institutionen gilt erst einmal die Devise: äußerste Freundlichkeit, Ruhe und Geduld. Denken Sie daran: Beamte können Sie bis zur Weißglut schikanieren, und wenn diese zu Hause gerade Zoff haben, dann tun sie das meist auch. Wenn Sie höflich und geduldig sind, geben Sie dem Wichtigmacher keinen Anlass.

Frauen sollte man grundsätzlich ausgesucht höflich behandeln („Das wäre aber sehr lieb von Ihnen, wenn Sie das machen würden", oder: „Sie sind die Einzige, die mir in dieser Angelegenheit weiterhelfen kann, Sie sind ein ganz großer Schatz"). Warum auch nicht? Kostet nichts als ein bisschen Höflichkeit und Schmeichelei, egal ob die Dame attraktiv ist oder ein alter Schraubendampfer. Im umgekehrten Fall gilt das natürlich auch für weibliche Schatzsucher, die das Pech haben, auf eine bösartige Bürokratenseele gestoßen zu sein.

Falls die meisten dieser Tipps nichts fruchten, bleibt nur die Möglichkeit, sich etwas einfallen zu lassen. Aber versuchen Sie niemals, einen Beamten oder Staatsdiener zu bestechen. Das kann böse ausgehen, besonders, da die wenigsten über die Summen verfügen, die mittlerweile in deutschen Amtsstuben als Tarif gelten, wie viele Beispiele aus der Vergangenheit zeigen. Weltenbummler, die das „Open-Hand"- und „Bakschisch"-System gewohnt sind, müssen umdenken.

Komischerweise funktioniert es im Ausland oft viel einfacher und unkomplizierter. Bei Anfragen an ausländische Archive beispielsweise bekommt man jederzeit gegen Vorkasse sogar Fotokopien im Überformat zugesandt (im Grunde sind die abgeleierten Argumente, Fotokopieren schade den Büchern, ein alter Hut). Heutzutage, im Zeitalter der Mikroelektronik und der totalen Digitalisierung, helfen Fotohandys oder Digicams, die es sogar in allen möglichen Tarnversionen gibt (Kugelschreiber, Feuerzeug, ja sogar als Knöpfe).

Je südlicher das Land der Recherche liegt, desto schwieriger wird diese selbst, aber paradoxerweise lassen sich die Probleme umso leichter auch wieder lösen. Vorausgesetzt, Sie haben ausreichend Kleingeld oder/und ein „Zauberpapier".

> … wo immer wir auch unser Empfehlungsschreiben zückten, sprangen die sonst nicht von Arbeitswut beseelten Ticos wie Derwische um uns herum. Ja, die Beamten ließen sich sogar herab, unser nicht gerade geringes Gepäck zu tragen …

Solche Zauberpapiere besorgt man sich am besten von den Botschaften der entsprechenden Staaten in der Bundesrepublik. Die diplomatischen Vertretungen ausländischer Staaten sind meist hilfsbereit und zuvorkommend. Gott sei Dank hat das schlechte Beispiel der deutschen Vertretungen im Ausland noch nicht abgefärbt, wo man barsch statt höflich ist und, anstatt deutschen Staatsbürgern in Not zu helfen, womöglich lieber Tennisspielen geht. Mir sagte einmal ein Schweizer Botschaftsangestellter: „Ihr Deutschen seid im Ausland arme Schweine, wenn ihr eure Diplomaten braucht.“ Recht hat er.

Wenn Sie von einer ausländischen Botschaft etwas möchten, empfiehlt es sich, Ihre Bitte schriftlich vorzubringen und um ein Empfehlungsschreiben zu bitten. Meist ist eine solche Bitte von Erfolg gekrönt. Das offizielle Botschaftspapier mit Stempel und Unterschrift des Botschafters wirkt in solchen Ländern wahre Wunder. Archive öffnen sich, Minister stehen zur Verfügung, öffentliche Organe sind hilfsbereit, und mitunter steht sogar das Militär zur Verfügung.

... eines meiner Expeditionsmitglieder war mitten in der Nacht in San José verschwunden. Auf der Suche nach ihm traf ich auf eine motorisierte Polizeistreife, der ich mein Problem schilderte. Nachdem ich mein „Zauberpapier“ vorgezeigt hatte, bedeutete mir der Wortführer der beiden, auf dem Sozius Platz zu nehmen. Beinahe eine Stunde fuhren wir durch die nächtlichen Straßen. Dann hatten wir ihn endlich gefunden. Er hatte sich verlaufen und nicht mehr zum vereinbarten Treffpunkt zurückgefunden ...

Dass so ein „Zauberpapier“ aber auch seine Grenzen haben kann, erlebte ich im Finanzministerium, das für die Freigabe unserer Ausrüstung zuständig war. Der verantwortliche Beamte – ein kohlrabenschwarzer Hüne mit viel zu kurzen Ärmeln und Hosenbeinen – schien einer vernünftigen Unterhaltung nicht zugänglich zu sein. In Wirklichkeit arbeitete er wahrscheinlich mit dem Zollchef zusammen, und beide wollten nur unser Bestes – unser Geld. Erst nachdem ich Geld wie weiland Jesus Brot verteilt hatte, wobei der schwarze Mann und der Zollchef die dicken Brocken einsackten, gelang es uns, an unsere Ausrüstung zu gelangen. Natürlich ist das auch ein Trick, allerdings kein besonders raffinierter. Früher gab es Zeiten, da wurden Expeditionen vom deutschen Staat und deutschen Botschaften unterstützt, so gut es ging. Diese Zeiten sind vorbei. Allerdings hatten Deutschlands Diplomaten zu jener Zeit noch einen guten Namen im Ausland.

Sehr gut bewährt hat sich der Trick eines österreichischen Schatzsuchers. Bei Recherchen in ausländischen Archiven nimmt er immer seinen Bruder mit, der demonstrativ mit einer Schulterkamera hinter ihm herläuft. Da bekanntlich besonders Südländer sehr eitel sind, wird ihm beinahe jeder Wunsch von den Augen abgelesen, sobald die beiden auftauchen.

Wer in Archiven in Frankreich forschen will, hat beste Karten, wenn er Napoleon ins Gespräch bringt. Wenn irgendwas die

Gallier in Verzückung bringt, dann ist es der kleine Korse. Ein Freund recherchierte unter dem Vorwand, einen Film über Napoleons Rückkehr aus der Verbannung zu drehen, in einem Marinearchiv. Dabei hatte er ausreichend Gelegenheit, im vorherrschenden Chaos Hunderter Kartons in Seelenruhe nach dem Logbuch zu suchen, das ihn eigentlich interessierte. Nebenbei entdeckte er zwei Briefe Joséphines an Napoleon, von deren Existenz bis dahin niemand gewusst hatte.

Schon etwas schwieriger als die Einsichtnahme in alte Folianten und Unterlagen ist der Erhalt von Genehmigungen. Entweder geht es um Geld, dann ist dies relativ schnell festzustellen, oder es geht um irgendein Gesetz (wobei das eine das andere nicht ausschließt), das von einem unbeugsamen Wächter beschützt wird. Solange es nur ein Geldproblem ist, ist guter Rat bzw. die Genehmigung teuer! Aber sie ist erhältlich.

Im anderen Fall wird es etwas schwieriger. Bewährt hat sich die Methode, mit der zuständigen Person mal essen oder auch mal einen trinken zu gehen. Da in Ländern dieser Art die Einkommen nicht so gigantisch sind, werden Einladungen selten ausgeschlagen. Manchmal ergibt sich auch eine andere Möglichkeit, ans Ziel zu gelangen. Ein Bekannter wollte unbedingt eine Genehmigung für eine offizielle Reise zur Schatzinsel. Da aber keine Genehmigungen mehr erteilt werden, wurde der Antrag abgelehnt. Rein zufällig lernte er die Schwester des ablehnenden Beamten kennen. Nachdem er das nicht mehr ganz junge Mädchen einige Male ausgeführt hatte (und wohl auch mehr ...), bekam er schließlich die Erlaubnis. Allerdings beinahe auch das etwas ältere „Mädchen“!
Auch die folgende Methode, zu einem *Permiso* – einer Genehmigung – zu kommen, ist kurios und gab wiederholt Anlass zu Gelächter: Einem Schatzsucher wurde in einem südamerikanischen Staat ein *Permiso* verweigert, obwohl er schon einige Male vom selben Amt einen ausgestellt bekommen hatte. Eines Tages, als er mit einem hohen Beamten beim gemütlichen Umtrunk saß, bot er diesem eine 200-Dollar-Wette an, dass es auch diesem nicht gelingen werde, den *Permiso* zu besorgen. Am nächsten Tag hatte er seine Genehmigung!

Nun sind diese Beispiele zwar alle aus dem Leben gegriffen, aber natürlich nicht die Regel – und schon gar nicht in Deutschland. Ein deutscher Beamter hat erstens meist keine alleinstehende Schwester, und zweitens wettet er nicht. Da müssen andere Ideen her.

Ein altes Sprichwort sagt: „Gehe zu Schmidt und nicht zu Schmidtchen.“ So ist es! Je höher die Position, desto größer die Chance auf Erfolg. Bedenken Sie: Ein kleiner Beamter hat niemals den Mut, selbstständig einen Gedanken zu fassen bzw. eine Entscheidung zu fällen. Ehe er etwas falsch macht, wird er es weiterreichen, und zwar an die nächsthöhere Stelle. Das dauert. Warum also warten und nicht gleich an der entsprechenden Stelle einhaken? Kommen Sie niemals auf die Idee, einem Beamten mit dem Spruch zu kommen: „Nehmen Sie doch Vernunft an!“ Ein Beamter darf nichts annehmen. Und Vernunft schon gleich gar nicht!

Am ehesten sind Sie erfolgreich, wenn der Staat selbst etwas abbekommt. Alle Staaten brauchen Geld, und die Aussicht auf einen Anteil ist immer verlockend. Für solche Fälle sollten Sie aber sicherheitshalber einen Anwalt einschalten und entweder diesen die Verhandlung führen lassen oder ihn zumindest mitnehmen. Die Kosten sind vergleichsweise gering – vor allem dann, wenn Sie vorher eine Pauschale aushandeln. Am besten wenden Sie sich von Beginn an an einen Anwalt, der sich auf Schatzsucherrecht spezialisiert hat.

> Wir wussten, dass es nicht leicht sein würde, die Genehmigung zu bekommen, die Zinnfigurensammlung im bayerischen Walchensee suchen zu dürfen. Die Vorverhandlungen hatte unser Anwalt geführt, und nun saßen wir im zuständigen Forstamt, um den dafür kompetenten Herrn weichzukneten. Schnell war uns klar, was Sache war: Als wir der Forderung nach einer Beteiligung in Höhe von 10 % zugestimmt hatten, ging alles wie von selbst ...

Gelegentlich kann es auch hilfreich sein, wenn man von Dingen Kenntnis hat, die einem irgendwann hilfreich sein können. Ebenfalls ein interessanter Aspekt ist, dass dem einen nicht verweigert werden darf, was einem anderen genehmigt wurde. Wenn Sie also beispielsweise wissen, dass ein gewisser Herr Huber vor kurzer Zeit eine Erlaubnis für die gleiche Sache bekam, für die man Ihnen nun die Genehmigung verweigert, dann sollten Sie auf „gleiches Recht für alle" pochen – notfalls mit der Aussicht auf eine Dienstaufsichtsbeschwerde, die ein Anwalt formulieren sollte (eine solche fürchten Beamte wie der Teufel das Weihwasser, da diese in die Personalakte kommt und durchaus hinderlich auf der Kriechspur nach oben ist).

Im Übrigen vertrete ich sowieso die Meinung, dass man viel häufiger sein Recht auf dem Gerichtsweg durchsetzen sollte. Verwaltungsgerichte sind nicht nur dazu da, um ein Recht auf freie Biergartenbenutzung oder die Abnahme des Kreuzes in Schulen durchzusetzen. Hat man die Hürden endlich genommen, steht einem Kontrakt mit dem jeweiligen Staat eigentlich nichts mehr im Wege. Einen solchen abzuschließen ist grundsätzlich empfehlenswert. Nun herrscht leider immer wieder die Annahme, man werde grundsätzlich übers Ohr gehauen, wenn man fündig wird. Das ist ein Vorurteil, das in den meisten Fällen nicht zutrifft. Wenn entsprechende Regelungen getroffen wurden, laufen solche Geschäfte reell ab. Meist jedenfalls. Zugegebenermaßen muss man in manchen Ländern und Staaten etwas mehr Vorsicht walten lassen, aber sofern man sich gründlich abgesichert hat, kann eigentlich kaum etwas passieren.

Die meisten Gerüchte dieser Art kommen aus Schatzsucherkreisen – und dabei sind es nicht immer die „Nobodys", die versucht haben, einen Staat zu linken. Dass derartige Schlitzohren in solchen Fällen leer ausgehen, ist erstens logisch und zweitens richtig. Natürlich ist es unklug, den dicken Fund zu machen und dann zu den Behörden zu laufen. Verhandeln, immer verhandeln, lautet die Devise. Solange das Objekt der Begierde nicht auf dem Tisch liegt, stehen die Sterne gut. Andersherum haben Sie mit Zitronen gehandelt.

Merken Sie sich: Gegen Einfalls- und Trickreichtum spricht grundsätzlich nichts, solange es darum geht, sein angestrebtes Ziel zu erreichen; spätestens ab dann jedoch sollte man sich an klare und saubere Linien halten.

SO FRAGT MAN LEUTE AUS

Bei der Recherche und der Suche können Sie gar nicht trickreich genug sein! Allein wenn es darum geht, jemandem wichtige Informationen aus der Nase zu ziehen, bedarf es doch einiger Fantasie. Das Ausfragen von Leuten ist eine Kunst! Je besser Sie das beherrschen, desto mehr ist zu erfahren.

Steuern Sie mit Ihren Fragen niemals direkt das Thema und den wichtigen Punkt an. Stellen Sie immer erst Fragen, die für den Befragten belanglos erscheinen, Ihnen aber weiterhelfen, selbst wenn das Gespräch vorzeitig abgebrochen wird. Wenn man Sie nicht ernst nimmt, umso besser. Man erzählt Ihnen dann wahrscheinlich mehr, als Sie wissen wollen.

Auch ist wichtig, die befragte Person immer in die Geschichte einzubeziehen: „Haben Sie die Stelle selbst schon gesehen?“, oder: „Glauben Sie, dass da was Wahres dran sein könnte?“ Wenn man zum Beispiel sagt: „Ich habe gehört, ein Mann aus X hat gesehen/gehört/erzählt, dass damals dieses oder jenes passiert ist“, dann erzielt man meist den Effekt, dass die befragte Person beginnt, das zu erzählen, was sie selbst gehört oder gesehen hat. Allein schon aus diesem Grund dürfen Sie nicht den Eindruck erwecken, nur andere wüssten etwas. Befragte Personen sprudeln gern über, weil sie sich wichtigmachen möchten oder weil sie ganz einfach anderen ihr Wissen nicht allein gönnen.

Zur Abwechslung und zur Veranschaulichung möchte ich an dieser Stelle unser bestens bekanntes Rollenbeispiel der Kriegskasse ins Feld führen und anhand dieser Geschichte ein mögliches Frage-Antwort-Spiel vorführen. Angenommen, ein Mann oder eine Frau aus der dortigen Umgebung wird zu der Geschichte befragt.

Frage: „Ich schreibe für eine Zeitung eine Geschichte über die Kriegskasse von Baron Kampel. Ich habe gehört, hier gibt es einen Mann, der sich mit der Geschichte befasst und einiges darüber erzählen kann. Kennen Sie diesen Mann?“
Antwort: „Das kann eigentlich nur der XY sein. Der ist pensionierter Lehrer und befasst sich mit der Heimatgeschichte.“
F: „Wissen Sie zufällig, wo ich den finde? Oder gibt es noch jemanden, der darüber ein bisschen Bescheid weiß?“
A: „Den finden Sie da und dort, aber mehr als das, was so allgemein bekannt ist, kann der auch nicht wissen.“ (Der Befragte wird allmählich neidisch.) „Das weiß schließlich jeder hier, das haben wir schon in der Schule gelernt.“ (Jetzt haben wir ihn da, wo wir ihn haben wollen.)
F: „Das finde ich ja toll! Wie war denn das damals?“
A: „Ja also, da hat während der Revolution ein Offizier der Österreicher die Kriegskasse irgendwo im Wald vergraben.“
F: „Waren die Österreicher damals auf der Flucht, oder wollten die hier Stellung beziehen?“
A: „Die waren auf der Flucht vor den Franzosen.“

F: „Weiß man, wo ungefähr der Offizier die Kasse versteckt haben soll?“
A: „Also die Geschichte sagt, er soll das Geld irgendwo bei einem Findling eingegraben haben. In den Stein hat er dann ein Zeichen eingemeißelt.“
F: „Was für ein Zeichen?“
A: „Es heißt, er soll einen Kamm eingemeißelt haben.“ F: „Warum gerade einen Kamm?“
A: „Der Offizier hat Kampel geheißen, deshalb hat er das Zeichen für seinen Namen eingeritzt.“
F: „Vielen Dank, Sie haben mir sehr weitergeholfen!“

So oder zumindest so ähnlich verlaufen Gespräche dieser Art. Nun besteht natürlich die Möglichkeit, dass Bauer XY nicht darüber reden möchte oder zur wortkargen Sorte gehört. Dann greifen wir wieder zu einem Trick. „Jemand aus dem Dorf/der Gegend etc. hat mir erzählt, dass Sie dies oder das von einem Vorfahren wissen. Die Leute sagen, dass das wahrscheinlich alles Märchen sind.“

Jetzt ist seine Glaubwürdigkeit einem Fremden gegenüber infrage gestellt. Nun wird er wütend oder zumindest ungehalten. Nun macht er Fehler. „Von wegen Märchen – alles ist wahr, was in unserer Familie überliefert wurde! Aber die Blödmänner haben ja keine Ahnung.“ Nun haben wir ihn am Haken! Durch geschicktes Fragen wird er mit ziemlicher Wahrscheinlichkeit auspacken und alles erzählen, was er weiß. Sehr wahrscheinlich wird er Ihnen die Stelle sogar höchstpersönlich zeigen, falls er sie kennt, nur um den anderen zu beweisen, dass die Geschichte wahr ist. Sie haben gewonnen!

Bleiben wir bei unserem Beispiel. Um Ihre Suchaktion legal durchführen zu können, benötigen Sie eine Erlaubnis des Grundeigentümers. Sagen Sie ihm einfach, um was es geht – Sie sind Heimatforscher und suchen nach der Kriegskasse. Wenn er nicht abgeneigt ist oder Sie ebenfalls für einen Spinner hält, wird er sagen: „Such von mir aus, so viel du willst.“ Eventuell ist das Bäuerchen ein Schlitzöhrchen und fragt sicherheitshalber: „Was kriege ich, wenn du was findest?“ Wenn Sie nun ebenfalls ein schlaues Kerlchen sind, sagen Sie, er bekäme den Anteil, der allgemein üblich ist, also 25 %. Wenn es klappt, sind Sie ein Schlingel – wenn nicht, kostet es sie weitere 25 %. Auf jeden Fall machen Sie die Sache sofort perfekt. Eine einfache Abmachung auf einem Zettel reicht aus. Datum, Unterschrift beider Parteien, und die Sache ist gelötet!

Um nun nicht alle Welt aus der Umgebung anzulocken, wenn Sie die Sache angehen, ist ein bisschen Tarnung nicht schlecht. Ganz Ausgebuffte bauen sogar ein Zelt auf, um im Schutz der Plane ungestört graben zu können, ähnlich den Arbeitern der Telekom beim Kabellöten.

Trotz aller Vorsichtsmaßnahmen kann es aber geschehen, dass doch plötzlich jemand vor Ihnen steht. Wie es dann weitergeht, kommt immer auf die Situation und vor allem auf die Beteiligten an. Ein guter Freund und erfahrener Schatzsucher, der plötzlich und unerwartet mit dieser Situation konfrontiert wurde, entgegnete auf die

Frage des Jägers, was er da mache: „Jetzt kann ich mir eine neue Stelle suchen und wieder von vorn beginnen.“ Dann erklärte er dem verdutzten Waidmann, er wandere aus und wolle als eiserne Reserve sein Familiensilber verstecken. Bis der Grünfrack die Situation richtig kapiert hatte, war mein Freund weg.

Aber hat es überhaupt einen Sinn, in solchen Situationen davonzulaufen? Wenn der „Überraschungsgast“ stolzer Besitzer eines Gewehres ist, rate ich dringend davon ab. Ebenso, wenn es sich um die Hüter des Gesetzes handelt. Jene treffen Sie zwar eher selten im Wald an, aber da gibt es noch die Geschichte mit dem blinden Huhn und dem Korn.

Ansonsten spricht nichts gegen einen Waldlauf, solange Sie nicht 30 oder 50 kg Gold unter dem Arm haben. In diesem Fall heißt die Devise wieder: teilen!

Deshalb sind Sie am besten dran, wenn Sie grundsätzlich Vorsicht walten lassen und sich angewöhnen, nach getaner Suche alles wieder in den ursprünglichen Zustand zu versetzen. Über das zugeschüttete Loch kommt altes Laub, falls die Umgebung es erfordert. Bretter werden wieder mit den alten Nägeln angenagelt, die ursprünglich drin waren, und Mauersteine nach dem Wiedereinfügen mit Dreck zugefugt, sodass keine verräterischen Spuren zurückbleiben und auf Ihr Werk hinweisen könnten. Sie müssen Ihr Verhalten so abstimmen wie jene, die den Schatz verborgen haben. Lassen Sie keine Gegenstände zurück, die nicht vorher bereits da waren, und säubern Sie Ihr Werkzeug nicht direkt an der Fundstelle. Denken Sie immer daran: Falls Sie ertappt werden, steht Ihnen ein langer und harter Kampf um Ihren Fund bevor!

SCHATZSUCHE MIT GEWERBESCHEIN

Gott sei Dank gibt es noch Leute, denen ein offizielles Schriftstück etwas wert ist. Diese Tatsache lässt sich zum Vorteil des Suchenden nutzen. Mittlerweile kenne ich einige Leute, die sich mit einer Gewerbeerlaubnis des Ordnungsamtes auf die Suche begeben. Ein guter Bekannter beantragte eine Gewerbeerlaubnis zur „Suche und Bergung verborgener Schätze“ und erhielt diese auch, sogar mit dem Zusatz, bis zu sieben Personen beschäftigen zu können! Die Wirksamkeit des Papiers stellte sich bald heraus: Als er an einem Wochenende von einem Jäger angesprochen wurde, was er da treibe, antwortete er: „Ich übe meinen Beruf aus und gehe ordnungsgemäß und genehmigt meinem Gewerbe nach.“ Mit diesen Worten präsentierte er dem erstaunten Mann seinen Gewerbeschein. Nachdem alles geklärt war, wurden noch ein paar freundliche Worte gewechselt, und der Waidmann wünschte ihm viel Glück.

Sicher ist dies keine offizielle Suchgenehmigung, aber amtlich ist das Papier auf jeden Fall. Nicht jeder kennt eben die Gesetze. Gehen Sie davon aus, dass große Firmen und Konzerne jährlich Hunderttausende für ihre Rechtsabteilungen ausgeben, damit ihre Juristen Lücken im Gesetz aufspüren und Paragrafen dehnen können. Das ist absolut legal! Darum gilt diese Legalität auch für jeden Einzelnen, der solche Lücken nutzt, um seinem Hobby nachzugehen.

Der gern angeführte „Schaden, der durch Schatzsucher entsteht, und der ungeheure Verlust, der der Archäologie entsteht", gehören ins Reich der Fabel. Wer schon die Schäden gesehen hat, die von Archäologen angerichtet wurden, nur um Aufschluss über eine Bodenschicht zu bekommen, wird verstehen, was ich meine. Und jene Zufallsfunde, die nicht viel Wert haben, sind minimal gegen die Hunderttausende von Fundstücken, die aus Geld-, Zeit- und Personalmangel in den Asservatenkellern der Museen vor sich hingammeln und von Tag zu Tag mehr zerstört werden, bis sie dann in irgendeinem Auktionshaus landen. Kleine Tricks und Notlügen sind deshalb moralisch durchaus zu rechtfertigen, denn dass im Zweifelsfall Sie der Lackierte sind, steht außer Zweifel.

Wie ein Sechser im Lotto: keltische Vogelkopfkanne gefüllt mit Regenbogenschüsselchen.

Gesetzt den Fall, Sie finden auf öffentlichem Grund und Boden einen Gegenstand von hohem historischen Wert. Rein nach Gesetz gehören Ihnen als Entdecker 50 % und 50 % dem Staat als Grundeigentümer. Sie sind ehrlich und melden den Fund. Was geschieht weiter? Sie haben nun Anspruch auf die Hälfte des Wertes – den gleichen Anspruch hat auch der Staat. Es erscheint Ihnen der angegebene Wert als zu niedrig, deshalb möchten Sie den Fund lieber versteigern lassen, um so das Maximale zu erzielen. Nun ist der Staat dagegen und sagt, dass der Fund nicht veräußert werden darf. Sie sind andererseits mit dem Gebotenen nach wie vor nicht zufrieden. Sie sagen, Sie behalten den Fund dann eben. Nun setzt die Macht des Staates ein. Man wird es Ihnen in Deutschland zur Auflage machen, den Fundgegenstand ganzjährig in ein von Ihnen zu mietendes Bankschließfach zur Verwahrung zu legen. Obendrein erhalten Sie die Auflage, den Gegenstand zu versichern. Somit bürdet Ihnen der Staat jährlich Kosten von mehreren Hundert Euro auf – als Druckmittel, um Sie zum Verkauf zu zwingen.

Ein geradezu unglaublicher Fall von repressivem Vorgehen ereignete sich 1998: Ein Ehepaar aus der Nähe von Dachau hatte in einem Wald bei Weißenburg eine Bronzekanne gefunden, die voll mit Dreck war. Zu Hause angekommen wollte der Ehemann den Dreck entfernen. Dabei rollten ihm keltische Goldmünzen entgegen. Insgesamt 432 dieser sogenannten Regenbogenschüsseln hatte ein wohlhabender Kelte vor fast 3000 Jahren in der Kanne vergraben. Das Ehepaar meldete den Fund sofort am darauffolgenden Montag in der prähistorischen Staatssammlung in München, wo man sich darauf einigte, die Hälfte dem Museum zwecks Bestimmung zu überlassen und die andere Hälfte danach Zug um Zug zu übergeben. Die beiden waren gemäß § 984 BGB Entdecker des Schatzes mit einem Anspruch auf 50 % – die andere Hälfte stand dem Freistaat Bayern als Grundeigentümer zu. Bei der Röntgenuntersuchung der Kanne zeigte sich, dass noch ein paar Münzen im Dreck festgebacken waren. Diese waren später bis auf eine einzige Münze verschwunden ...

Als es zur Übergabe der anderen Münzhälfte „Zug um Zug" kommen sollte, weigerte sich plötzlich der Leiter des Museums, Prof. Dr. W., die bereits bestimmten Münzen vereinbarungsgemäß den Findern zu übergeben. Nun wollte der Staat plötzlich alles. Um sich einen Überblick über die historischen Dimensionen des Fundes machen zu können! (Als hätte der zuständige Münzkundler noch nie einen Haufen von 432 Münzen gesehen.) Das Ehepaar weigerte sich und nahm die Münzen wieder mit. Die Folge: In ihrer Abwesenheit verschafften sich Unbekannte sowohl in den Gewerberäumen als auch in der Wohnung Zugang und durchsuchten diese. Im Garten fanden Sie frische Grabungsspuren, und als der Ehemann sein Auto zu einer Reparatur in die Werkstätte brachte, fand der Mechaniker einen versteckt angebrachten Peilsender.

Als das Ehepaar zusammen mit dem Kamerateam eines Privatfernsehsenders in der Prähistorischen Staatssammlung auftauchte, bekam der Direktor einen Tobsuchtsanfall. „Ich werde dafür sorgen, dass das niemals gesendet wird, ich sorge dafür, dass Sie Ihren Job verlieren", drohte er wutentbrannt der Redakteurin. Diese entgegnete, dass sie freie Mitarbeiterin sei, woraufhin der Direktor wiederum zeterte, er werde dafür sorgen, dass sie nirgendwo mehr einen Auftrag erhielte.

Die (un-)glückliche Finderin Gerlinde V. mit Ihrer Findmaschine.

Als die Redakteurin mir davon berichtete, dachte ich erst an einen schlechten Witz. Aber dann unterrichtete sie mich darüber, dass der damalige Ministerpräsident in einem persönlichen Telefonat beim Sender interveniert habe und die Sendung daraufhin kurzerhand gekippt und das Band im „Giftschrank" verschwunden sei. (Die Redakteurin war an den darauffolgenden Tagen erst einmal für ein paar Wochen im Urlaub – anschließend war sie nicht mehr aufzutreiben. Erst 2006 stöberte ich sie über das Internet auf, und auf die damaligen Vorkommnisse angesprochen konnte sie sich „nicht mehr erinnern".)

Die Ehefrau erhielt mehrere Zwangsgelder auferlegt, weil sie die Münzen nicht ablieferte. Getätigte Umsatzsteuer-Vorauszahlungen (eigentlich für das Finanzamt bestimmt) wurden für die Zwangsgelder zweckentfremdet. Das Ehepaar wurde wegen Unterschlagung angeklagt.

Seither zieht sich die Strafsache hin, und ein Ende ist nicht abzusehen. 17 Keltenmünzen, die auf Auktionen aufgetaucht sind, werden dem Ehepaar angelastet. Man versucht mit allen Mitteln, etwas zu konstruieren, und schreckt dabei auch vor Straftaten und Rechtsbeugung nicht zurück. Ach ja – schon kurz nach der Meldung des Fundes sickerte durch, dass die Prähistorische Staatssammlung eine Ausstellung des kompletten (!!!) Münzschatzes plante ... Mein Archiv ist voll von Fällen solcher Art, die Thema eines eigenen Buches werden könnten.

Zwar muss man auch die staatliche Seite betrachten: knappe Budgets, keine Sondermittel zum Ankauf, und trotzdem die manische Sammelwut der Museen – oftmals sind die Mittel tatsächlich so begrenzt. Andererseits gleichen solche Methoden schon beinahe einer Enteignung! Überlegen Sie deshalb immer schon vor der Suche, welche Probleme auf Sie zukommen und wie Sie diesen unter Umständen begegnen könnten. Gleiches gilt mittlerweile für Entdeckungen, die bei Bauvorhaben gemacht werden. In diesem Fall ist der Häuslebauer der Lackierte. Nach dem „Verursacherprinzip“ wird dieser nämlich zur Kasse gebeten für Grabungsmaßnahmen, Restaurierung und Konservierung. „Hättest du nicht bauen wollen, müssten wir nicht tätig werden“, lautet das Motto. Ob der Häuschenbauer den Bauverzug von oft mehreren Wochen finanziell übersteht, interessiert in diesem Fall niemanden!

Eine weitere Raubrittermanie greift ebenfalls mehr und mehr um sich: In manchen Gegenden erheben Gemeinden einen zusätzlichen Obolus auf den Quadratmeter Baugrund. Dieser beträgt um die fünf Euro und soll eventuelle Grabungen finanzieren.

SCHATZSUCHER ALS ARCHÄOLOGEN

Einer der besten Hinweise kam von einem hohen Archäologen aus München, der mir bei einem (oder mehreren?) Glas Kölsch nach einer Fernsehdiskussion verriet: Jedermann darf sich Archäologe nennen, da diese Berufsbezeichnung nicht geschützt ist!

Es handelt sich dabei lediglich um die Bezeichnung für eine Tätigkeit (aus dem Griechischen: *archaios* = „alt“ und *logos* = „Lehre“, „Wissenschaft von den Altertümern“). Die Bezeichnung bedeutet lediglich „Altertumsforscher“. Ich überlasse es der Fantasie des Einzelnen, diese Information zu verwerten. Warum müssen wissenschaftliche Institute immer nur von Studierten gegründet und geleitet werden? Ich kenne Laien, die manchen „Wissenschaftler“ in den Schatten stellen.

Es ist absolut legitim, wenn jemand zum Beispiel ein „Wissenschaftliches Archäologisches Institut e. V.“ gründet oder jemand Mitglied ist in der „Deutschen Archäologischen Forschungsgemeinschaft e. V.“.

Es gibt genügend junge Archäologen, die gerade ihr Studium beendet und die Nase von dem verstaubten Geschwätz ihrer Dozenten voll haben. In den letzten Jahren haben mich viele Archäologiestudenten darauf angesprochen, dass an den Universitäten ein Feindbild von Schatzsuchern und insbesondere meiner Person aufgebaut wird. Sie alle waren der Meinung, dass ich in vielen Dingen aber recht hätte. Private Archäologie ernsthaft betrieben – es wäre durchaus denkbar, dass ein solches privates Institut Seminare unter Leitung eines Fachmannes abhält und nach bestandener Prüfung ein Diplom aushändigt. „Diplom-Archäologe" wäre keine schlechte Voraussetzung, um irgendwo auf dieser Erde offiziell graben zu dürfen – natürlich mit eigenem Geld und ohne die großzügigen Millionen aus dem Staatssäckel.

Wichtig ist auf jeden Fall, die Tricks der anderen Seite auch zu kennen, um sich Ärger zu ersparen.

So gehen manche Archäologen seit geraumer Zeit dazu über, den Schatzsuchern das Leben schwer zu machen, indem sie Nägel und Eisenspäne streuen. Der Schatzsucher, der in ein solches Gebiet gerät, wird schließlich verzweifeln. In diesem Fall hilft nur noch, mit einem Detektor zu suchen, der entweder einen Diskriminator besitzt oder mit dem man Kleinschrott unterdrücken kann. Hauptsächlich geschieht das „Salzen" aber in ausgewiesenen Gebieten, sodass dort sowieso kein Schatzsucher etwas verloren hat.

In anderen Fällen, wenn man Ihnen Schwierigkeiten machen will, vergessen Sie niemals, dass Sie als freier Bürger dieses Staates auch gewisse Rechte haben. So darf Ihnen zum Beispiel niemand den Detektor abnehmen oder beschlagnahmen. Der Gebrauch von Metallsuchgeräten ist in Deutschland nicht verboten, und auch der Besitz ist völlig legal. Selbst die Suche in ausgewiesenen Arealen ist legal – verboten ist dort lediglich das Graben. Pochen Sie ruhig auf Ihre Rechte – das ist absolut legitim. Die größten Ganoven und Verbrecher kennen ihre Rechte und nehmen diese in Anspruch. Jeder korrupte Politiker oder betrügerische Banker genießt den Schutz des Rechtsstaates – deshalb gilt dies auch für Sie, der nichts anderes getan hat, als dem verfassungsmäßig garantierten Recht auf freie persönliche Entfaltung in Ausübung privater Freizeitgestaltung nachzugehen.

Ein befreundeter Förster erzählte mir, einmal habe er in seinem Revier zwei Schatzsucher mit Detektoren angetroffen. Rein aus Interesse habe er nachgefragt, was sie da suchten. Die beiden wiesen ein Papier vor, das sich als Vollmacht entpuppte, im Auftrag einer Frau deren verlorenen Diamantring zu suchen, den sie bei einem Spaziergang verloren hatte. Nun ist es völlig legal, zu versuchen, sein Eigentum wiederzuerlangen, oder aber jemanden des eigenen Vertrauens mit der Suche zu beauftragen. Der Förster hatte dafür vollstes Verständnis und ließ die beiden ohne Weiteres weitersuchen.

Es gibt in Deutschland eine ganze Reihe Schatzsucher, die mit dem Service der „Verlustfahndung" ein paar Euro nebenbei verdienen. Dass der wiedergefundene Gegenstand dann zurückgegeben wird, ist – so hoffe ich – Ehrensache!

Die Suche verborgener Gegenstände ist überall gesetzlich geregelt – wer Probleme vermeiden will, muss sich im Voraus informieren!

RECHT, GESETZ UND PARAGRAFEN

Kaum ein Land ist so mit Gesetzen, Verordnungen und Verordnungen zur Verordnung zugepflastert wie die Bundesrepublik Deutschland. Bundesgesetze, Ländergesetze, Zusatzgesetz zum Gesetz und so weiter gehören hier zum Alltag. Viele Gesetze haben scheinbar nur den Zweck, die Bürger in ihrem Lebensraum so einzuschränken, dass wahrscheinlich selbst in der Nase zu bohren künftig strafbar ist. Der Staat braucht mehr Geld denn je.

Am leichtesten lässt sich dieses natürlich von Gesetzesbrechern holen. Dabei stammen viele dieser unsinnigen Verordnungen zum Teil noch aus Kaisers Zeiten. Bereits damals galt, was heute gilt: Wenn ein Gesetz erlassen wird, hat man dabei oft weniger das Wohl des Bürgers im Auge – eher schon die Interessen irgendwelcher Lobbys, die sich die Politik gekauft haben. Welche Auswüchse dies allmählich annimmt, fällt dabei gelegentlich sogar Nichtjuristen auf.

Eine der kuriosesten Ideen politischen Unvermögens ist im Waffengesetz enthalten. Dort heißt es allen Ernstes: „Wegen ihrer besonderen Gefährlichkeit sind auch bestimmte Geschosse und Wurfkörper verboten. [...] besondere Rolle spielen hierbei die sogenannten Molotow-Cocktails. [...] Wegen der besonderen Gefährlichkeit dieser von Straftätern häufig verwendeten Wurfkörper ist bereits verboten, [...] oder Bestandteile, die zur Herstellung dieser Gegenstände bestimmt sind, zu vertreiben."

Nun weiß jeder, dass Molotowcocktails aus einer Glasflasche, einem Stück Stoff und Benzin bestehen. Würde man nun das Gesetz seiner Bestimmung entsprechend auslegen, müssten wir alle nackt herumlaufen (weil ja die Herstellung und der Vertrieb von Stoff verboten ist), wir müssten zu Fuß gehen, weil kein Benzin verkauft werden dürfte, und unsere oberschlauen Gesetzemacher müssten ihren Dom Perignon aus dem Tetrapack trinken (Glasflaschen wären dann nämlich ebenfalls nicht mehr erlaubt). So viel zu dämlichen Gesetzen.

Dies soll nun nicht heißen, dass Gesetze – sofern sinnvoll – nicht notwendig wären. Irgendwie muss das geordnete Zusammenleben ja geregelt sein. Dafür gibt es ein Gesetzeswerk, das in seiner Komplexität durchaus vernünftig ist: das Bürgerliche Gesetzbuch (BGB). So haben die Väter des BGB auch an die Möglichkeit gedacht, dass irgendein Bürger dieses Staates vielleicht einmal einen Schatz finden könnte, und dies deshalb unter „Sachenrecht" im § 984 festgehalten:

Wird eine Sache, die so lange verborgen gelegen hat, dass der Eigentümer nicht mehr zu ermitteln ist (Schatz), entdeckt und infolge der Entdeckung in Besitz genommen, so wird das Eigentum zur Hälfte von dem Entdecker, zur Hälfte von dem Eigentümer der Sache erworben, in welcher der Schatz verborgen war.

Klare Sache also, oder?

Anders sieht es aus, wenn sich der ursprüngliche Eigentümer ermitteln lässt oder gar bekannt ist. Dann nämlich handelt es sich um keinen Schatzfund im Sinne des § 984, sondern lediglich um eine „verloren gegangene Sache". Diese ist laut BGB als „Fundsache" zu behandeln. Obwohl hier das Gesetz ausnahmsweise glasklar den Fund definiert, gibt es trotzdem immer wieder Streitfälle, in denen versucht wird, dem Entdecker seinen Anspruch streitig zu machen. Neben dem mittlerweile wohl bekanntesten Fall, dem Münzfund des Lübecker Baggerführers Köppsel in den 1980er-Jahren, macht seit vielen Jahren ein weiterer Fall Furore.

1989 stieß der Elektriker Horst Brendel im Keller seines Fachwerkhauses bei Kaiserslautern im Zuge von Renovierungsarbeiten auf einen Münzschatz aus 2698 Gold- und Silbermünzen. Dummerweise meldete der Heimwerker seinen Fund – und hatte das Nachsehen. Obwohl das Haus seit jeher in Familienbesitz war und Brendel als Entdecker gleichzeitig Grundeigentümer ist, rückten die „Denkmalschützer" die Münzen nicht mehr heraus. Der unglückliche Finder zog bis vor den Bundesgerichtshof – und unterlag! Am Ende hat man ihm zwar ein Trinkgeld für die Münzen angeboten, aber herausgeben wollte man sie nicht.

Dies zeigt wieder deutlich, dass man sich mehr als gut überlegen muss, ob man einen Fund meldet – der „Spiegel" empfahl damals, den Behörden gegenüber misstrauisch zu sein „wie beim Viehhandel".

Brendels Pech: Er wohnt in einem Land, dessen Denkmalschutzgesetz einen Zusatzpassus enthält, der als „Enteignungsklausel" bekannt ist: das sogenannte Schatzregal. Nun ist dies leider keine Stellage, in der Schätze aufbewahrt werden, sondern der Abschnitt des Gesetzes, der es Archäologen und Denkmalschützern ermöglicht, sich unentgeltlich wertvolle Funde anzueignen.

DEUTSCHLAND

RECHTSSTREIT

Zur Sache, Schätzchen

Ein Rheinländer fand einen Schatz und mußte ihn abliefern. Der Mann wohnt im falschen Bundesland

DAS SCHATZREGAL

SCHATZFUNDE IN DEUTSCHLAND

Millionenschatz gefunden! Staat kassierte alles

Elektriker muß sogar 70 000 Mark Prozeßkosten zahlen

Der Elektriker Horst Brendel fand im Keller seines Elternhauses (immer schon in Familienbesitz) einen Münzschatz.

DAS DEUTSCHE DENKMALSCHUTZGESETZ

Da der Schatzfundparagraf für den Bürger nach Meinung von Bürokraten wohl zu großzügig ist, ersannen findige Köpfe einen Zusatz zu den Denkmalschutzgesetzen. Dieser soll anscheinend den Archäologen ihre vermeintlichen Pfründen sichern.

Die deutschen Denkmalschutzgesetze (DschG) weichen von Bundesland zu Bundesland gelegentlich voneinander ab, stammen aber durchwegs alle vom ehemaligen Preußischen Ausgrabungsgesetz ab. Damit haben sich die Archäologen, die „modernen Grabräuber der heutigen Zeit“ (ARD-„Tagesthemen“ im Zusammenhang mit einer Ausgrabung), ein Monopol gesichert. In diesen Gesetzen ist nämlich das sogenannte Schatzregal verankert.

Nun ist das keine Erfindung des neuzeitlichen Menschen, sondern fußt ursprünglich auf einem Gesetz des römischen Reiches.

Aber in der Antike hatte dieses Schatzregal genau den gegenteiligen Zweck. Die alten Römer erließen das Regal, um dem Finder eines Schatzes seinen Anspruch zu sichern! Kein Schatzfinder sollte leer ausgehen. Dies funktionierte einwandfrei, bis das Mittelalter über die Menschheit hereinbrach. Zu diesem Zeitpunkt nämlich wandten die Feudalherrscher das alte römische Gesetz nämlich plötzlich ausschließlich zu ihren eigenen Gunsten an.

Das heutige Schatzregal besagt: Bewegliche Kulturdenkmäler, die herrenlos sind oder so lange verborgen gewesen sind, dass ihr Eigentümer nicht mehr zu ermitteln ist, werden mit der Entdeckung Eigentum des Landes, wenn sie bei staatlichen Nachforschungen oder in einem Grabungsschutzgebiet entdeckt werden oder wenn sie einen hervorragenden wissenschaftlichen Wert haben.

Das heißt, alles war des „Kaisers“ bzw. des Fürsten Eigentum. So wie sie das Wild in den Wäldern als ihr persönliches Eigentum betrachteten (Wilderei wurde mit dem Tode bestraft), war plötzlich jeder Schatzfund Eigentum des Fürsten. Dies entwickelte sich bis in die heutige Zeit weiter, nur dass aus den damaligen Fürsten und Feudalherrschern Beamte und Länderregierungen geworden sind.

Der letzte Nebensatz hat es in sich! Was einen wissenschaftlichen Wert hat, bestimmen nämlich die Archäologen. Anders als in den meisten Schatzregalen: Dort heißt es lediglich: „[...] wenn sie bei staatlichen Nachforschungen entdeckt werden.“

Gott sei Dank eignen sich nicht alle Schatzregale für den Versuch, Findern ihren Anspruch streitig zu machen. So enthält manches Denkmalschutzgesetz zusätzliche Paragrafen, die Auswege bieten. Besonders jene, die vorschreiben, dass „der Besitzer oder Eigentümer das bewegliche Bodendenkmal der DschG-Behörde für einen angemessenen Zeitraum zur Bestimmung etc. zu überlassen hat“.

Auch die Suche und Grabung ist generell nicht verboten: So schränkt zum Beispiel das DschG von Hessen ein: „Nachforschungen, insbesondere Grabungen mit dem Ziel, Bodendenkmäler zu entdecken, bedürfen der Genehmigung der obersten Denkmalschutzbehörde.“

Wer also eindeutig nach etwas anderem forscht oder sucht, benötigt diese Genehmigung nicht!

Dabei ist es wichtig, die Definition des Begriffes „Bodendenkmal“ in den einzelnen Dsch-Gesetzen nachzulesen. In Hessen nämlich lautet diese:

Bodendenkmäler im Sinne der folgenden Bestimmungen sind bewegliche oder unbewegliche Sachen, bei denen es sich um Zeugnisse, Überreste oder Spuren menschlichen, tierischen oder pflanzlichen Lebens handelt, die aus Epochen und Kulturen stammen, für die Ausgrabungen und Funde eine der Hauptquellen wissenschaftlicher Erkenntnisse sind.

Wenn wir diese Auslegung wörtlich nehmen (und dies erwartet der Gesetzgeber schließlich von seinen Bürgern), dann darf ohne Genehmigung ungehindert nach Gegenständen aus dem Mittelalter, dem Dreißigjährigen Krieg und späteren Zeiten gesucht werden, da Relikte aus diesen Epochen sicher keine Hauptquellen für wissenschaftliche Erkenntnisse sind und das Mittelalter und die folgende Zeit mehr als ausreichend erforscht und dokumentiert sind. Somit gibt es kaum mehr unbekannte Erkenntnisse daraus. Wie unterschiedlich der Begriff „Bodendenkmal“ behandelt wird, zeigt das Beispiel BadenWürttembergs, in dessen DschG der Begriff weder auftaucht noch definiert ist. Solange aber niemand weiß, nach was zu suchen nicht gestattet ist, kann er sich auch nicht strafbar machen. Ähnlich sieht es in Bayern aus. Begriffsbestimmung „Bodendenkmal“: „Bodendenkmäler sind bewegliche und unbewegliche Denkmäler, die sich im Boden“ – wo sonst? – „befinden oder befanden und in der Regel aus vor- oder frühgeschichtlicher Zeit stammen.“ Das nordrheinwestfälische DschG definiert den Begriff „Bodendenkmal“ in gleicher Weise, allerdings mit dem Zusatz der „Verfärbung des Bodens“. Interessant ist in diesem DschG der § 13, der die Grabung nach Bodendenkmälern regelt. Dort heißt es:

Wer nach Bodendenkmälern graben oder Bodendenkmäler aus einem Gewässer bergen will, bedarf hierzu der Erlaubnis der Oberen Dsch-Behörde […]. Die Erlaubnis ist zu erteilen, wenn die beabsichtigte Grabung oder Bergung Bodendenkmäler oder die Erhaltung von Quellen für die Forschung nicht gefährdet.

In § 12 wird auf § 9 verwiesen. Dort steht unter anderem: „Die Erlaubnis ist zu erteilen, wenn Gründe des Denkmalschutzes nicht entgegenstehen.“

Auch dies bedeutet, dass erstens eine Genehmigung nicht erforderlich ist, wenn man „nicht“ nach Bodendenkmälern suchen will. Nach diesen Ausführungen sind Genehmigungen – zumindest in Deutschland – vor dem Verwaltungsgericht einklagbar. Wie der Rechtsweg in Österreich und der Schweiz aussieht, sollten Sie im jeweiligen Land abklären. Es ist jedoch ratsam, sich die Denkmalschutzgesetze der jeweiligen (Bundes-)Länder, in denen man suchen will, genau anzusehen.

Eindeutig jedenfalls ist das Verhalten bei Grabungsschutzgebieten geregelt. In diesen speziell ausgewiesenen Gebieten ist jede Art von Suche und Grabung absolut verboten. Die Grabungsschutzgebiete sind im jeweiligen Flächennutzungsplan ausgewiesen und können von jedermann eingesehen werden.

Eines ist jedoch allen DschG eigen: Alle DschG beinhalten die Anzeigepflicht, die besagt, dass „jeder, der Kenntnis von einem Bodendenkmal erlangt, dies unverzüglich der zuständigen Behörde mitzuteilen hat".

Nun bleibt dies sicher dem Einzelnen überlassen, ob er sich in die Fänge der Behörden begibt. Allerdings sehen die DschGesetze auch – wir ahnen es bereits – empfindliche Geldstrafen vor.

So können Verstöße gegen § 21 DschG (unerlaubtes Graben) mit Geldbußen in Höhe von bis zu 50.000 Euro geahndet werden, und bei Vergehen gegen § 16 DschG (Zerstörung und Unterschlagung von Funden und Bodendenkmälern) steht eine Geldstrafe in Höhe von bis zu 500.000 Euro im Raum! Ich persönlich würde jedem Entdecker eigentlich dazu raten, Funde von wissenschaftlicher Bedeutung zu melden und vorzulegen. Natürlich gegen entsprechende Absicherungen wie Lieferschein, Quittung etc.

Das unterscheidet ernsthafte Schatzsucher von armseligen Abräumern, die es nötig haben, jedes noch so marode und vergammelte Bronzestückchen auf dem Flohmarkt zu verhökern oder gar im Auftrag skrupelloser Antiquitätenhändler die frühgeschichtlichen Stätten auszuplündern.

Wer nun glaubt, dass es in den 16 deutschen Bundesländern ein einheitliches Schatzregal gebe, der irrt gewaltig.

Hier regiert der Gesetzesdschungel. Die Schatzregale gliedern sich in in vier Unterpunkte:

1. Länder ohne Schatzregal,
2. Länder mit kleinem Schatzregal,
3. Länder mit großem Schatzregal,
4. Länder mit totalem Schatzregal.

Es ist in jedem Fall ratsam, sich vor Suchantritt zu informieren, denn im einen Bundesland kann erlaubt sein, was sich mitten auf dem Acker total ändern kann.

Bayern war lange das letzte Bundesland ohne Schatzregal; dies ist seit dem 1. Juli 2023 vorbei. Informationen über den aktuellen Stand finden sie unter bayern.de. Hier einfach die Suchfunktion „Schatzregal" bemühen. Umfassend informieren kann man sich über die einschlägigen Ländergesetze und ihre Besonderheiten in den gesammelten Dsch-Gesetzen, die beim Innenministerium bestellt werden können. Die Anschrift finden Sie im Anhang.

RECHT UND GESETZ IN DER PRAXIS – VOM UMGANG MIT BEHÖRDEN

Nun hat uns der vorherige Abschnitt deutlich gezeigt, dass erstens der „Blödsinnspilz" in den Amtsstuben ganz schön blüht und zweitens alles andere als Einigkeit unter den Bundesländern herrscht. In Österreich dagegen gibt es ein einheitliches DschG, während das in der Schweiz jeweils die Kantone regeln. Praxis und Theorie sind allerdings zwei Paar Schuhe. Dementsprechend sehen dann auch die Spielregeln aus.

Oberster Grundsatz ist, dass der Grundeigentümer im Falle einer Suche sein Einverständnis geben muss. Leider lässt sich dies nicht immer im Voraus regeln. Gerade wenn es sich um ein größeres Areal handelt, wird es schwierig. Dies würde nämlich voraussetzen, im Grundbuch die verschiedenen Grundbesitzer festzustellen, und hier beginnt bereits die erste Schwierigkeit. Die Bekanntgabe der Grundeigentümer würde nämlich eindeutig gegen das Datenschutzgesetz verstoßen.

Andererseits ist oftmals Vater Staat der Grundeigentümer, was einem behördlichen Hindernislauf gleichkommt. Zwar sitzt in jedem Amt für jeden Zweck ein Beamter, aber dies bedeutet noch lange nicht, dass dieser Lust und Laune hat, eine Entscheidung zu fällen bzw. Verantwortung zu übernehmen. Das Besondere an Beamten ist nämlich oft, dass sie lieber keine Entscheidung fällen als eine womöglich falsche.

Also muss der nächsthöhere Vorgesetzte ran. Und so weiter. Irgendwann ist dann das Anliegen so hoch oben angelangt, dass der nun Bearbeitende keine Angst mehr vor dem Dienstherrn hat, sondern vor der Öffentlichkeit. Also Stempel „abgelehnt" auf den Antrag gehauen und dann gemütlich zurückgelehnt.

Womöglich wird Ihnen noch vorsorglich mit einer ordentlichen Gesetzeskeule gedroht, damit Sie eingeschüchtert sind, wie zum Beispiel „[...] machen wir Sie vorsorglich darauf aufmerksam, dass im Falle der Zuwiderhandlung [... bla, bla ...] und dies eine empfindliche Geldstrafe [...] bla, bla und so weiter." Aber meistens erfahren Sie kein Wort über den Grund der Ablehnung selbst.

Wenn Sie einen Antrag zur Suche mit einem Metallsuchgerät stellen, dann muss die Behörde (zumindest in Deutschland) innerhalb von drei Monaten einen Zwischenbescheid erteilen. Im endgültigen Bescheid muss die Ablehnung oder auch die Zustimmung begründet sein, so wie dieser ebenfalls eine Rechtsbehelfsbelehrung enthalten muss, die Sie darauf aufmerksam macht, dass Sie dagegen binnen einer Frist Einspruch erheben können. Ablehnungen ohne Begründung sind nicht zulässig. Legen Sie auf jeden Fall Widerspruch ein. Kommt man Ihnen mit Unterstellungen, dann machen Sie auf die Möglichkeit einer Dienstaufsichtsbeschwerde aufmerksam. Lassen Sie sich nicht einschüchtern. Beamte sind Staatsdiener, das kommt von „dienen" – und wir, die Bürger und Steuerzahler, sind quasi die „Dienstherren" (schließlich sorgen wir mit unseren Steuern dafür, dass die Damen und Herren leben).

Im Zeitalter der Schatzregale ist es schwierig, Argumente zu finden, die eine Genehmigung rechtfertigen. Generelle Suchgenehmigungen gibt es prinzipiell nicht. Sie erhalten allerhöchstens eine Genehmigung für ein klar begrenztes Gebiet, zudem brauchen Sie noch die Genehmigung des Grundstückseigentümers. Das stellt noch eine zusätzliche Hürde dar, da laut Datenschutz das Grundbuchamt keine Auskunft erteilen darf, wer der oder die Grundstückseigentümer sind. Alles nicht sehr hilfreich dabei, sich gesetzestreu zu verhalten.

Doch so ganz rechtlos ist der Sondengänger nicht, auch wenn die Landratsämter als untere Denkmalbehörde gern Bußgelder verhängen, wenn man sich ihrer Meinung nach falsch verhält. Nicht alles gefallen lassen lohnt sich in dem einen oder anderen Fall allemal.

VON DENKMALÄMTERN, ARCHÄOLOGEN UND SONSTIGEN „WISSENSCHAFTLERN“

Dies ist sicherlich ein delikater Abschnitt, zumal jede Seite die andere so liebt wie die Beulenpest. Nichtsdestotrotz sind wir gezwungen, miteinander auszukommen. Dies bedeutet deshalb aber noch lange nicht, dass man sich alles gefallen lassen muss.

Der ehrliche Schatzsucher hält sich an die Denkmalschutzgesetze. Das heißt: Er geht brav ins Amt und meldet seine Funde. Unglaublich, was da so alles passieren kann! Ich kenne Fälle, in denen Leute schachtelweise Funde zur Registrierung vorgelegt haben. Als sie nach Monaten ihre Fundstücke abholen wollten, war das Zeug entweder ganz verschwunden oder es fehlten die schönsten Stücke. Der unheimliche Schwund war eindeutig in der Behörde aufgetreten. In den bekannten Fällen konnte dies aber keiner der Schatzsucher beweisen. Denn sie alle hatten den gleichen Fehler gemacht und die Funde ohne Beweissicherung abgeliefert. Der kluge Schatzsucher baut vor und listet fein säuberlich auf, was er abzuliefern gedenkt. Sicherheitshalber fotografiert er die Stücke und lässt sich die Liste bei der Ablieferung quittieren. Nur so ist gesichert, dass kein Stück „verloren gehen“ kann.

Ich habe selbst anhand eines Münzschatzes, den ich im Inn fand, erlebt, wie so etwas abläuft. Der „Heimatpfleger“ (= ehrenamtlicher Hilfsarchäologe [Aufpasser, Wichtigmacher], gibt's nur in D) von Mühldorf reklamierte zweimal bei mir den Verbleib von 186 römischen Münzen, die ich in der staatlichen Münzsammlung in München abgeliefert hatte. Jedesmal teilte ich ihm mit, dass die Münzen dort seien. Ihm hatte man aber offensichtlich mitgeteilt, sie seien nicht mehr auffindbar. Als die Geschichte in der „Süddeutschen Zeitung“ publik wurde, versuchte man, mich vonseiten der Münzsammlung mit der Androhung von Prozessen und „juristischen Abteilungen” einzuschüchtern. Laut Münzsammlung seien die Münzen niemals „unauffindbar“ gewesen.

Der Autor mit den im Inn gefundenen römischen Münzen, die angeblich „nie verschwunden waren“.

Papier ist geduldig: In Auseinandersetzungen mit Behörden und Museen kann höchste Vorsicht geboten sein!

Diese „Heimatpfleger" sind eine besondere Spezies, die den missionarischen Eifer der Archäologen noch in den Schatten stellt. Bei diesen Herrschaften handelt es sich meist um Lehrer, die sich mangels anderer Profilierungsmöglichkeit zu „Hilfsarchäologen" aufspielen wollen.

Nun muss ich zur Ehrenrettung der vielen kooperativen und aufopfernden echten Heimatpfleger sagen, dass jene „Schmalspurwissenschaftler" Gott sei Dank nicht die Regel sind (selbst ihre seriösen Kollegen rümpfen über sie die Nase). Andererseits tragen sie bedauerlicherweise dazu bei, das Ehrenamt der Heimatpfleger breitflächig in Verruf zu bringen.

So ist mir zum Beispiel ein besonders eklatanter Fall aus dem nördlichen Raum um München bekannt, in dem der „Heimatpfleger" sich die Mühe machte, von Bauernhof zu Bauernhof zu pilgern, um die Landwirte gegen Leute aufzuhetzen, die vielleicht mal mit einem Detektor über ihren Acker laufen könnten. Als dann die Bauern die Schatzsucher verjagt hatten, trat dieser Pseudoarchäologe auf den Plan und konnte ungestört mit seinem Detektor die Gegend abgehen!

In einem anderen Fall nahm er eine Ausgrabung auf dem Terrain einer römischen Villa vor. Unter den Augen von Dutzenden Zuschauern ließ er die 8- bis 10-jährigen Kinder seiner Schulklasse mit Schäufelchen den Acker umwühlen. Erstaunlich, dass jene Archäologen, die sich Wissenschaftler nennen, bei solchem Humbug beide Augen zudrücken!

Als ich vor Jahren das Römisch-germanische Museum an der Domplatte besuchte, war ich erschüttert. Jahrtausendealte steinerne Sarkophage standen – den Unbillen und dem Vandalismus preisgegeben – im Freien. Innen- und Außenseiten waren mit obszönen Graffitis beschmiert, die Leichenbehältnisse waren mit Abfall und Fäkalien gefüllt, und in einigen schliefen des Nachts Junkies und sonstige Figuren. An den Wänden des Museums waren ursprünglich Amphoren, Vasen und Urnen in eisernen Gestellen ausgestellt gewesen. Die wenigen noch nicht geklauten Exemplare waren ebenfalls besprüht und der Zerstörung ausgesetzt. Wer so mit dem Erbe unserer Vorfahren umgeht, dem spreche ich jegliches Recht ab, sich Wissenschaftler zu nennen und andere zu verurteilen!

Die Widersprüche könnten nicht größer sein: Einerseits jaulen sie auf, weil ein Sondengänger einen Acker begeht, der zum aberhundertsten Male vom 50-cm-Tiefpflug gewendet wurde; andererseits werden die Zeugnisse unserer Kultur dem Verfall preisgegeben. Ausgerechnet in Köln, der ehemaligen römischen Metropole, wird mit unserer Vergangenheit regelrecht Schindluder getrieben.

Natürlich ist es fein, unter dem Deckmantel der Wissenschaft nach Herzenslust Hunderte von Gräbern auszuheben und die Beigaben wiederum unter dem wissenschaftlichen Vorwand ins Museum zu schleppen, um sie dann gegen Entgelt auszustellen – genau den Kommerz zu verfolgen, den sie zum Beispiel uns Schatzsuchern vorwerfen. Die Gebeine unserer Vorfahren werden manchmal sogar auf den Müll geworfen. Natürlich, denn welchen Besucher interessieren schon ein paar Knochen, wenn es Gold und Silber zu sehen gibt?

Um was es wirklich geht und welche Qualifikation hinter manchen dieser „Gelehrten“ steckt, zeigen ein paar Beispiele:

Einer der höchsten Archäologen aus Köln tat in den 1980er-Jahren in einer Zeitung den Ausspruch, dass „es ihm lieber ist, das Zeug wird von der Baggerschaufel zerstört, als dass es Schatzsuchern in die Hände fällt“.

Antike römische Sarkophage – beschmiert, missbraucht und zur Zerstörung freigegeben.

In Bayern vergab ein hoher Archäologe in den 1980er-Jahren Genehmigungen an Sondengänger. Als „ehrenamtliche“ Mitarbeiter durften diese mit dem Segen der Behörde losziehen. Ein anderer Archäologe bot sogar einem der Schatzsucher einen Hinweis auf einen bis dahin unbekannten keltischen Fundplatz an. Das war übrigens ein Archäologe, der in Franken als besonders „scharfer Hund“ bekannt ist.

Ein Archäologe in Baden-Württemberg (wo das strengste DschG vorherrscht!!!) beklagte in einem Schreiben an einen Kollegen, dass von einer römischen Anlage „nur sehr wenige Funde bekannt sind“ – und freute sich über die Funde eines Schatzsuchers. Übrigens war das einer der Archäologen, der nun zum letzten Kreuzzug gegen die Schatzsucher losziehen.

Erstaunlicherweise wurden solche Mitarbeiter bereits damals äußerst großzügig mit sogenannten Fundprämien bedacht, die zum Teil einige tausend Mark betrugen. Auch wurden die Günstlinge der Wissenschaft mit „Freibriefen“ ausgestattet, die sie als Mitarbeiter auswiesen und ihnen damit Ärger ersparten.

Zur selben Zeit wurden von den gleichen Herren gegen die meisten der übrigen Schatzsucher aber bereits die Messer gewetzt und jede Art von Zusammenarbeit bzw. Belohnung empört abgelehnt.

Womit bewiesen wäre, dass Archäologen bereits 150 v. Chr. existiert haben. Damals hießen sie allerdings noch Pharisäer. So intelligent sie zu sein glauben, merken sie nicht, wie sie sich ständig selbst widersprechen und unglaubwürdig machen. In einem ablehnenden Schreiben des Rheinischen Amtes für Bodendenkmalpflege argumentiert ein Dr. J. K., „[...] durch derartige Unternehmungen werden im Gegenteil nur Bodendenkmäler zerstört, die der Forschung [...]“. Das gern angeführte Hauptargument der Archäologen, „dass künftige archäologische Generationen auch noch etwas zum Ausgraben brauchen“, widerlegen die Experten intern selbst. So verzeichnet eine Bestandsaufnahme, die der „Spiegel“ veröffentlichte, folgende Schäden:

- Römisches Militärlager Anreppen: Metallmünzen lösen sich auf.
- Römerlager Haltern: Vor zwei Jahren ausgegrabene Funde sind zerbröselt.
- Stadtgrabungen Weimar: Das Eisen zerfällt extrem nach der Restaurierung.
- Alemannischer Friedhof Pleidelsheim: Funde stark beschädigt.

Das, was übrig bleibt (falls überhaupt), vergammelt dann in den Asservatenkellern der Museen, da diese weder ausreichend Geld noch Personal haben, um der Fülle des zu bearbeitenden Materials jemals Herr zu werden.

Angesichts der Geldnot, in der sich die bundesdeutschen Denkmalämter nach eigenen Angaben befinden, mutet es seltsam an, dass deutsche Archäologen dagegen rund um den Erdball anzutreffen sind und es kaum irgendwo eine Grabung gibt, die nicht mit deutschem Steuergeld finanziert wird. Ob in Troja, in Sibirien, ob in Ägypten oder im Dschungel Perus, unser Geld ist ebenso vertreten wie unsere Archäologen. Macht auch irgendwie mehr Spaß, in fernen Ländern „Indiana Jones“ zu spielen, als hier zu Hause in Kulturschichten zu pinseln. Solange diese Missstände nicht behoben werden, lässt sich über Personal- und Geldgejammer eigentlich nur laut lachen.

In Anbetracht dieser Umstände ist es mehr als skandalös, dem kleinen Mann, der sich mühsam mit Bausparvertrag und Hypothekenkredit seinen Traum vom eigenen Häuschen erfüllen will, den Bau zu stoppen und ihn in den Ruin zu treiben. Noch perfider die Praxis, dem Häuschenbauer die Kosten für die Grabungen aufzubürden, da er nach dem Verursacherprinzip schließlich selbst Schuld hat, wenn gegraben werden muss.

An dieser Stelle der Hinweis: Wenn Ihnen dies widerfährt, so sollten Sie Anspruch erheben auf den Fund bzw. auf Ihren hälftigen Anteil nach § 984 BGB.

In den letzten Jahren ist es in den Medien leider Mode geworden, Hobbysucher immer wieder als „Raubgräber“ und „Grabräuber“ zu titulieren. Fernsehsender, Illustrierte, Zeitungen und Nachrichtenmagazine haben diesen schwachsinnigen Terminus bedenkenlos übernommen, ohne sich viele Gedanken über dessen Bedeutung gemacht zu haben.

Die Bezeichnungen sind schon allein deshalb nichts als demagogisch, weil ein „Raub“ grundsätzlich Gewalt bzw. Waffengewalt voraussetzt. Haben Sie schon mal einen Sondengänger gesehen, der den Lauf einer Kanone auf den Boden richtet und droht: „Rück die Kohle raus, Mutter Erde, sonst pump ich dich mit Blei voll“?

Nicht minder nahe an Volksverhetzung ist die Bezeichnung „Grabräuber“. Schatzsucher und Hobbysucher werden in den seltensten Fällen einen Grabfund machen. Trotzdem wollen die Hüter des Bodens weismachen, dass die Bundesrepublik sozusagen ein einziges Gräberfeld sei. Beide Bezeichnungen sind nicht nur absichtlich als Diskriminierung in die Welt gesetzt worden, sondern widersprechen dabei sogar noch dem BGB, das im § 984 ausdrücklich betont, „[...] der Eigentümer nicht mehr zu ermitteln ist [...]" – der Fund also eindeutig herrenlos ist. Genauso klar beschreiben es die Denkmalschutzgesetze und selbst die Schatzregale: Eindeutig ist hier die Rede von „herrenlos" – herrenloses Gut kann man wohl schlecht rauben, indem man es vom Boden aufhebt!

Finder bzw. Entdecker, selbst wenn sie Schatzsucher sind, als „Raubgräber" und „Grabräuber" zu bezeichnen, grenzt an Propaganda, die lediglich Selbstzwecken dient und in dieser perfiden Form noch gut aus unseliger Zeit in Erinnerung ist. Sinn und Zweck soll wohl sein, den normalen Bürgern weiszumachen, dass alle, die ein solches Hobby ausüben, Kriminelle seien, denen man mit negativer Einstellung begegnen muss, wie sie früher üblich war. Gott sei Dank fallen immer weniger Mitbürger auf diese durchsichtige Stimmungsmache herein.

VON JÄGERN, „VERIRRTEN" KUGELN UND ANDEREN HÜTERN DER ORDNUNG

Das „Pförtner-Syndrom"

Eines der faszinierendsten Phänomene, das ich kenne (und das sich fast ausschließlich auf den deutschsprachigen Raum beschränkt), ist das „Pförtner-Syndrom". Es besagt nichts anderes als: „Gib einem Deutschen eine Mütze und er mutiert zur Amtsperson." Abgeleitet wird es von der Tatsache, dass Uniformierte auf dem untersten Grad der Hüterhierarchie – nämlich Pförtner – von sanften Familienvätern schlagartig zu unerbittlichen Verbotspredigern werden, sobald sie in ihrem Gewand Platz genommen haben. Die Macht über den Türknopf und die Parkplatzkette scheint ins Unermessliche zu steigen.

Je größer die Machtfülle einer – erkennbaren oder auch nicht erkennbaren – Amtsperson vermeintlich ist, umso mehr drängt es sie, das möglichst jeden spüren zu lassen. Die Verwandlung ist faszinierend – egal, welcher Schicht der oder die Amtsperson angehört. Haben Sie Angst vor solchen Hütern der Moral und des Gesetzes? Könnte man beinahe bekommen, wenn man nicht weiß, was sie dürfen und wie weit sie gehen dürfen.

Neulich, im Wald ...

Aus ureigenster langjähriger Erfahrung weiß ich, dass es immer noch am leichtesten ist, mit einem Jägersmann klarzukommen. Bestimmte Verhaltensregeln helfen dem Schatzsucher, solche Begegnungen fast immer ohne große Konflikte ablaufen zu lassen.

Grundregel Nummer 1: Bleiben Sie freundlich, erteilen Sie bereitwillig Auskunft und verlieren Sie nicht die Geduld.

Grundregel Nummer 2: Führen Sie immer kleinere Fundgegenstände mit sich, um sie zu verschenken (erstaunlicherweise freuen sich Jäger sehr über Musketenkugeln). So wie einst Forschungsreisende grimmige Indios und Indianer mit Glasperlen freundlich stimmten, gelingt dies mit den etwas schwereren Bleikugeln heute meist auch noch.

Grundregel Nummer 3: Sammeln Sie grundsätzlich Fundschrott (Dosen, Kettenglieder, Nägel, Blech, Silberpapier, Kronkorken etc.) ein. Bei „Jägerbesuch“ zeigen Sie die Beute und sagen Sie dem Herrn, dass Schatzsucher grundsätzlich Umweltschützer sind und Sie den Schrott entsorgen werden.

Mit diesen drei Grundsätzen hatte ich bisher noch niemals Schwierigkeiten beim Zusammentreffen mit Jägern oder Förstern – bis auf eine Ausnahme, die allerdings nicht das Suchen unmittelbar betraf.

Wir gingen auf der Forststraße und sahen schon von Weitem, dass jemand an unserem Auto auf uns wartete. Es war ein Jäger. Er sprach uns an, was wir um diese Zeit im Wald zu suchen hätten (es war ca. 20 Uhr im August). Anschließend hielt er uns vor, dass wir um diese Uhrzeit kein Wild mehr zu sehen bekämen, und benahm sich durchaus aggressiv. Das Gespräch endete mit dem Hinweis, dass es „gefährlich“ sein könnte, im Wald spazieren zu gehen, da sich leicht einmal eine „Kugel verirren könnte“. Wir ließen die Sache auf sich beruhen. Tatsächlich aber riskierte der gute Mann – der seither übrigens in unserem Kreis die „verirrte Kugel“ genannt wird – seinen Jagdschein und obendrein noch ein Strafverfahren. Wenn Sie im Wald von einem Jäger, der eine Waffe mit sich führt, angesprochen werden, können Sie sich entsprechend wehren, indem Sie den eifrigen Mann dazu auffordern, seinen „Begehungsschein“ und gegebenenfalls den Waffenschein bzw. die Waffenbesitzkarte vorzuzeigen. Der Begehungsschein ist die Legitimation, dass der Jäger dazu berechtigt ist, dieses Revier zu begehen. Die Waffenbesitzkarte ist wiederum nur in Verbindung mit diesem Schein – bzw. dem Jagdschein – gültig.

Hat er den Begehungsschein oder den Jagdschein nicht dabei, dann hat er keine Amtsbefugnis (der Begehungsschein liegt meist zu Hause im Schreibtisch, weil die allerwenigsten ihn mit sich führen). Fatalerweise ist nun aber das Mitführen einer Waffe ohne den Begehungsschein bzw. Jagdschein ein Verstoß gegen das Waffengesetz, da er in diesem Falle nicht berechtigt ist, eine Waffe zu „führen“. Im umgekehrten Fall ist es das Gleiche. Ohne Besitzkarte mit Begehungsschein unterwegs zu sein, ist ebenfalls ein Verstoß gegen das Waffengesetz. Klären Sie ihn freundlich und in Ruhe darüber auf. Eine darauffolgende Anzeige kann ihn die Jagdlizenz kosten.

Jeder Bürger hat das Recht, den Wald zu betreten, das steht sogar in der Verfassung verankert. Man braucht sich also nicht ins Bockshorn jagen zu lassen.

Gelegentlich überraschen einen nicht nur Jäger, sondern auch andere Grünröcke, die keine Begehungsscheine brauchen. Geradezu wildwestmäßig erging es nämlich einer Gruppe von Suchern im Allgäu.

Die Gruppe suchte an einem Hang im Unterallgäu, als plötzlich auf der unten entlangführenden Straße ein Polizeiauto vorbeifuhr. Die Sucher beendeten die Suche und fuhren in Richtung der nahe gelegenen Ortschaft. Kurz vor der Ortsgrenze flog plötzlich ein Polizeihubschrauber auf die Autos zu und landete auf der Straße. Gleichzeitig wurden sie von Polizeifahrzeugen umringt. Nach der allgemeinen Stresssituation und der folgenden Ausweiskontrolle entspannte sich die Situation. Es folgte die obligate Gerätevorführung, die Kleinteile wurden herumgezeigt und das übliche „Viel Glück“ wurde gewünscht. Gut ausgegangen. Was aber wäre gewesen, wenn in beiden Fällen die Beamten in Unkenntnis falsch reagiert hätten?

Die Suche mit einem Detektor ist nicht verboten, und nachdem man der Ausweispflicht nachgekommen ist, gibt es keinen Grund für weitere Restriktionen. Schon gar nicht eine Beschlagnahmung des Detektors. Im allerschlimmsten Fall wäre eine Beschlagnahmung des Grabungswerkzeuges möglich, da bei Grabung dieses das *Corpus delicti* darstellt.

Ausdrücklich heißt es im Denkmalschutzgesetz: „[...] graben nach Bodendenkmälern bedarf der Erlaubnis [...]“. Interessant dabei ist, dass bisher noch nirgends einwandfrei rechtlich definiert worden ist, ab wann etwas ein „Bodendenkmal“ ist. „Vor und Frühgeschichtliche Funde“ – ebenso unklar, von wann bis wann dies gilt. Wenn man schon bestraft wird, sollte man auch wissen, wofür. Es ist Sache des Gesetzgebers, seine Gesetze einwandfrei zu definieren. Wer will Ihnen denn nachweisen und vor allem wie, nach was Sie gegraben haben? Wenn ich Relikte aus dem Dreißigjährigen Krieg suche oder Orden aus dem Dritten Reich und zufällig irgendwelche antiken Sachen finde, ist das denn meine Schuld?

Tipp: Machen Sie eine Fotokopie des einschlägigen Abschnittes des Denkmalschutzgesetzes und tragen Sie diese immer bei sich. Wenn es Ärger gibt, dann zücken Sie das Papier und lassen sich ganz genau erklären, gegen welches Gesetz Sie nun eigentlich verstoßen haben. Es gilt jedoch als oberster Grundsatz: Bewahren Sie Ruhe, und bleiben Sie vor allem freundlich und höflich. Ungehaltene Reaktionen und pampiges Verhalten erzeugen lediglich ein Gefühl von „Dem werden wir es zeigen“. Ich kenne einen „Schatzsucher“, der grundsätzlich „rotsieht“, wenn er eine Uniform sieht. Er parliert dann ausschließlich in Fäkalsprache und droht mit körperlichen Verweisen. Dementsprechend sind die Folgen. Wir alle sind Bürger – wenn auch ohne Uniform – und haben unsere Rechte. Korrektes Verhalten wird von uns gefordert – zu Recht –, aber ebenso können wir zu Recht auch korrektes Verhalten von den Vertretern der Staatsgewalt (oder denen, die sich dafür halten) fordern.

RECHTLICHE SITUATION IM AUSLAND

Eine Frage, die immer wieder an mich herangetragen wird, ist die nach der rechtlichen Situation in benachbarten Ländern.

Im Vergleich zu früher ist die Situation mehr als verworren. Nur in wenigen Ausnahmen lässt sich die gültige Rechtslage halbwegs erläutern. Allerdings erfolgt dies ohne Gewähr, da grundsätzlich die Möglichkeit besteht, dass sich zwischen Abfassen und Drucklegung dieses Buches bereits wieder etwas geändert hat. Von vielen Staaten und Ländern war eine definitive Stellungnahme nicht zu erhalten, und selbst die Rechtsexperten der Botschaften waren ratlos. Hier hilft nur, sich vor Antritt der Reise ins beabsichtigte Land selbst bei den jeweiligen Botschaften kundig zu machen. Eine Liste der ausländischen Vertretungen in Ihrem Land finden Sie z. B. auf der Website des jeweiligen Außenministeriums. Ebenso empfehlenswert ist es, sich über die zollrechtlichen Gegebenheiten zu informieren. Schon mancher büßte am Zoll sein „Schätzchen" ein.

Australien: Sondeln ist erlaubt.

Belgien: Suche oder Sondeln nach historischen Gegenständen ist verboten. Die Strandsuche ist erlaubt.

Dänemark: Keine offiziellen Angaben. Jedoch ist Sondeln eine beliebte Freizeitbeschäftigung. Historisch wertvolle Funde gehören dem Staat, der Finder erhält einen Finderlohn.

Finnland: Mit einem Metallsuchgerät dürfen in Finnland nur finnische Staatsbürger suchen. Ausländer benötigen eine Sondergenehmigung des Industrie- und Handelsministeriums in Helsinki.

Frankreich: Eine gezielte Suche nach historischen Gegenständen bedarf einer offiziellen Genehmigung von staatlicher Seite, dem Centre National de Recherche Archéologique (CNRA). An Stränden wird das Suchen üblicherweise toleriert.

Großbritannien: Suche grundsätzlich erlaubt. Um nach historischen Gegenständen zu suchen, ist eine Genehmigung Pflicht. Genehmigung des Grundeigentümers ebenfalls vorausgesetzt. Der Eigentümer hat das vorrangige Recht, den Fund an Museen o. Ä. zu veräußern. Alle Funde müssen gemeldet werden. Strandsuche erlaubt. An städtischen Stränden muss eine Genehmigung der Stadtverwaltung eingeholt werden.

Wenn Sie im Ausland auf Schatzsuche gehen, sollten Sie die dortige Gesetzeslage kennen, um sich großen Ärger zu ersparen.

Die Suche im Ausland gestaltet sich oft besonders schwierig. Gerade in Urlaubsregionen mit großem geschichtlichem Hintergrund sollten Sie nicht einmal einen Kieselstein einstecken. Die Strafen können dramatisch ausfallen, und wer möchte schon in einem der berüchtigten Gefängnisse einsitzen? Wer eine Suche im Ausland plant, sollte sich unbedingt umfassende Information bei der jeweiligen Botschaft einholen, denn oftmals steht es schon unter Strafe, einen Detektor einzuführen. Auf Informationen aus dem Internet besser nicht verlassen! Auch wenn Sie in einem sucherfreundlichen Land unterwegs sein mögen, bedenken Sie, dass die ortsansässigen Sondengänger die Konkurrenz aus dem Ausland meistens nicht gern sehen. Hüten Sie sich vor einer Anzeige neidischer Sucher!

Griechenland: Man benötigt als Erstes eine Lizenz für seinen Detektor. Hier kann ein ortsansässiger Händler bei der Beantragung helfen. Zweitens ist eine Genehmigung bei der betreffenden Präfektur zu stellen, unter Angabe der Örtlichkeit, an der gesucht werden soll. Gesucht wird dann in Anwesenheit eines Ausschusses, der vom Präfekten ernannt wird. Die schriftliche Erlaubnis des Grundeigentümers ist dazu außerdem notwendig. Die Kosten der Suche gehen zulasten des Antragstellers.

Die Erteilung einer allgemeinen Genehmigung für die Suche mit einem Detektor ist ausgeschlossen.

Holland: Suche oder Sondeln nach historischen Gegenständen oder auf Privatgelände ist verboten. Die Strandsuche ist erlaubt. Sicherheitshalber bei der zuständigen Stadt nachfragen.

Irland: Sämtliche archäologischen Gebiete sind geschützt. Die Suche jeder Art ohne Genehmigung ist streng verboten. Sämtliche Funde sind Eigentum des Staates. Finder können belohnt werden, wenn Sie in Übereinstimmung mit dem Gesetz gehandelt haben.

Italien: Aufgrund der Komplexität konnte keine Auskunft erteilt werden.

Kroatien: Suche mit einem Metalldetektor ist verboten.

Jordanien: Suche mit einem Metalldetektor (und Besitz eines solchen) ist verboten.

Malta: Suche mit einem Metalldetektor ist verboten.

Norwegen: Schatzsuche nur mit Genehmigung möglich. Kritisch wird es, wenn man sich weiter als 5 m einem Gebiet nähert, das als kulturelles Erbe eingestuft ist.

Wussten Sie schon …

… dass in Kuba der Besitz von Metalldetektoren mit dem Besitz von Waffen gleichgesetzt wird?

… dass es in Island absolut verboten ist, Metalldetektoren zu verwenden? Werbung für Detektoren wird mit Striptease-Werbung gleichgesetzt.

… dass in Schweden die Suche komplett verboten ist? Schon der Transport eines Detektors im Kofferraum ihres Autos kann eine empfindliche Geldstrafe bedeuten.

Österreich: Das Sondengehen ist an sich erlaubt, gezieltes Suchen nach archäologischen Dingen ist verboten. Wichtig ist auf alle Fälle die Erlaubnis des Grundstückseigentümers. Klingt recht sucherfreundlich, doch auch Österreich hat seine Fallstricke:

§ 11. Bewilligungen und Verpflichtungen bei Grabungen nach Bodendenkmalen:

- Die Nachforschung durch Veränderung der Erdoberfläche bzw. des Grundes unter Wasser (Grabung) und sonstige Nachforschungen an Ort und Stelle zum Zwecke der Entdeckung und Untersuchung beweglicher und unbeweglicher Denkmale unter der Erd bzw. Wasseroberfläche dürfen nur mit Bewilligung des Bundesdenkmalamtes vorgenommen werden, soweit Abs. 2 und 9 nichts anderes vorsehen (Forschungsgrabung). Eine derartige Bewilligung kann nur an Personen erteilt werden, die ein einschlägiges Universitätsstudium absolviert haben. Bewilligungen können nur physischen Personen und nur für konkrete Grabungsvorhaben erteilt werden, die im Bewilligungsbescheid klar (unter Anschluss von Plänen, die der Antragsteller beizubringen hat) zu umschreiben sind. Bewilligungen gemäß diesem Absatz können mit Einschränkungen, Auflagen und Sonderregelungen verbunden sein (hinsichtlich Fläche und Tiefe, Art der Durchführung, Meldepflichten, Kontrollen usw.). Ein Rechtsanspruch auf Erteilung einer Grabungsgenehmigung auf Grund der Bestimmungen dieses Bundesgesetzes besteht nicht.
- Für amtswegige Grabungen [...] bedarf es keiner Bewilligung [...].
- Die nach Abs. 1 Berechtigten haben den Beginn einer Grabung (sowie allfällig vorangehender Untersuchungen) auf einem Grundstück bzw. auf mehreren zusammenhängenden Grundstücken dem Bundesdenkmalamt unverzüglich schriftlich zu melden.
- Funde sind grundsätzlich entsprechend den Bestimmungen des § 8 anzuzeigen. Bewilligungen und Anzeigen im Sinne des Abs. 1 und 3 ersetzen diese Anzeigepflicht nicht, doch trifft im Falle von Grabungen, die nach den Bestimmungen dieses Paragrafen durchgeführt werden, die Meldepflicht nur den Grabungsleiter, den Finder sowie den allfälligen Auftraggeber. Weitere Funde sind dem Bundesdenkmalamt lediglich einmal jährlich, spätestens drei Monate nach Ablauf des Jahres, in dem der jeweilige Fund erfolgte, zu melden. Die Meldungen haben in Form und Umfang wissenschaftlichen Grundsätzen der Forschung und Dokumentation zu entsprechen. Die Bestimmungen des § 9 Abs. 3 und 4 sowie des § 10 gelten. Die Frist des § 9 Abs. 3 endet jedoch erst jeweils sechs Wochen nach Einlangen dieser Meldungen beim Bundesdenkmalamt.

Schweiz: In der Schweiz werden die DschG von den einzelnen Kantonen gestaltet. Ohne Genehmigung verboten. Es empfiehlt sich deshalb, im jeweiligen Kanton Auskunft einzuholen. Diese Auskunft erhalten Sie ohne Probleme bei der Kantonspolizei. In letzter Zeit wurden Genehmigungen jedoch nur noch an Kantonseinwohner vergeben.

Türkei: Auskunft hinsichtlich der Einfuhr: „Keinerlei Beschränkungen bei der Einfuhr von Metallsuchgeräten der türkischen Zolltarifnummer 85.43.80.21."

Bezüglich der Suche gilt das Nationale Kulturgesetz Nr. 2963: Die Suche ist grundsätzlich nur mit einer amtlichen Genehmigung erlaubt. Ausgrabungen dürfen ausschließlich unter Aufsicht eines Museumsexperten erfolgen. Art. 74 des Gesetzes besagt, dass Schatzsucher ohne Genehmigung mit Gefängnis zwischen einem und fünf Jahren sowie einer Geldstrafe in Höhe von 12.000 bis 45.000 Euro bestraft werden!

Ungarn: Keine offizielle Auskunft, aber in jedem Fall genehmigungspflichtig.

Zypern: Die Einfuhr von Detektoren ist grundsätzlich gestattet, unter Berücksichtigung der geltenden Zollgesetze. Die Suche ist verboten.

Es ist also grundsätzlich empfehlenswert, sich auf jeden Fall VOR einer geplanten Reise zu informieren. Außerdem rate ich DRINGEND zur Einhaltung der jeweiligen Gesetze, denn Gefängnisse in mediterranen Ländern werden bekanntlich nicht vom „Robinson Club" geführt.

Geben Sie Acht auf sich! Bei der Arbeit in Feld, Wald und Wiesen darf die Hygiene nicht zu kurz kommen.

GESUNDHEITSTIPPS

FSME, BORRELIOSE UND ANDERE KRANKHEITEN

Das Krauchen und Kriechen in heimischen Wäldern und Gehölzen ist zwar weitaus harmloser als im australischen oder südamerikanischen Busch, birgt aber trotzdem manche Gefahr, die nicht verschwiegen werden sollte.

Wie bereits angedeutet ist die bei uns beheimatete Zecke als Überträgerin gesundheitsschädlicher Viren nicht zu unterschätzen.

Eine Zecke kann elf Jahre lang ohne Nahrungsaufnahme überleben. Hat sie sich einmal ein Opfer ausgesucht, saugt sie sich mit Blut voll, bis sie das Zehnfache ihrer Körpergröße erreicht hat. Dies reicht ihr, um wieder 10 bis 15 Jahre überleben zu können.

Diese heimtückischen Spinnentiere lauern an Gräsern, Sträuchern und Büschen auf ein vorbeistreifendes Wirtstier, klammern sich an diesem fest und bohren sich in die Haut, um dann Blut zu saugen.

Dies kann zu einer lebensgefährlichen Angelegenheit werden, da Zecken zwei heimtückische Krankheiten übertragen. Die gefährlichste ist die FSME (Frühsommer-Meningoenzephalitis – Hirnhautentzündung), die in Europa jedes Jahr eine erhebliche Anzahl Tote fordert. Besonders gefährdet sind dabei Schatzsucher in den Bereichen Bayerischer Wald, Niederbayern, Tschechien, Polen und Österreich.

Im Falle eines Zeckenbisses muss die Zecke sofort entfernt werden. Früher sagte man, dies gehe am einfachsten, indem man einen Tropfen Öl auf den Zeckenkörper tropft. Inzwischen rät die Ärzteschaft wieder davon ab, da dann angeblich die Zecke erst recht den das Virus übertragenden Speichel absondern soll. Heutzutage wird die Zecke mithilfe einer Pinzette im Uhrzeigersinn herausgedreht, wobei darauf zu achten ist, dass der Kopf nicht in der Haut steckenbleibt. Wenn Sie nicht geimpft sind, gehen Sie nach einem Zeckenbiss bitte sofort zum Arzt, da dann eine nachträgliche Impfung notwendig ist. Wer ständig draußen in Wald und Flur herumkraucht, sollte sich sowieso vorsorglich impfen lassen (zahlt die Krankenkasse).

Eine weitere unangenehme Krankheit ist die Borreliose. Sie ist eine Bakterieninfektion, die ebenfalls von Zecken übertragen wird.

Wenn nach einem Zeckenbiss die Bissstelle juckt und sich ein roter Ring um sie bildet, ist dies ein sicheres Anzeichen dafür. Borreliose kann im schlimmsten Fall sogar Herzrhythmusstörungen hervorrufen.

Primäres Merkmal der Borreliose ist ein wachsender roter Fleck um den Zeckenbiss herum, der sich nach Tagen blaurot verfärbt. In diesem Fall ist unverzüglich ein Arzt aufzusuchen, der diese Infektion mit Antibiotika behandelt, was meist zur raschen Heilung führt.

Geschieht dies nicht, so können Symptome wie Lymphknotenschwellungen, Müdigkeit, Kopfschmerzen, Nackensteifheit, Gelenk- und Muskelschmerzen, Bindehaut- und sogar Leberentzündung auftreten.

Noch schlimmer allerdings können die Spätfolgen sein: Erkrankungen des zentralen und peripheren Nervensystems, Reizleitungsstörungen des Herzens und Herzmuskelentzündungen.

Absolut wichtig ist also, dass man im Falle eines Zeckenbisses auf keinen Fall zögert, einen Arzt aufzusuchen.

Zecken klammern sich an Grashalmen, Büschen oder Sträuchern fest und warten auf den richtigen Wirt.

Hier lauern nicht nur „Schätzchen“!

FUCHSBANDWURM

Eine weitere, nicht minder große Gefahr hat sich im Laufe der letzten Jahre still und heimlich ausgebreitet. Im Gegensatz zu FSME und Borreliose, die für jeden, der sich in Wald und Flur aufhält, eine Gefahr darstellen, bedroht diese Gefahr in erster Linie Personen, die im Waldboden wühlen – also Waldarbeiter, Pilz- und Beerensammler, Archäologen und Schatzsucher.

Der Befall mit dem Fuchsbandwurm gehört mit zum Perfidesten, was die Natur hervorgebracht hat. Heimtückisch und hinterlistig deshalb, weil es keine äußeren Anzeichen gibt, wie etwa beim Zeckenbefall.

Der Fuchsbandwurm ist ein Parasit, der über die Atemwege aufgenommen wird. Die Gefährlichkeit besteht darin, dass die

Eier des Bandwurms im Fuchskot abgelegt werden und – da sie mikroskopisch klein sind – nicht sichtbar aufgewirbelt werden, woraufhin sie dann über die eingeatmete Luft in den Körper gelangen. Besonders in der Umgebung von Fuchsbauten ist mit erhöhter Gefahr zu rechnen, aber auch über Beeren und Pilze gelangen die Erreger in den Körper. Die Eier lagern sich in der Leber ab und zerlöchern diese. Medizinische Vorbeugung gibt es nicht, und da die Leber keine Nervenzellen hat, macht sich ein Befall auch nicht etwa durch Schmerzen bemerkbar. Im Laufe der Zeit wird die Leber zerstört und der Wirt, also der Mensch, stirbt.

Was bleibt, ist, allerhöchste Vorsicht walten zu lassen. Wenn Sie im Waldboden gegraben haben, verzichten Sie auf die heiß geliebte Zigarette zwischendurch, damit Sie möglichst keinen Kontakt zum Mund haben. Das Gleiche gilt auch für die Brotzeit zwischendurch. So blöd es sich anhören mag: Benutzen Sie besonders beim Graben im Wald einen Staubschutz über Mund und Nase (Baumarkt). Stellen Sie sich einen Kanister Wasser in den Kofferraum, damit Sie sich nach der Suche sofort die Hände waschen können. Vermeiden Sie tunlichst das Wühlen im Auswurf von Fuchsbauten. Merken Sie sich: Hygiene ist in diesem Zusammenhang äußerst wichtig.

Im Gegensatz zu Zecken gibt es keine stark oder weniger stark gefährdeten Gebiete. Der Fuchsbandwurm tritt überall auf, wo es Füchse gibt. Hier hilft nur allerhöchste Vorsicht.

SCHLUSSWORT

Wir sind nun am Ende eines Buches angelangt, das – auch wenn Sie nun nicht unbedingt selbst losziehen wollen, um einen Schatz zu suchen – Ihnen hoffentlich wenigstens gefallen und Sie in die geheimnisvolle Welt verborgener und verschollener Schätze entführt hat.

Wenn Sie selbst nach Schätzen suchen, bitte ich Sie, sich so zu verhalten, dass niemand Anstoß daran nehmen kann. Schließen Sie gegrabene Löcher wieder sorgfältig, befreien Sie unsere Umwelt von gefundenem Unrat und Schrott. Geben Sie höflich Auskunft und tragen Sie bitte mit dazu bei, in der Öffentlichkeit die Darstellung der Schatzsucher aus archäologischer Sicht als pure Volksverhetzung zu entlarven.

Wenn Sie ungewöhnliche Erlebnisse gemacht haben, Rat benötigen, Hinweise auf einen verborgenen Schatz oder einen ausgefallenen Fund gemacht haben, freue ich mich über jede Zuschrift. Selbstverständlich müssen Sie weder Ihren Namen noch sonst irgendwelche Daten offenbaren.

Ich gestehe jedem das Recht zu, nach seiner freien Vorstellung sein Hobby auszuüben. Vergessen Sie dabei aber nicht, dass ein geordnetes Miteinander nur möglich ist, wenn sich alle Seiten an die Spielregeln halten.

In diesem Sinne wünsche ich Ihnen viel Spaß!

Reinhold Ostler
info@handbuch-fuer-schatzsucher.de

ANHANG

Anschriften von Händlern für Geräte und Zubehör

Abenteuer Schatzsuche
Jochen Reifenrath Am Wald 11
32694 Dörentrup
Deutschland
Telefon: +495265955879
E-Mail: info@abenteuer-schatzsuche.de
Internet: abenteuer-schatzsuche.de

IDC – International Detector Center
Bunde-West 37
26831 Bunde
Deutschland
Telefon: +49537082810
E-Mail: info@idc-detektor.de
Internet: idc-detektor.de/

Metallsonde.com
Jens Diefenbach
Wiesenstrasse 8
65623 Hahnstätten
Deutschland
Telefon: +496430509347
E-Mail: shop2020@metallsonde.com
Internet: metallsonde.com

Crazy Detectors GmbH
Julius-Zinkeisen-Str. 7
04600 Altenburg
Deutschland
Telefon: +4915906265169
E-Mail: service@crazydetectors.com
Internet: crazydetectors.com

DTI Detector Trade International GmbH
Hamburger Str. 17
41540 Dormagen
Deutschland
Telefon: +492133979020
E-Mail: info@detector-trade.de
Internet: metalldetektor-shop.de

Nuggets24.de
Juergen Dahlmann
Zeiss-Strasse 8
9065 Ebenthal
Österreich
Telefon: +436649400064
E-Mail: info@nuggets24.com
Internet: nuggets24.de

DeepTech Metal Detectors Bulgarien
Internet: deeptech-bg.com/
E-Mail: office@deeptechbg.com
Telefon: +359895008569

Fachliteratur

Ralf Fischer zu Cramburg: Das Schatzregal. Der obrigkeitliche Anspruch auf das Eigentum an Schatzfunden in den deutschen Rechten, Hoehr-Grenzhausen: Numismatischer Verlag Gerd Martin Forneck 2001.
Steinmann/Steinmann: Beile und Äxte.
Steinmann/Steinmann: Unbekannte Fundgegenstände.
Steinmann/Steinmann: Reitzubehör. Alle drei erschienen im Pressel Verlag Remshalden.

Karten und Pläne

GEOBUCH
Spezialbezugsquelle für topografische Karten, Reiseführer, Landkarten, Globen, Atlanten und Seekarten
Rosental 6
80331 München
Telefon: +4989265030
E-Mail: info@geobuch.de
Internet: geobuch.de

Landesvermessungsamt Bayern
Landesamt für Digitalisierung, Breitband und Vermessung
Alexandrastraße 4
80538 München
Telefon: +498921291111
E-Mail: service@geodaten.bayern.de
Internet: ldbv.bayern.de/

Auktionshäuser

Militaria, Varia, Antikes Historische Objekte- Zeitgeschichte Stauffer Auktionen oHG
Herr Thomas Appel
Karlstrasse 34
72525 Münsingen
Deutschland
Telefon : +497381501007
EMail : info@staufferauktionen.de
Internet: staufferauktionen.de

HERMANN HISTORICA
Bretonischer Ring 3
85630 Grasbrunn/München
Deutschland
Telefon: +498954726490
E-Mail: contact@hermann-historica.com
Internet: hermann-historica.com

Münzen

MÜNZEN MODES
Reichenbachstraße 17
80469 München
Telefon: +4989268359
E-Mail: info@muenzen-modes.de
Internet: muenzen-modes.de

Antiken und Münzen
Gorny & Mosch GmbH
Gießener Münzhandlung
Maximiliansplatz 20
80333 München
Telefon: +498924226430
E-Mail: info@gmcoinart.de
Internet: gmcoinart.de/

Archive

Bundesarchiv/Militärarchiv Freiburg
Wiesentalstraße 10
79115 Freiburg
Telefon: +49761478170
E-Mail: militaerarchiv@bundesarchiv.de
Internet: bundesarchiv.de Archivfachlicher Dienst: Telefon: +4976147817864

Österreichisches Staatsarchiv
Nottendorfer Gasse 2
A-1030 Wien
Telefon: +431795400
Internet: oesta.gv.at

Verwendete Literatur
Sekundärliteratur

Schönes altes Silber – M. Meinz – Prisma Verlag.

Blankwaffen – Gerald Weland – Pietsch Verlag.

Denkmalschutz Informationen – Herausgeber: Bundesministerium d. Inneren.

Flaggschiff Kronan – Günther Lanitzki – Transpress – Berlin.

Schatzsucher-Schutzgemeinschaft

DSU – Deutsche Sondengänger Union
Eppsteiner Str. 15
61462 Königstein
E-Mail: info@sondler-union.de
Internet: dsu-online.de/

Schatzsucherforen und Websites

Es wurden nur Seiten berücksichtigt, die zur Zeit der Erstellung dieses Buches ein ordentliches und vorschriftsmäßiges Impressum aufwiesen:

- schatzsucher.de
- emuenzen.de
- bodenfundforum.com
- amberroom.org
- gralssuche.org
- gutfund.de
- detektorforum.de
- schatzsucher.org
- sondenforum.de

Das Germanische Runenalphabet

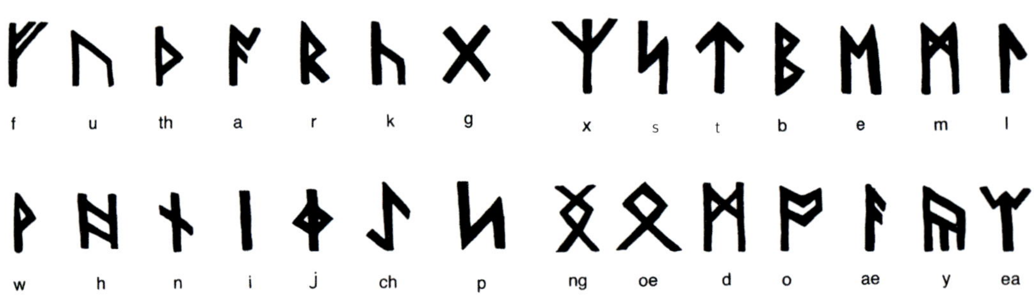

EINIGE ZUSATZ-INFORMATIONEN ...

Wussten Sie schon ...
... wie viele Sondengänger es in Deutschland gibt?

Es gibt keine offiziellen Zahlen, aber 2022 schätzte das Magazin „Spiegel" die Zahl der Sondengänger in Deutschland auf bis zu 100.000. Die Szene wächst also stetig an!

Wussten Sie schon ...
... wie viele Schätze noch in den Meeren verborgen liegen?

Noch heute liegen in den Meeren weltweit Schätze in Milliardenhöhe! Sie müssen nur gefunden werden!

Wussten Sie schon ...
... seit wann die bekanntesten Detektoren-Hersteller bestehen?

- Fisher (USA): 1931
- Garrett (USA): 1964
- Minelab (Australien): 1985
- XP (Frankreich): 1998
- Nokta Makro (Türkei): 2003
- Quest (USA): 2015

Wussten Sie schon ...
... wann der erste Metalldetektor gebaut wurde?

Bereits ab 1870 arbeitete man an der Entwicklung von Detektoren. Das Patent für den ersten Metalldetektor, welcher auf Funkpeilung basierte, wurde jedoch erst in den 1930er-Jahren durch den deutschstämmigen Gerhard Fisher eingereicht. Er gilt als Erfinder der Metalldetektoren und war Gründer des heutigen Metalldetektoren-Unternehmens Fisher Research Laboratory.

Wussten Sie schon ...
... was das Bernsteinzimmer heute wert wäre, wenn es gefunden würde?
Expertenschätzungen zufolge läge der heutige Wert zwischen 120 und 250 Millionen Euro. Nettes Sümmchen, oder?

Wussten Sie schon ...
... wie viele Schätze in Deutschland noch verborgen sind?
Wissenschaftler der Universität Mainz fanden heraus, dass in Deutschland noch geschätzt 32.000 Zentner Gold, Silber und Juwelen unter der Erde verborgen liegen. Der Gesamtwert soll sich auf viele Milliarden Euro belaufen.

Wussten Sie schon ...
... dass Reinhold Ostler eine der größten Suchaktionen in Europa veranstaltete?
1984 organisierte er die Suche nach dem Tafelsilber des Kurfürsten Maximilian I. in Mühldorf am Inn. 200 Schatzsucher waren beteiligt und durchforsteten ein sieben Kilometer langes Gebiet an Land und im Wasser. Es wurden viele römische Münzen und ein 3600 Jahre altes keltisches Opferschwert gefunden. Das Tafelsilber ist bis heute verschollen.

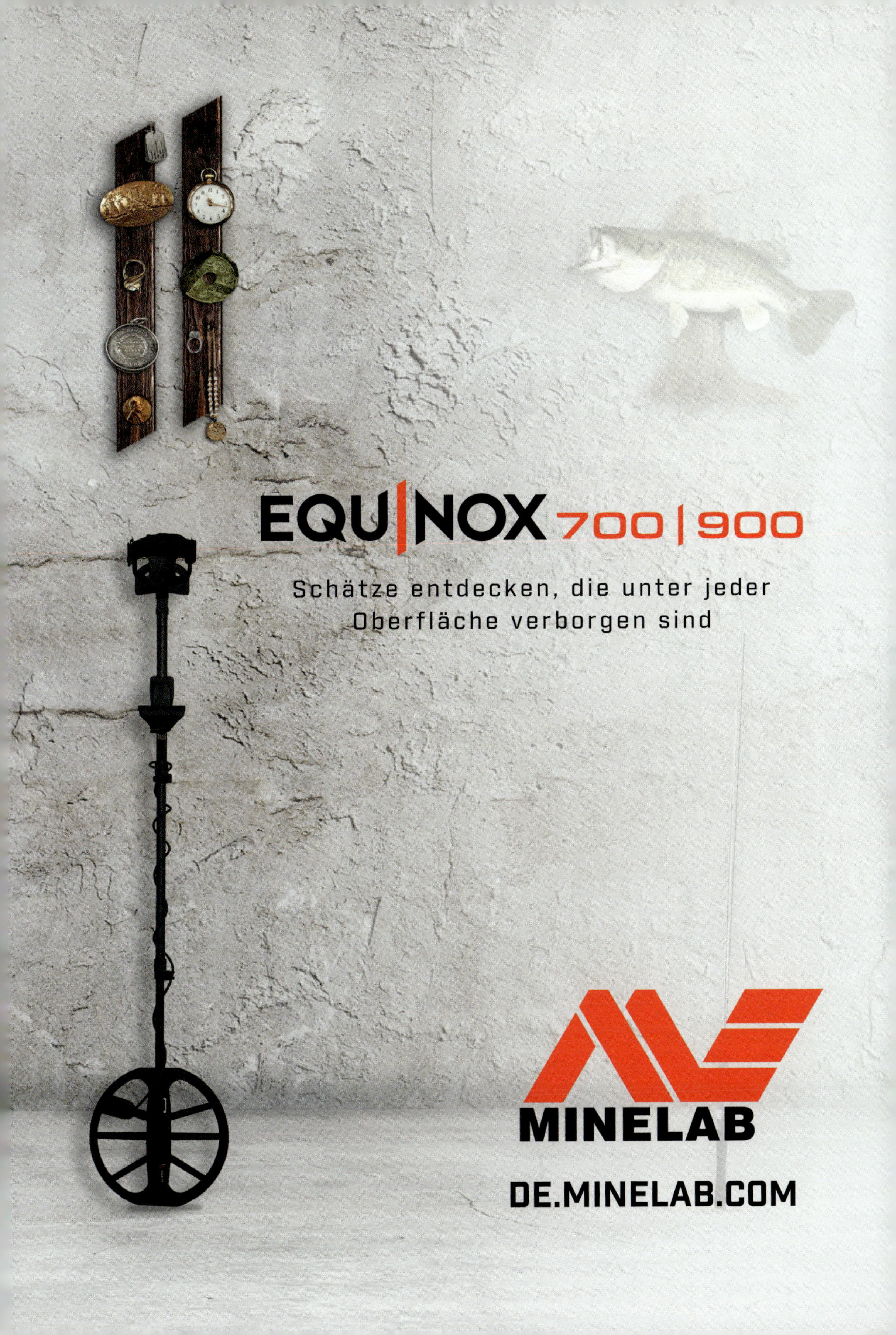
EQUINOX 700 | 900
Schätze entdecken, die unter jeder
Oberfläche verborgen sind
MINELAB
DE.MINELAB.COM

MÖCHTEST AUCH DU EIN SCHATZSUCHER WERDEN?
DANN HOL DIR DEINEN METALLDETEKTOR BEIM INTERNATIONAL DETECTOR CENTER!
DER FACHMARKT FÜR DETEKTOREN UND ZUBEHÖR!
METALLDETEKTOREN • GOLDSUCHE • MAGNETFISCHEN
BODENSCANNER • INDUSTRIE • SECURITY • ZUBEHÖR
Nokta
DETECTION TECHNOLOGIES
GARRETT
C.SCOPE
QUEST
METAL DETECTORS
KOMM VORBEI!
International Detector Center GmbH
www.idc-detektor.de
Bunde-West 37 | 26831 Bunde | info@idc-detektor.de | +49 (0)4953 7082810 | Mo - Fr: 9:00 - 17:00 Uhr